1回 20回 40回 60回 80回 100回 120回 GOAL

学習日〔　　月　　日〕

標準レベル 1 大きな数(1)

時間	得点
20分	
合格 40点	50点

1 次の数の読み方を漢字で書きなさい。(3点×2)

(1) 163947258 (　　　　　　)

(2) 201730162 (　　　　　　)

2 12けたの数，536837912504について，次の問いに答えなさい。(2点×3)

(1) 7は何の位(くらい)の数字ですか。

(　　　　　　)

(2) 8は何の位の数字ですか。

(　　　　　　)

(3) 百億(おく)の位の数字を求(もと)めなさい。

(　　　　　　)

3 14けたの数，53008760542000について，次の□の中にあてはまる数を漢字で書きなさい。(2点×5)

右から13番目の3は□の位で，この数を読むと，

□兆(ちょう)□億□万□となります。

4 次の数を数字で書きなさい。(4点×2)

(1) 十二億七千六百万二千三百六十四

(　　　　　　)

(2) 五百三十二兆三千六百五万九千百七十一

(　　　　　　)

5 次の数の読み方を漢字で書きなさい。(5点×2)

(1) 20150068700000

(　　　　　　)

(2) 1200006100000456

(　　　　　　)

6 次の数を数字で書きなさい。(5点×2)

(1) 一億を7こと，一万を214こあわせた数

(　　　　　　)

(2) 一兆を12こと，一億を945こあわせた数

(　　　　　　)

1回 20回 40回 60回 80回 100回 120回 GOAL

学習日〔　月　日〕

時間 25分	得点
合格 35点	50点

上級レベル 2 大きな数(1)

1 次の問いに答えなさい。(4点×6)

(1) 804358004030 の読み方を漢字で書きなさい。

(　　　　)

(2) 9400000669040508 の読み方を漢字で書きなさい。

(　　　　)

(3) 六百二十三億(おく)四千五百十七万五を数字で書きなさい。

(　　　　)

(4) 二千九百三十一兆(ちょう)八千五十二億七十二万五百三を数字で書きなさい。

(　　　　)

(5) 一兆を 43 こと，一億を 365 こあわせた数を数字で書きなさい。

(　　　　)

(6) 一兆を 1345 こと，一億を 4890 こと，一万を 872 こあわせた数を数字で書きなさい。

(　　　　)

2 14 けたの数，13589462857167 について，次の問いに答えなさい。(4点×4)

(1) 3 は何の位(くらい)の数字ですか。

(　　　　)

(2) 9 は何の位の数字ですか。

(　　　　)

(3) 百億の位の数字を求(もと)めなさい。

(　　　　)

(4) この数を 10 倍した数の読み方を漢字で書きなさい。

(　　　　)

3 次の□の中にあてはまる数を書きなさい。(2点×5)

(1) 一兆は一億の□倍，一億は一万の□倍です。

(2) 250600490 を 10 倍した数は，一億を□こと，一万を□こと，一を□こあわせた数になります。

学習日〔　月　日〕

標準レベル 3

大きな数 (2)

時間	得点
20分	
合格 40点	50点

1 次の問い に答えなさい。(2点×8)

(1) 23億(おく)を10倍した数を書きなさい。

(　　　)

(2) 123億を100倍した数を書きなさい。

(　　　)

(3) 93兆(ちょう)を$\frac{1}{10}$にした数を書きなさい。

(　　　)

(4) 520兆を$\frac{1}{100}$にした数を書きなさい。

(　　　)

(5) 10けたの整数のうち，いちばん大きい数を書きなさい。

(　　　)

(6) 12けたの整数のうち，いちばん小さい数を書きなさい。

(　　　)

(7) 28億と15億の和と差(さ)を求(もと)めなさい。

和(　　　)　差(　　　)

2 次の計算をしなさい。(2点×8)

(1) 32億×10

(2) 832億×10

(3) 26億×100

(4) 1456億×100

(5) 3億÷10

(6) 32兆÷10

(7) 360億÷100

(8) 128兆÷100

3 9けたの整数について，次の問いに答えなさい。(3点×2)

(1) いちばん大きい数を書きなさい。

(　　　)

(2) (1)の数より1大きい数を書きなさい。

(　　　)

4 次の数の和と差を計算しなさい。(3点×4)

(1) (16億，27億)

和(　　　)　差(　　　)

(2) (70兆，12兆)

和(　　　)　差(　　　)

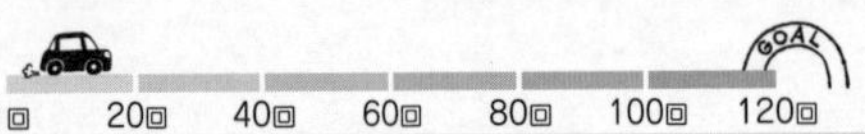

学習日〔　　月　　日〕

上級レベル 4

大きな数 (2)

時間 25分	得点
合格 35点	50点

1 次の問いに答えなさい。(4点×3)

(1) 4000万を100倍した数を書きなさい。

(　　　　　)

(2) 720兆を $\frac{1}{1000}$ にした数を書きなさい。

(　　　　　)

(3) 791543658の2つある5で，左の5が表す大きさは右の5が表す大きさの何倍ですか。

(　　　　　)

2 二千五百二億三万六千七百について，次の問いに答えなさい。(4点×3)

(1) この数を数字で表すと，0を何こ使いますか。

(　　　　　)

(2) この数を $\frac{1}{100}$ にした数を書きなさい。

(　　　　　)

(3) この数を数字で表したときの，右の2が表す大きさは左の2が表す大きさの何分の1ですか。

(　　　　　)

3 次の計算をしなさい。(3点×6)

(1) 1510億×10

(2) 134億2000万×100

(3) 72兆÷10

(4) 9兆7000億÷100

(5) 7200億+2800億

(6) 84兆−9400億

4 15けたの数，769348053000000について，次の問いに答えなさい。(4点×2)

(1) この数を10倍した数の読み方を漢字で書きなさい。

(　　　　　)

(2) この数を $\frac{1}{100}$ にした数の8は何の位の数字ですか。

(　　　　　)

1回 20回 40回 60回 80回 100回 120回 GOAL

学習日［　月　日］

時間	得点
20分	
合格 40点	50点

標準レベル 5 がい数(1)

1 次の数を四捨五入して，(　)の中の位までのがい数にしなさい。（3点×6）

(1) 2893（十）　(　　)

(2) 7839（百）　(　　)

(3) 4652（千）　(　　)

(4) 80674（千）　(　　)

(5) 56984（一万）　(　　)

(6) 1649217（十万）　(　　)

2 次の数を四捨五入して，(　)の中のがい数にしなさい。（3点×4）

(1) 24680（上から1けた）　(　　)

(2) 34168（上から2けた）　(　　)

(3) 865420（上から2けた）　(　　)

(4) 1463472（上から3けた）　(　　)

3 (　)の中の位までのがい数にして，次の和や差を見積もりなさい。（4点×4）

(1) 47832+38721（千の位まで）　(　　)

(2) 2689125+268755（一万の位まで）　(　　)

(3) 78650−43159（百の位まで）　(　　)

(4) 648750−13457（一万の位まで）　(　　)

4 ある遊園地の土曜日と日曜日の入場者は，それぞれ14562人と18964人でした。土曜日と日曜日の入場者の合計は約何万何千人でしたか。（4点）

(　　)

上級レベル 6

がい数 (1)

学習日〔　月　日〕

時間 25分	得点
合格 35点	50点

1 次の問いに答えなさい。(5点×5)

(1) 14596724 を十万の位(くらい)で四捨五入(ししゃごにゅう)しなさい。

(　　　　)

(2) 243684 を千の位までのがい数で表しなさい。

(　　　　)

(3) 96152 を上から 2 けたのがい数で表しなさい。

(　　　　)

(4) 12476892 を上から 3 けたのがい数で表しなさい。

(　　　　)

(5) たろう君がある本を毎日 8 ページずつ読んでいき，9 日目に何ページか読んで読み終わりました。この本は何ページ以上(いじょう)何ページ以下(いか)と考えられますか。

(　　　　)

2 次の問いに答えなさい。(5点×5)

(1) 521280 を百の位で切り上げたがい数を書きなさい。

(　　　　)

(2) 1245689 を千の位で切り捨(す)てたがい数を書きなさい。

(　　　　)

(3) 12456759+34528789 を上から 2 けたのがい数にして計算しなさい。

(　　　　)

(4) A(エー)市の人口は 285427 人，B(ビー)市の人口は 143005 人です。A 市の人口は，B 市の人口より約(やく)何万人多いですか。

(　　　　)

(5) 十の位を四捨五入して 700 になる整数のはんいを表すとき，次の□にあてはまる整数を書きなさい。

□以上□以下。

1回 20回 40回 60回 80回 100回 120回 GOAL

学習日〔　月　日〕

時間 20分	得点
合格 40点	50点

標準レベル 7 がい数(2)

1 次の表は，ある4つの駅の1日の乗車人数を調べたものです。これをぼうグラフに表します。次の問いに答えなさい。(5点×6)

駅名	人数（人）
A	48264
B	68472
C	73567
D	39832

1日の駅の乗車人数

(人) 70000 60000 50000 40000 30000 20000 10000 0

A駅 B駅 C駅 D駅

(1) グラフの1目もりは何人ですか。

(　　　)

(2) それぞれの駅の乗車人数を四捨五入して，千の位までのがい数で表しなさい。

A駅(　　　)　B駅(　　　)

C駅(　　　)　D駅(　　　)

(3) それぞれの駅の乗車人数を，上のぼうグラフに表しなさい。

2 次の問いに答えなさい。(5点×4)

(1) 86700円のれいぞうこと，38600円のオーブンレンジがあります。この2つのねだんのちがいは，およそ何万何千円ですか。

(　　　)

(2) あるスーパーでは，1000円以上の買い物をすると福引きができます。295円のりんごと240円のおかしと665円の肉を買うと，福引きはできますか。

(　　　)

(3) 1こ345円の品物を28640こ仕入れることにしました。代金はおよそいくらになりますか。上から1けたのがい数にして見積もりなさい。

(　　　)

(4) A市の人口を上から3けたのがい数で表すと428000人です。いちばん多い場合として考えられる人口は何人ですか。

(　　　)

1回 20回 40回 60回 80回 100回 120回 GOAL

学習日〔　月　日〕

時間 25分	得点
合格 35点	50点

上級レベル 8 がい数(2)

1 右の表は，ある4つの市の人口です。この人口を1目もり1mmの方がん紙を使って，1000人を1cmの長さで表したぼうグラフをつくります。**次の問いに答えなさい。**（4点×7）

市	人口（人）
A（エー）	28457
B（ビー）	19082
C（シー）	27260
D（ディー）	31547

(1) B市とD市の人口の差（さ）は，およそ何人ですか。上から2けたのがい数にして見積（みつ）もりなさい。

（　　　　）

(2) グラフの1目もりは，何人になりますか。

（　　　　）

(3) 人口は，何の位（くらい）までのがい数にするとよいですか。

（　　　　）

(4) ぼうグラフに表すとき，AからDの人口のぼうの長さは，それぞれ何cm何mmになりますか。

A市（　　　　）　B市（　　　　）

C市（　　　　）　D市（　　　　）

2 次の問いに答えなさい。（4点×3）

(1) 牛にゅうを毎日180mL飲むとき，365日ではおよそ何mL飲むことになりますか。上から2けたのがい数にして見積もりなさい。

（　　　　）

(2) 町内会でバス旅行に行きました。参加者（さんかしゃ）は148人で，全部の費用（ひよう）は298000円でした。1人分の費用はおよそいくらでしたか。上から1けたのがい数にして見積もりなさい。

（　　　　）

(3) たろう君が，1周（しゅう）118mの公園のまわりを1周して歩数を数えると304歩でした。たろう君の歩はばはおよそ何cmですか。上から2けたのがい数にして見積もりなさい。

（　　　　）

3 十の位を四捨五入（ししゃごにゅう）して100になる整数があります。**次の問いに答えなさい。**（5点×2）

(1) このような整数は，いくつ以上（いじょう）いくつ以下（いか）ですか。

（　　　　）

(2) このような整数は何こありますか。

（　　　　）

1回 20回 40回 60回 80回 100回 120回 GOAL

学習日〔　月　日〕

9 最上級レベル ①

時間 30分	得点
合格 35点	50点

1 次の問いに答えなさい。（5点×5）

(1) 123兆60億2000万を数字で書いたとき，0は何こ使われているか答えなさい。

（　　　）

(2) 49兆2765億を100でわったとき，その商の1億の位の数を求めなさい。

（　　　）

(3) 次のアとイのうち，大きいほうはどちらか答えなさい。

ア 123億の100倍　　イ 1兆2300億の100分の1

（　　　）

(4) 87兆9000億÷1000を計算しなさい。

（　　　）

(5) 2億3200万×10000を計算しなさい。

（　　　）

2 次の問いに答えなさい。（5点×2）

(1) 百の位を四捨五入して38000になる整数は，いくつ以上いくつ以下ですか。

（　　　）

(2) 一の位を四捨五入して90になる整数は，いくつ以上いくつ未満ですか。

（　　　）

3 右の表は，ある水族館の3日間の入館者の人数を表したものです。次の問いに答えなさい。（5点×3）

日	人数（人）
5月3日	4284
5月4日	5203
5月5日	5458

(1) 3日間の入館者の合計は，およそ何人ですか。百の位までのがい数にして見積もりなさい。

（　　　）

(2) 3日間の入館者の人数をぼうグラフにかいたら，5月5日は5cm5mmになりました。1cmは何人を表していますか。

（　　　）

(3) (2)のぼうグラフで，5月3日の入館者の人数を表すぼうの長さは，何cm何mmになりますか。

（　　　）

学習日〔　　月　　日〕

10 最上級レベル 2

時間 30分	得点
合格 35点	/50点

1 次の問いに答えなさい。（5点×5）

(1) 0から9までの10この数字を1こずつ使って，10けたの数をつくったとき，13億(おく)にいちばん近い数を答えなさい。

(　　　　　　　)

(2) 2870億の7の数字が表す大きさは，28億7千万の7が表す数字の大きさの何倍になっているか求(もと)めなさい。

(　　　　　　　)

(3) 次のアとイのうち，小さいほうはどちらか答えなさい。

ア　500億の25倍　　　イ　1億の10000倍

(　　　　　　　)

(4) 480億×1000を計算しなさい。

(　　　　　　　)

(5) 2兆(ちょう)3900億÷10000を計算しなさい。

(　　　　　　　)

2 次の問いに答えなさい。（5点×2）

(1) 百の位(くらい)を四捨五入(ししゃごにゅう)して4000になる整数は，いくつ以上(いじょう)いくつ以下(いか)ですか。

(　　　　　　　)

(2) 十の位を四捨五入して3000になる整数のうち，いちばん大きい数といちばん小さい数の差(さ)を求めなさい。

(　　　　　　　)

3 右の表は，3つの市の人口を表したものです。次の問いに答えなさい。（5点×3）

市	人口（人）
A(エー)	74283
B(ビー)	49876
C(シー)	68245

(1) A市とB市の差は，およそ何人ですか。上から3けたのがい数にして見積(みつ)もりなさい。

(　　　　　　　)

(2) 長さ10cmの方がん紙を使って，3つの市の人口のぼうグラフをつくるとき，1cmのぼうを何人にすればよいですか。

(　　　　　　　)

(3) (2)のぼうグラフで，A市の人口を表すぼうの長さは，何cm何mmになりますか。

(　　　　　　　)

学習日〔　月　日〕

時間 20分	得点
合格 40点	50点

標準レベル 11

大きな数のかけ算

1 次の計算をしなさい。(3点×4)

(1) 1753×34

(2) 2657×58

(3) 5079×62

(4) 32×918

2 次の計算をしなさい。(3点×6)

(1) 563×456

(2) 218×256

(3) 737×603

(4) 509×407

(5) 4805×190

(6) 2140×307

3 次の問いに答えなさい。(4点×5)

(1) 1年を365日として，1年間は何時間になりますか。

(　　　　　)

(2) 1日に140こずつ売れる商品があります。250日では何こ売れることになりますか。

(　　　　　)

(3) おかしが245こ入っている箱が425箱あります。おかしは全部で何こありますか。

(　　　　　)

(4) たろう君は1時間に3942m歩きます。16時間では，何m歩くことになりますか。

(　　　　　)

(5) 1こ3895円の商品があります。この商品305この代金は全部でいくらになりますか。

(　　　　　)

学習日〔　　月　　日〕

時間 25分	得点
合格 35点	50点

上級レベル 12 大きな数のかけ算

1 次の計算をしなさい。(3点×6)

(1) 973×468

(2) 257×763

(3) 308×507

(4) 2090×390

(5) 4800×507

(6) 24600×605

2 次の計算をくふうしてしなさい。(3点×4)

(1) 42×2159

(2) 4800×608

(3) 5070×6890

(4) 108000×60450

3 次の問いに答えなさい。(4点×5)

(1) ある店では，1こ645円の商品が毎日125こ売れます。120日間で売れた商品の代金はいくらになりますか。

(　　　　)

(2) 1時間に850km進む飛行機(ひこうき)があり，今までに245時間飛(と)んでいます。この飛行機が飛んだきょりは全部で何kmになりますか。

(　　　　)

(3) あるデパートの大売出しで，1こ1500円の商品が6853こ売れました。売れた商品の代金は全部でいくらになりますか。

(　　　　)

(4) ある工場では，1日に6500このせい品をつくっています。365日間では，何このせい品をつくることになりますか。

(　　　　)

(5) 8年と6か月の間，毎月15000円ずつ貯金(ちょきん)をすると，貯金は全部でいくらになりますか。

(　　　　)

学習日〔　　月　　日〕

標準レベル 13

わり算の筆算 (1)

時間	得点
20分	
合格 40点	50点

1 次の計算をしなさい。(2点×12)

(1) 5)65

(2) 4)72

(3) 8)984

(4) 7)819

(5) 4)2436

(6) 5)3465

(7) 3)89

(8) 6)74

(9) 9)589

(10) 6)749

(11) 8)7917

(12) 5)8127

2 次の問いに答えなさい。

(1) 72まいの色紙を，同じ数ずつ3人で分けます。1人分は何まいになりますか。(5点)

(　　　　)

(2) 全部で352ページある本を毎日8ページずつ読んでいくと何日で読み終わりますか。(5点)

(　　　　)

(3) おかしをつめあわせた箱を8箱買った代金は6720円でした。1箱のねだんはいくらですか。(5点)

(　　　　)

(4) 工作の時間に，竹ひごを使って作品をつくります。1つつくるのに，竹ひごを4本使います。130本の竹ひごでいくつの作品をつくることができて，竹ひごは何本あまりますか。(5点)

(　　　　)

(5) 同じ正方形のタイルが1200まいあります。このタイルを1列に9まいずつならべていきます。このとき，何列ならべることができて，タイルは何まいあまりますか。(6点)

(　　　　)

学習日〔　　月　　日〕

時間 25分	得点
合格 35点	50点

上級レベル 14

わり算の筆算 (1)

1 次の計算をしなさい。(3点×6)

(1) $5\overline{)752}$　(2) $9\overline{)899}$　(3) $7\overline{)767}$

(4) $5\overline{)456}$　(5) $8\overline{)861}$　(6) $6\overline{)497}$

2 次の計算をしなさい。(3点×4)

(1) $6\overline{)3681}$　(2) $9\overline{)8997}$

(3) $7\overline{)4976}$　(4) $3\overline{)1792}$

3 次の問いに答えなさい。(4点×3)

(1) ある数を7でわる計算を，まちがって9でわったため，商が409であまりが1になりました。正しい計算をしたときの商を求(もと)めなさい。

(　　　　)

(2) 250ページの本を毎日6ページずつ読んでいくと，読み始めてから何日目で読み終わりますか。

(　　　　)

(3) たろう君は2000円を持って1本65円のえん筆とノートを買いに行きました。えん筆を5本とノートを8さつ買ったところ，お金は915円あまりました。ノート1さつのねだんを求めなさい。

(　　　　)

4 ある学校のこう堂(どう)の長いすに，児童(じどう)621人がすわります。1つの長いすに4人ずつすわると，すわれない児童が29人出てしまいます。**これについて，次の問いに答えなさい。**(4点×2)

(1) 長いすの数を求めなさい。

(　　　　)

(2) 1つの長いすに5人ずつすわったとすると，だれもすわっていない長いすがいくつできますか。

(　　　　)

学習日〔　　月　　日〕

標準レベル 15

わり算の筆算 (2)

時間 20分	得点
合格 40点	50点

1 次の計算をしなさい。(2点×12)

(1) 630÷30　(2) 720÷60　(3) 630÷90

(4) 590÷40　(5) 860÷50　(6) 600÷90

(7) 18)72　(8) 17)85　(9) 23)69

(10) 12)95　(11) 32)94　(12) 24)99

2 次の問いに答えなさい。

(1) 320まいの色紙を，同じ数ずつ20人で分けます。1人分は何まいになりますか。(5点)

(　　　　)

(2) 490円では，1本70円のえん筆が何本買えますか。(5点)

(　　　　)

(3) 96このおかしを12こずつ箱につめていきます。12こ入りの箱は何箱できますか。(5点)

(　　　　)

(4) 600円で，1本70円のえん筆を買おうと思います。えん筆は何本買えて，いくらあまりますか。(5点)

(　　　　　　　　)

(5) ノートが75さつあります。これを1人に13さつずつ配ると，何人に配ることができて，何さつあまりますか。(6点)

(　　　　　　　　)

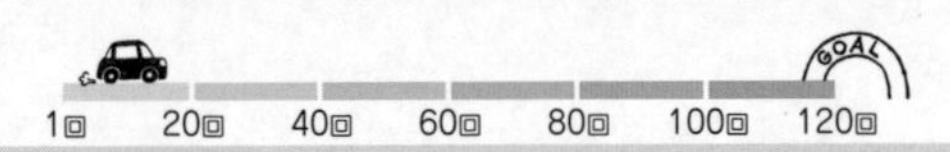

学習日〔　　月　　日〕

時間 25分	得点
合格 35点	50点

上級レベル 16

わり算の筆算 (2)

1 次の計算をしなさい。(3点×6)

(1) $22\overline{)68}$　(2) $18\overline{)79}$　(3) $29\overline{)60}$

(4) $11\overline{)49}$　(5) $15\overline{)82}$　(6) $19\overline{)98}$

2 次の計算をしなさい。(3点×4)

(1) $80\overline{)920}$　(2) $70\overline{)380}$

(3) $50\overline{)690}$　(4) $60\overline{)530}$

3 次の問いに答えなさい。(4点×3)

(1) ある数を30でわる計算を，まちがって80でわったため，商が7であまりが40になりました。正しい計算をしたときの商を求(もと)めなさい。

(　　　　)

(2) 算数の問題が100問あり，これを毎日同じ数ずつといていきます。12日続けたところで残(のこ)りが4問でした。毎日何問ずつときましたか。

(　　　　)

(3) たろう君は900円を持って1本65円のえん筆と1こ15円のおかしを買いに行きました。えん筆を12本とおかしを何こか買ったところ，お金は30円あまりました。おかしを何こ買いましたか。

(　　　　)

4 りんご80ことみかん96こを何人かに配りました。みかんを4こずつ配るとあまりなく配ることができました。**これについて，次の問いに答えなさい。**(4点×2)

(1) 配った人数を求めなさい。

(　　　　)

(2) りんごを同じ数ずつ配ると，8こあまりました。りんごは1人に何こずつ配りましたか。

(　　　　)

学習日〔　　月　　日〕

時間 20分	得点
合格 40点	50点

標準レベル 17

わり算の筆算 (3)

1 次の計算をしなさい。(2点×12)

(1) 16)112　　(2) 24)144　　(3) 21)294

(4) 18)198　　(5) 14)115　　(6) 23)145

(7) 12)184　　(8) 15)306　　(9) 16)380

(10) 8000÷400　　(11) 4500÷150　　(12) 8500÷170

2 次の問いに答えなさい。

(1) 175 本のえん筆を，同じ数ずつ 25 人に配ると，1 人分は何本になりますか。(5点)

(　　　　)

(2) 264 ページの本を，毎日 12 ページずつ読んでいくと，何日で読み終えますか。(5点)

(　　　　)

(3) 長さが 4 m 42 cm のテープがあります。これから 34 cm のテープをできるだけ多く切りとると，34 cm のテープは何本できますか。(5点)

(　　　　)

(4) トマトが 555 こあります。これを 24 こずつ箱につめていきます。24 こ入りの箱は何箱できて，トマトは何こあまりますか。(5点)

(　　　　)

(5) 375 まいの色紙を 14 まいずつ配ると，何人に配ることができて，色紙は何まいあまりますか。(6点)

(　　　　)

学習日〔　月　日〕

上級レベル 18

わり算の筆算 (3)

時間 25分	得点
合格 35点	50点

1 次の計算をしなさい。(3点×6)

(1) $23\overline{)149}$　(2) $37\overline{)304}$　(3) $35\overline{)624}$

(4) $52\overline{)537}$　(5) $57\overline{)417}$　(6) $29\overline{)652}$

2 次の計算をしなさい。(3点×4)

(1) $54\overline{)3078}$　(2) $34\overline{)8738}$

(3) $26\overline{)2213}$　(4) $135\overline{)8762}$

3 次の問いに答えなさい。(4点×3)

(1) ある数を13でわる計算を，まちがって31でわったため，商が23であまりが2になりました。正しい計算をしたときの商を求(もと)めなさい。

(　　　　)

(2) 650箱の荷物があります。これを1回に35箱ずつトラックで運ぶと，全部の箱を運び終えるには，何回かかりますか。

(　　　　)

(3) たろう君は2000円を持って1本65円のえん筆と1さつ120円のノートを買いに行きました。えん筆を何本かとノートを8さつ買ったところ，お金は260円あまりました。えん筆を何本買いましたか。

(　　　　)

4 そうじ用のぞうきんを学校の34の全学級に配るため，295まい用意しました。次の問いに答えなさい。(4点×2)

(1) 34学級に同じ数ずつ配ると，何まいずつ配ることができますか。

(　　　　)

(2) あと2まいずつ多く配るためには，ぞうきんはあと何まい用意すればよいですか。

(　　　　)

1回 20回 40回 60回 80回 100回 120回 GOAL

学習日〔　月　日〕

標準レベル 19

わり算の筆算 (4)

時間 20分	得点
合格 40点	/50点

1 次の問いに答えなさい。(5点×5)

(1) 32 m の赤いひもと 4 m の白いひもがあります。赤いひもの長さは，白いひもの長さの何倍ですか。

(　　　　)

(2) たろう君のお父さんの年れいは 45 才で，たろう君の年れいは 9 才です。お父さんの年れいは，たろう君の年れいの何倍ですか。

(　　　　)

(3) 姉は色紙を 147 まい，妹は 7 まい持っています。姉が持っている色紙のまい数は妹が持っている色紙のまい数の何倍ですか。

(　　　　)

(4) 長さが 15 cm の白いテープと長さが 9 cm の赤いテープがあります。白いテープ 12 本分の長さは，赤いテープの長さの何倍になりますか。

(　　　　)

(5) 荷物が入った箱が 3952 箱あり，トラックで 1 回に 152 箱ずつ運ぶことができます。箱の数は，トラックで 1 回に運ぶ箱の数の何倍ですか。

(　　　　)

2 次の問いに答えなさい。(5点×5)

(1) 事典(じてん)と教科書があります。事典の重さは 810 g で，教科書の重さの 3 倍になっています。教科書の重さは何 g ですか。

(　　　　)

(2) ボールペンのねだんは 1 本 183 円で，えん筆のねだんの 3 倍でした。えん筆のねだんはいくらですか。

(　　　　)

(3) 赤いひもの長さは 9 m 18 cm で，白いひもの 9 倍です。白いひもの長さは何 cm ですか。

(　　　　)

(4) 東小学校の児童数(じどうすう)は 1245 人で，西小学校の児童数の 3 倍になっています。西小学校の児童数は何人ですか。

(　　　　)

(5) たろう君の家からじろう君の家までの道のりは 4.8 km で，学校までの道のりの 8 倍です。たろう君の家から学校までの道のりは何 m ですか。

(　　　　)

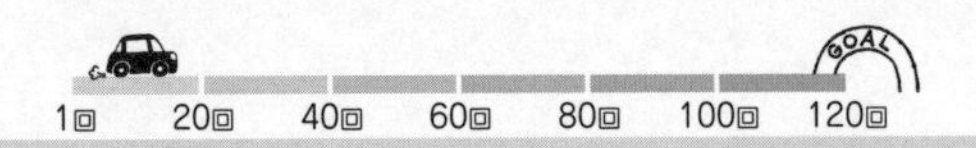

学習日〔　月　日〕

上級レベル 20

わり算の筆算 (4)

時間 25分	得点
合格 35点	/50点

1 次の問いに答えなさい。(5点×5)

(1) 赤い色紙が 78 まい，黒い色紙が 13 まいあります。赤い色紙の数は黒い色紙の何倍ですか。

(　　　　　)

(2) りんごが 420 こあり，みかんの数の 21 倍になっています。みかんの数は何こですか。

(　　　　　)

(3) A(エー) 市の人口は 33426 人で，B(ビー) 村の人口の 27 倍です。B 村の人口は何人ですか。

(　　　　　)

(4) あめとガムとチョコレートがあります。あめのこ数は 80 こで，ガムの 4 倍，チョコレートの 8 倍です。あめとガムとチョコレートをあわせたこ数は何こですか。

(　　　　　)

(5) 大，中，小の荷物があります。大の重さは 48 kg で，中の重さの 6 倍です。中の重さは小の重さの 2 倍です。小の荷物は何 kg ですか。

(　　　　　)

2 次の問いに答えなさい。(5点×5)

(1) 赤い色紙のまい数が 350 まいで，黒い色紙の 7 倍です。黒い色紙のまい数は白い色紙の 2 倍です。白い色紙は何まいありますか。

(　　　　　)

(2) お父さんとたろう君と弟が体重をはかりました。たろう君の体重は 36 kg でした。お父さんの体重はたろう君の 2 倍で，弟の 8 倍でした。弟の体重は何 kg ですか。

(　　　　　)

(3) ノートのねだんは 1 さつ 315 円で，消しゴムの 9 倍です。えん筆のねだんは消しゴムの 3 倍です。えん筆のねだんはいくらですか。

(　　　　　)

(4) みかんとりんごとなしがあります。りんごの数は 60 こで，みかんの数はりんごの 3 倍，なしの 4 倍です。なしのこ数は何こですか。

(　　　　　)

(5) ある図書館には，日本の物語の本が 1248 さつあり，童話の本のさっ数の 6 倍です。童話の本のさっ数は外国の物語の本の 4 倍です。外国の物語の本は何さつありますか。

(　　　　　)

学習日〔　　月　　日〕

21 最上級レベル ③

時間 30分	得点
合格 35点	50点

1 次の計算をしなさい。(4点×6)

(1) 928×275

(2) 5683×392

(3) 3209×705

(4) $856 \div 2$

(5) $464 \div 58$

(6) $6295 \div 29$

2 次の□にあてはまる数を答えなさい。(3点×2)

(1) □÷19=27 あまり 14

(2) 2800 g×35=□ kg

3 長さが6mの白いテープがあります。これを4等分して，同じ長さのテープ4つに分けました。**これについて，次の問いに答えなさい。**(5点×2)

(1) 4等分したテープの１つ分の長さは何cmですか。

(　　　　　)

(2) 別(べつ)の青いテープは，4等分した白いテープの１つ分の5倍の長さでした。青いテープの長さは何cmですか。

(　　　　　)

4 180ページの本が3さつあります。**これについて，次の問いに答えなさい。**(5点×2)

(1) 30日間で3さつとも読み終わるには，１日何ページずつ読めばよいですか。

(　　　　　)

(2) この3さつの本を，毎日25ページずつ読むと，何日で読み終わりますか。

(　　　　　)

1回 20回 40回 60回 80回 100回 120回 GOAL

学習日〔　月　日〕

時間 30分	得点
合格 35点	50点

22 最上級レベル ④

1 次の計算をしなさい。(4点×6)

(1) 1900×600

(2) 7359×137

(3) 2050×7950

(4) $783 \div 3$

(5) $813 \div 23$

(6) $7040 \div 27$

2 次の□にあてはまる数を答えなさい。(3点×2)

(1) 3938÷□=28 あまり 18

(2) 75 km÷2500=□m

3 次の問いに答えなさい。(5点×4)

(1) たろう君は，毎日 3500 m ずつ走っています。これについて，次の問いに答えなさい。

① 30 日間走ったとき，走ったきょりの合計は何 km になりますか。

(　　　)

② 走ったきょりの合計が 84 km になるのは何日目ですか。

(　　　)

(2) 10000 円を何人かで分けたところ，1 人分が 450 円になり 100 円あまりました。何人で分けましたか。

(　　　)

(3) 毎月 900 円ずつ貯金(ちょきん)したところ，4500 円のゲームソフトをちょうど 3 つ買うことができました。貯金したのは何か月ですか。

(　　　)

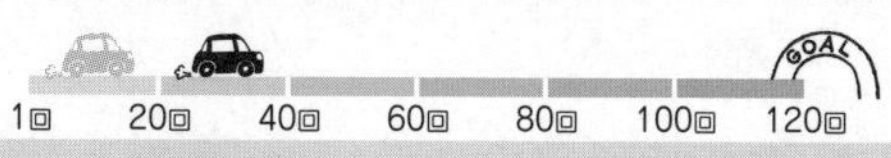

学習日〔　月　日〕

標準レベル 23

小数のしくみ

時間 20分	得点
合格 40点	50点

1 次の□にあてはまる数を答えなさい。（1点×10）

(1) 9745 m=9000 m+700 m+40 m+5 m

=□km+□km+□km+□km

=□km

(2) 4892 g=4000 g+800 g+90 g+2 g

=□kg+□kg+□kg+□kg

=□kg

2 次の量（りょう）を（　）の中の単位（たんい）で表しなさい。（3点×4）

(1) 3924 m（km）　　(2) 5 km 325 m（km）

（　　）　　（　　）

(3) 2896 g（kg）　　(4) 8 kg 125 g（kg）

（　　）　　（　　）

3 次の数を答えなさい。（4点×5）

(1) 0.08 を 10 倍した数

（　　）

(2) 4.35 を $\frac{1}{10}$ にした数

（　　）

(3) 6.4 を $\frac{1}{100}$ にした数

（　　）

(4) 0.1 を 6 こと，0.01 を 7 こあわせた数

（　　）

(5) 0.001 を 230 こ集めた数

（　　）

4 次の数を小さい順（じゅん）にならべなさい。（4点×2）

(1) 4.5，4.34，4.55，4.41

（　　）

(2) 0.05，0.005，0，1.05，0.055

（　　）

1回 20回 40回 60回 80回 100回 120回 GOAL

学習日〔　月　日〕

時間 25分	得点
合格 35点	50点

上級レベル 24 小数のしくみ

1 次の量を（　）の中の単位で表しなさい。（3点×8）

(1) 9 m 56 cm（m）

（　　　　）

(2) 3.05 m（cm）

（　　　　）

(3) 13456 m（km）

（　　　　）

(4) 9 km 105 m（m）

（　　　　）

(5) 185 dL（L）

（　　　　）

(6) 5 L 8 dL（L）

（　　　　）

(7) 285 g（kg）

（　　　　）

(8) 3.058 kg（g）

（　　　　）

2 次の数を答えなさい。（3点×2）

(1) 0.6905 を 100 倍した数

（　　　　）

(2) 4.3769 を $\frac{1}{100}$ にした数

（　　　　）

3 次の問いに答えなさい。（4点×5）

(1) 1 を 4 こ，0.1 を 8 こ，0.01 を 3 こ，0.001 を 9 こあわせた数を書きなさい。

（　　　　）

(2) 1 を 51 こ，0.001 を 25 こ集めた数を書きなさい。

（　　　　）

(3) 0.001 を 345 こ集めた数を書きなさい。

（　　　　）

(4) 9.4 より 0.01 小さい数を書きなさい。

（　　　　）

(5) 0.02，0.006，1.035，1.003，0.25 を小さい順にならべなさい。

（　　　　　　　　　　　　）

学習日〔　　月　　日〕

時間 20分	得点
合格 40点	50点

標準レベル 25 小数のたし算

1 次の計算をしなさい。（2点×15）

(1) 3.7+5.61　(2) 0.5+8.49　(3) 4.98+8.3

(4) 8.1+5.438　(5) 9.4+2.563　(6) 4.561+7.2

(7) 0.858+1.54　(8) 2.48+6.175　(9) 8.73+7.048

(10) 0.576+3.428　(11) 6.473+2.786　(12) 2.753+3.548

(13) 0.526+1.474　(14) 2.576+0.086　(15) 5.476+6.228

2 次の問いに答えなさい。（4点×5）

(1) 重さが 1.25 kg の箱に，りんごを 3.2 kg 入れました。全体の重さは何 kg ですか。

（　　　　）

(2) 大小 2 つの水そうに水を入れます。大きい水そうには 8.24 L，小さい水そうには 2.78 L 入れました。全部で何 L の水を入れましたか。

（　　　　）

(3) 走りはばとびをしたときの記録は，たろう君が 3.64 m，はなこさんは 2.95 m でした。2 人あわせた長さは何 m ですか。

（　　　　）

(4) 牛にゅうが，大きいびんに 2.45 L，小さいびんに 54 dL 入っています。あわせて何 L ありますか。

（　　　　）

(5) たろう君の家から学校までの道のりは 800 m，学校から駅までの道のりは 2.45 km あります。家から学校を通って駅まで行く道のりは何 km ありますか。

（　　　　）

学習日〔　　月　　日〕

時間 25分	得点
合格 35点	50点

上級レベル 26 小数のたし算

1 次の計算をしなさい。(3点×10)

(1) 1.08+0.8　　(2) 4.63+2.439

(3) 3.71+4.24　　(4) 8.659+0.182

(5) 3.563+0.892　　(6) 7.183+2.817

(7) 8.04+1.2+0.96　　(8) 1.2+2.79+3.97

(9) 0.034+2.36+1.052　　(10) 1.052+9.06+0.034

2 次の問いに答えなさい。(4点×5)

(1) ボトルに水が 1.73 L 入っています。さらに水を 18 dL 入れると，ボトルの水は何 L になるか求(もと)めなさい。

(　　　　)

(2) 赤いリボンが 3.8 m，白いリボンが 1.75 m，青いリボンが 90 cm あります。全部あわせると何 m になるか求めなさい。

(　　　　)

(3) りんごが 1.2 kg，みかんが 3.6 kg，なしが 0.95 kg あります。全部あわせた重さは何 kg になるか求めなさい。

(　　　　)

(4) ジュースを 1 日目に 0.65 L，2 日目に 1.2 L 飲んだところ，あと 24 dL 残(のこ)っていました。はじめにジュースは何 L あったか求めなさい。

(　　　　)

(5) たろう君はおじさんの家に行くのに，0.2 時間歩いたあと，バスに 0.5 時間乗りました。そのあと，電車に 48 分間乗り，おじさんの家に着きました。全部で何分かかったか求めなさい。

(　　　　)

学習日〔　　月　　日〕

標準レベル 27 小数のひき算

時間 20分	得点
合格 40点	50点

1 次の計算をしなさい。(2点×15)

(1) 4.265−2.463　(2) 6.485−2.437　(3) 2.741−1.021

(4) 4.537−2.42　(5) 4.916−1.53　(6) 4.75−3.216

(7) 4.05−2.167　(8) 6.01−5.456　(9) 2.8−0.567

(10) 5−4.063　(11) 9−2.368　(12) 7−3.75

(13) 12.32−4.27　(14) 16.543−5.32　(15) 22−13.65

2 次の問いに答えなさい。(4点×5)

(1) やかんに水が 1.8 L 入っています。そのうち，1.25 L を使いました。水はあと何 L 残(のこ)っていますか。

(　　　　)

(2) 工作用の竹ひごが 3.4 m あります。工作で 0.85 m 使いました。あと何 m 残っていますか。

(　　　　)

(3) 12 km はなれたところに行くとちゅう，4.8 km のところにある公園で休けいしました。公園から目的地(もくてきち)まであと何 km ありますか。

(　　　　)

(4) 灯油(とうゆ)が 17.5 L ありましたが，今日何 L か使ったところ，残りが 12.7 L になりました。何 L 使いましたか。

(　　　　)

(5) 400 g の入れ物にさとうが 0.8 kg 入っています。さとうを 0.15 kg 使ったとき，残りのさとうと入れ物をあわせた重さは何 kg ですか。

(　　　　)

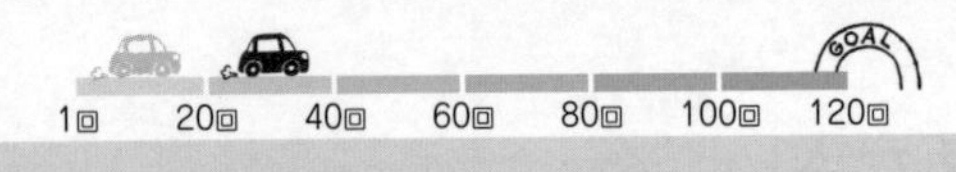

学習日〔　　月　　日〕

上級レベル 28

小数のひき算

時間 25分	得点
合格 35点	50点

1 次の計算をしなさい。(3点×10)

(1) 5.7−4.989

(2) 8−0.28

(3) 9.05−6.351

(4) 3−0.927

(5) 13.5−0.5−4.63

(6) 49.6−2.8−1.63

(7) 22.5+2.64−9.18

(8) 7.84−3.89+1.23

(9) 3.621−0.34+13.9−1.28

(10) 3.154+0.432−3.37

2 次の問いに答えなさい。(4点×5)

(1) 18 L のペンキがあります。これを使って，かべをぬるのに 5.85 L，いすをぬるのに 2.08 L 使いました。ペンキはあと何 L 残(のこ)っているか求(もと)めなさい。

(　　　　)

(2) はり金が 3.45 m あります。工作用に 30 cm と 75 cm と 115 cm の 3 つの長さを切り取りました。はり金はあと何 m 残っているか求めなさい。

(　　　　)

(3) 2.8 m のテープと 3.5 m のテープをつないで 1 本のテープにしたところ，全体の長さが 5.8 m になりました。つなぎ目を何 m にしたか求めなさい。

(　　　　)

(4) 牛にゅうが 3.6 L あります。1 日目に 1.25 L，2 日目に 0.8 L，3 日目に 6 dL 飲みました。牛にゅうはあと何 dL 残っているか求めなさい。

(　　　　)

(5) A(エー) さんの体重は 37.15 kg で，B(ビー) さんより 1.25 kg 軽く，C(シー) さんより 1.47 kg 重いそうです。3 人の体重の合計は何 kg か求めなさい。

(　　　　)

学習日〔　　月　　日〕

標準レベル 29

小数のかけ算

時間 20分	得点
合格 40点	50点

1 次の計算をしなさい。（2点×15）

(1) 5.4×7　(2) 2.7×8　(3) 4.2×9

(4) 0.7×24　(5) 2.7×54　(6) 4.5×35

(7) 0.52×4　(8) 0.98×9　(9) 2.56×8

(10) 2.035×4　(11) 0.607×4　(12) 9.254×8

(13) 6.43×23　(14) 90.4×39　(15) 4.258×48

2 次の問いに答えなさい。（4点×5）

(1) 1本の重さが3.5 kgの鉄のぼうがあります。この鉄のぼう7本分の重さは何kgになりますか。

（　　　　）

(2) さとうが1ふくろに1.2 kgずつ入っています。35ふくろ分のさとうの重さは何kgになりますか。

（　　　　）

(3) 0.35 L入りのジュースのびんが45本あります。ジュースは全部で何Lありますか。

（　　　　）

(4) 1こ3.6 gのコインが12まい，1こ6.2 gのコインが24まいあります。コイン全部をあわせた重さは何gですか。

（　　　　）

(5) あるお店では，1日に64 dLの油を使います。14日間では何Lの油を使いますか。

（　　　　）

学習日〔　月　日〕

時間 25分	得点
合格 35点	50点

上級レベル 30 小数のかけ算

1 次の計算をしなさい。（3点×10）

(1) 6.26×55

(2) 5.26×58

(3) 5.365×27

(4) 0.508×47

(5) 5.385×8

(6) 6.207×9

(7) 7.056×54

(8) 0.509×89

(9) 2.564×42

(10) 6.256×48

2 次の問いに答えなさい。（4点×5）

(1) 1 m のねだんが 220 円のリボンを 6.8 m 買ったときの代金を求(もと)めなさい。

(　　　　)

(2) 1.8 L の灯油(とうゆ)が入っているよう器(き)が 8 こあります。灯油をいくらか使ったところ，残(のこ)りが 24 dL でした。使った灯油は何 L だったか求めなさい。

(　　　　)

(3) ジュースを 1 人 15 dL ずつ 12 人で分けたところ，0.04 L 残りました。はじめにあったジュースは何 L だったか求めなさい。

(　　　　)

(4) 1 箱の重さが 800 g の箱に，みかんを 1.75 kg ずつつめていったところ，18 箱になりました。18 箱の合計の重さは何 kg になるか求めなさい。

(　　　　)

(5) 長さが 2.5 m のひもを 8 本つなぎあわせて，1 本の長いひもにしました。結(むす)び目には，ひものはしをそれぞれ 15 cm ずつ使いました。全体の長さは何 m になったか求めなさい。

(　　　　)

学習日〔　　月　　日〕

時間 20分	得点
合格 40点	50点

標準レベル 31 小数のわり算 (1)

1 次の計算をしなさい。(3点×10)

(1) 6.4÷8　　(2) 9.6÷6

(3) 34.2÷9　　(4) 25.5÷3

(5) 94.4÷16　　(6) 71.4÷42

(7) 50.72÷8　　(8) 29.46÷3

(9) 5.232÷24　　(10) 3.536÷17

2 次の問いに答えなさい。(4点×5)

(1) ジュースが 3.5 L あります。これを 5 人で同じ量(りょう)ずつ分けたときの 1 人分は何 L になりますか。

(　　　　)

(2) まわりの長さが 57.2 cm の正方形があります。この正方形の 1 辺(ぺん)の長さは何 cm ですか。

(　　　　)

(3) 36 L の油の重さをはかると 34.56 kg ありました。この油 1 L の重さは何 kg ですか。

(　　　　)

(4) ある店で，50.75 kg の米を毎日同じ量ずつ使って，35 日で使い切りました。1 日に使った米は何 kg でしたか。

(　　　　)

(5) 池のまわりを 13 周(しゅう)走ったときの道のりは 8.45 km でした。この池のまわりの長さは何 m ですか。

(　　　　)

学習日〔　　月　　日〕

時間 25分	得点
合格 35点	50点

上級レベル 32 小数のわり算（1）

1 次の計算をしなさい。（3点×10）

(1) 61.2÷18

(2) 59.8÷13

(3) 19.47÷3

(4) 21.84÷6

(5) 2.814÷21

(6) 5.047÷49

(7) 87.4÷19

(8) 75.9÷33

(9) 7.364÷28

(10) 5.148÷36

2 次の問いに答えなさい。（4点×5）

(1) ガソリン1Lで23km走る自動車があります。この車で434.7km走ったとき，33.6Lのガソリンが残(のこ)っていました。はじめに自動車に入っていたガソリンは何Lか求(もと)めなさい。

（　　　　）

(2) 長さが9.3mのリボンと13.5mのリボンがあります。それぞれのリボンから3mのリボンをつくると，全部で何本できるか求めなさい。

（　　　　）

(3) えん筆6本と15.5gの消しゴム1こを123.5gの筆箱に入れたときの全体の重さは186.4gです。えん筆1本の重さを求めなさい。

（　　　　）

(4) たて9cm，横8.2cmの長方形とまわりの長さが同じ正方形があります。この正方形の1辺(ぺん)の長さを求めなさい。

（　　　　）

(5) ある数を6でわる計算を，まちがって6をかけたため，答えが205.2になりました。正しい計算の答えを求めなさい。

（　　　　）

学習日〔　　月　　日〕

時間 20分	得点
合格 40点	50点

標準レベル 33 小数のわり算 (2)

1 次の商を $\frac{1}{10}$ の位（くらい）まで求（もと）めて，あまりもだしなさい。(3点×4)

(1) 64.1÷9　　(2) 14.3÷7

(3) 45.7÷12　　(4) 42.6÷15

2 次の計算をわりきれるまでしなさい。(3点×4)

(1) 6.52÷8　　(2) 33.92÷5

(3) 0.36÷15　　(4) 34.4÷16

3 次の商を四捨五入（ししゃごにゅう）して $\frac{1}{10}$ の位までのがい数で求めなさい。(3点×2)

(1) 7.8÷7　　(2) 12.3÷16

4 次の問いに答えなさい。(4点×5)

(1) 米が 63.5 kg あります。これを 6 kg ずつふくろに入れていくと，何ふくろできて，何 kg あまりますか。

(　　　　　　)

(2) 25.2 L のジュースがあります。これを 4 L ずつ分けると，何人に分けることができて，何 L あまりますか。

(　　　　　　)

(3) 同じ重さの鉄のぼう 12 本の重さが 35.4 kg でした。この鉄のぼう 1 本の重さをわり切れるまで計算して求めなさい。

(　　　　　　)

(4) 43.75 m のひもを 25 等分したときの 1 つ分の長さをわり切れるまで計算して求めなさい。

(　　　　　　)

(5) 4.7 L の牛にゅうを 8 人で同じように分けると，1 人分は約（やく）何 L になりますか。四捨五入して $\frac{1}{10}$ の位までのがい数で求めなさい。

(　　　　　　)

学習日〔　　月　　日〕

上級レベル 34 小数のわり算 (2)

時間 25分	得点
合格 35点	50点

1 次の商を $\frac{1}{100}$ の位まで求めて，あまりもだしなさい。(3点×4)

(1) 1.57÷6　　(2) 3.16÷12

(3) 12.5÷6　　(4) 32.7÷7

2 次の計算をわりきれるまでしなさい。(3点×4)

(1) 42÷8　　(2) 6÷25

(3) 2.14÷50　　(4) 2.34÷12

3 次の商を四捨五入して $\frac{1}{100}$ の位までのがい数で求めなさい。(3点×2)

(1) 27.5÷7　　(2) 12.3÷11

4 次の問いに答えなさい。(4点×5)

(1) 28.3 L のジュースがあります。家族で毎日 3 L ずつ飲むとすると，何日間飲むことができて，何 L あまりますか。

(　　　　　　)

(2) 25 m のテープから 1.5 m のテープを 3 本切り取り，残りのテープを 2 m ずつ切りました。2 m のテープが何本できて，何 m あまりますか。

(　　　　　　)

(3) 7.6 L のジュースを 16 人で同じ量ずつ分けると，0.4 L のジュースが残りました。1 人分のジュースの量は何 L か求めなさい。

(　　　　　　)

(4) 15 m のテープを 6 等分したときの 1 つ分の長さは何 m か求めなさい。

(　　　　　　)

(5) りんごが 73.4 kg とれました。これを 17 人に分けると，1 人分は約何 kg になりますか。四捨五入して上から 2 けたのがい数で求めなさい。

(　　　　　　)

学習日〔　月　日〕

時間 20分	得点
合格 40点	50点

標準レベル 35 小数のわり算 (3)

1 次の問いに答えなさい。(3点×4)

(1) 7.2 は 9 の何倍ですか。

（　　　　）

(2) 16 は 40 の何倍ですか。

（　　　　）

(3) 52.5 は 15 の何倍ですか。

（　　　　）

(4) 85.75 は 35 の何倍ですか。

（　　　　）

2 152÷4 を計算すると 38 です。これをもとにして，15200÷40 を求めます。次の□にあてはまる数を答えなさい。(2点×4)

15200÷40=(152×□)÷(4×□)

=152×100÷4÷10

=(152÷4)×100÷10

=38×□

=□

3 次の問いに答えなさい。(6点×5)

(1) 右の表は，なおき君，ひでき君，つばささん，かおるさんの 4 人の家から公園までの道のりを表しています。次の問いに答えなさい。

名まえ	道のり
なおき	500 m
ひでき	125 m
つばさ	230 m
かおる	ア

① なおき君の家から公園までの道のりは，ひでき君の何倍ですか。

（　　　　）

② つばささんの家から公園までの道のりは，なおき君の何倍ですか。

（　　　　）

③ かおるさんの家から公園までの道のりは，つばささんの家から公園までの道のりの 1.5 倍です。アにあてはまる道のりは何 m ですか。

（　　　　）

(2) たての長さが 10.8 m，横の長さが 8 m の長方形があります。たての長さは横の長さの何倍ですか。

（　　　　）

(3) たろう君とお父さんが体重をはかったところ，たろう君は 35 kg で，お父さんはその 1.6 倍でした。お父さんの体重は何 kg ですか。

（　　　　）

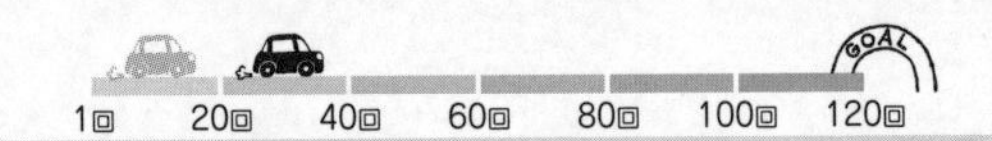

学習日〔　　月　　日〕

時間 25分	得点
合格 35点	50点

上級レベル 36 小数のわり算 (3)

1 次の問いに答えなさい。(5点×5)

(1) 長さが 3.5 m の赤いひもと，長さが 2 m の白いひもがあります。赤いひもの長さは白いひもの何倍ですか。

(　　　　　)

(2) りんごが 45 こあり，みかんの数は，りんごの 3.6 倍になっています。みかんの数は何こですか。

(　　　　　)

(3) A(エー)小学校の児童(じどう)数は 584 人で，B(ビー)小学校の児童数はその 1.5 倍です。B 小学校の児童数を求(もと)めなさい。

(　　　　　)

(4) さるとうさぎが何びきかずつとりすが 6 ぴきいます。さるの数はりすの 3.5 倍，うさぎの数はりすの 1.5 倍です。さるとりすとうさぎをあわせた数は何びきですか。

(　　　　　)

(5) 966÷7=138 です。これを利用(りよう)して，9.66÷700 を計算しなさい。

(　　　　　)

2 次の問いに答えなさい。(5点×5)

(1) 大，中，小の 3 種類(しゅるい)の荷物があり，大の荷物が 20 こあります。中の荷物の数は大の荷物の 3.6 倍，小の荷物の数は中の荷物の 1.5 倍あります。小の荷物の数を求めなさい。

(　　　　　)

(2) お父さんとけんた君と妹が体重をはかりました。けんた君の体重は 35 kg でした。お父さんの体重はけんた君の 1.8 倍で，妹の体重はお父さんの 0.15 倍でした。妹の体重を求めなさい。

(　　　　　)

(3) ボールペン 1 本のねだんは，1 こ 45 円の消しゴムの 2.8 倍です。えん筆 1 本のねだんはボールペンの 0.5 倍です。えん筆 1 本のねだんを求めなさい。

(　　　　　)

(4) 634 cm のリボンを 14 人で等分すると，1 人分の長さは何 cm になりますか。上から 3 けたのがい数で求めなさい。

(　　　　　)

(5) 285×9=2565 になることを利用して，28.5×0.09 を計算しなさい。

(　　　　　)

1回 20回 40回 60回 80回 100回 120回 GOAL

学習日〔　　月　　日〕

37 最上級レベル 5

時間 30分	得点
合格 35点	50点

1 次の□にあてはまる数を答えなさい。(4点×3)

(1) 0.1 を 25 こと 0.01 を 17 こあわせた数は□です。

(2) 134.83 の左の 3 は右の 3 の□倍です。

(3) 305 g を kg を使って表すと□kg になります。

2 次の問いに答えなさい。(3点×6)

(1) 4.38+8.24−6.3 を計算しなさい。

(　　　　)

(2) 0.327×280 を計算しなさい。

(　　　　)

(3) 9.48×908 を計算しなさい。

(　　　　)

(4) 77.4÷43 をわり切れるまで計算しなさい。

(　　　　)

(5) 56.27÷36 の商を小数第 2 位(い)まで求(もと)めて，あまりも出しなさい。

(　　　　)

(6) 692.99÷13 の商を小数第 3 位までのがい数で求めなさい。

(　　　　)

3 次の問いに答えなさい。(5点×4)

(1) 1，3，5，6，7 の 5 つの数字と小数点を使って，57 にいちばん近い数をつくりなさい。

(　　　　)

(2) A(エー)，B(ビー)，C(シー)の 3 人がボール投げをしたところ，A は 30.5 m で，B は A より 40 cm 遠くへ投げ，C は B より 60 cm 近くなりました。C は何 m 投げたか求めなさい。

(　　　　)

(3) 1 m が 1.75 kg の鉄のぼうがあります。長さが 5 m のこの鉄のぼう 15 本分の重さを求めなさい。

(　　　　)

(4) 赤，白，青の 3 本のテープがあります。赤いテープの長さは 20.4 m，白いテープの長さは 20 m で，青いテープの長さは白いテープの 0.6 倍です。赤いテープの長さは青いテープの何倍ですか。

(　　　　)

1回 20回 40回 60回 80回 100回 120回 GOAL

学習日［　月　日］

時間 30分	得点
合格 35点	/50点

38 最上級レベル 6

1 次の□にあてはまる数を答えなさい。（4点×3）

(1) 0.35 を 10 倍した数と 0.015 を 100 倍した数の和は □ です。

(2) 3.247 は 0.001 を □ こ集めた数です。

(3) 5 m 3 cm を m を使って表すと □ m になります。

2 次の問いに答えなさい。（3点×6）

(1) 49.7−3.9+5−4.6 を計算しなさい。

（　　　）

(2) 69.3×125 を計算しなさい。

（　　　）

(3) 3.027×34 を計算しなさい。

（　　　）

(4) 4.446÷18 をわり切れるまで計算しなさい。

（　　　）

(5) 472.21÷17 の商を小数第 2 位(い)まで求(もと)め，あまりも出しなさい。

（　　　）

(6) 7.644÷23 の商を上から 3 けたのがい数で求めなさい。

（　　　）

3 次の問いに答えなさい。（5点×4）

(1) 13.4 m のひもを 10 等分し，さらにその 1 つを 100 等分したときのいちばん短いひもの長さは何 cm か求めなさい。

（　　　）

(2) ある数に 3.078 をたす計算をまちがえて，3.78 をたしてしまったので，11.913 になりました。正しい答えを求めなさい。

（　　　）

(3) あるビルの高さは，長さが 2.5 m のぼうのおよそ 245 倍あります。このビルの高さはおよそ何 m か求めなさい。

（　　　）

(4) 2 種類(しゅるい)の鉄のぼう A(エー) と B(ビー) があります。A のぼう 3 m の重さは 4.62 kg で，B のぼう 2 m の重さは A のぼう 4 m の重さと同じです。B のぼう 1 m の重さを求めなさい。

（　　　）

学習日〔　月　日〕

時間 20分	得点
合格 40点	50点

標準レベル 39 角の大きさ

1 次の角は何直角の大きさか答えなさい。(2点×3)

(1) 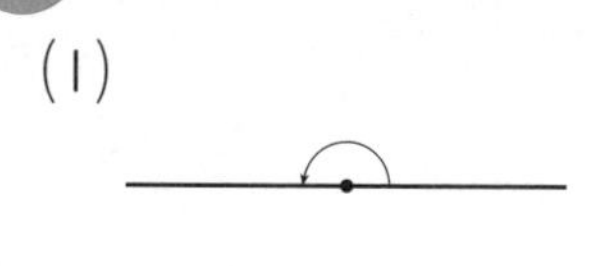
(2) 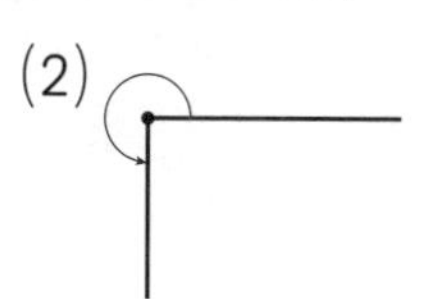
(3) 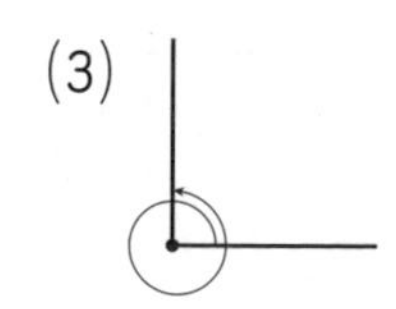

(　　　)　(　　　)　(　　　)

2 次の角の大きさを分度器(ぶんどき)ではかりなさい。(2点×3)

(1) 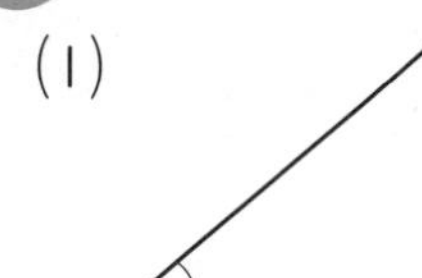
(2)  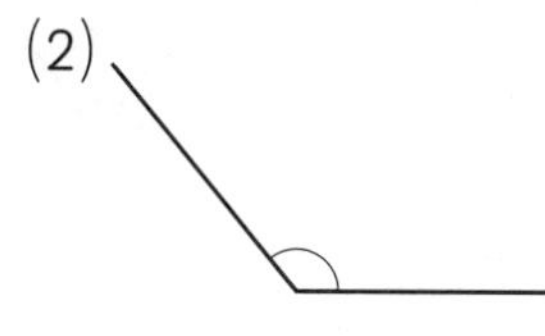
(3)  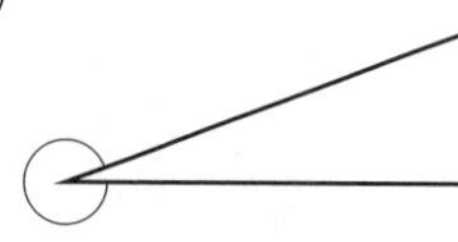

(　　　)　(　　　)　(　　　)

3 次の三角じょうぎの角の大きさを答えなさい。(2点×4)

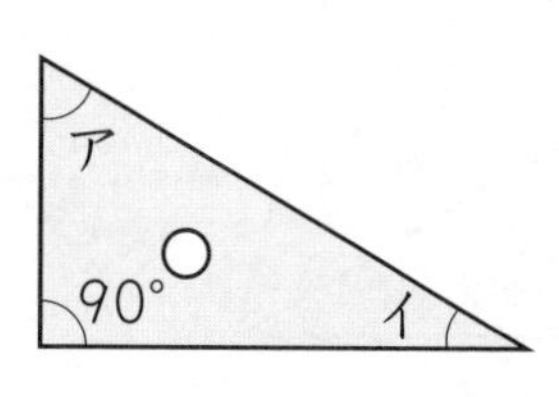

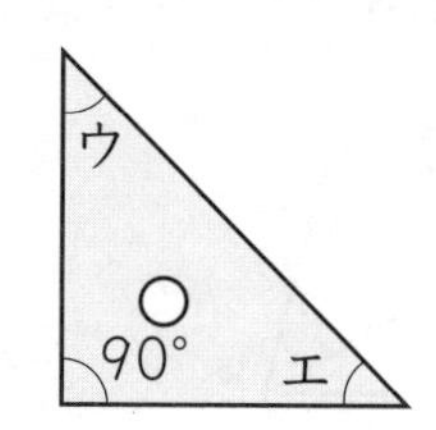

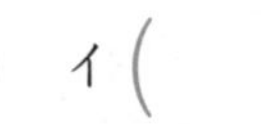

ア(　　)　イ(　　)　ウ(　　)　エ(　　)

4 次の問いに答えなさい。(5点×4)

(1) 次の角の大きさを分度器ではかりなさい。

① 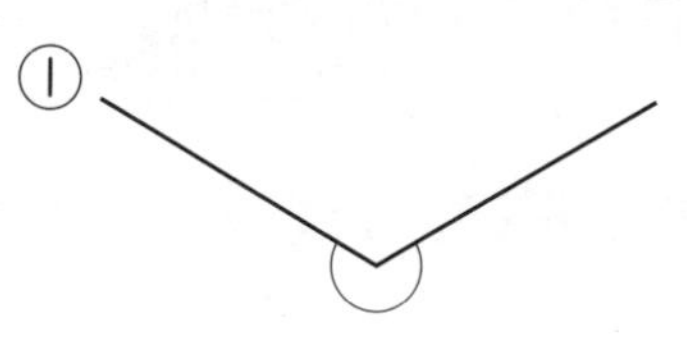
② 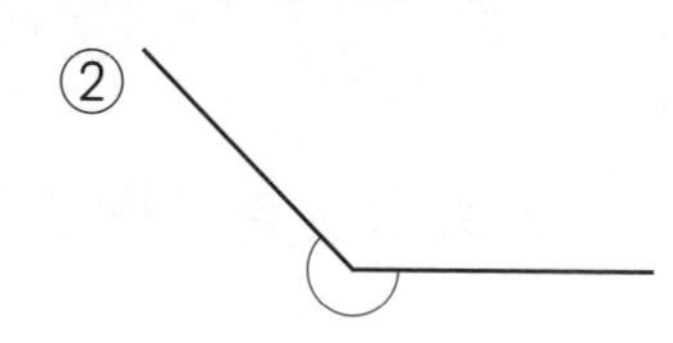

(　　　)　(　　　)

(2) 右の図の角ア，角イの大きさを求(もと)めなさい。

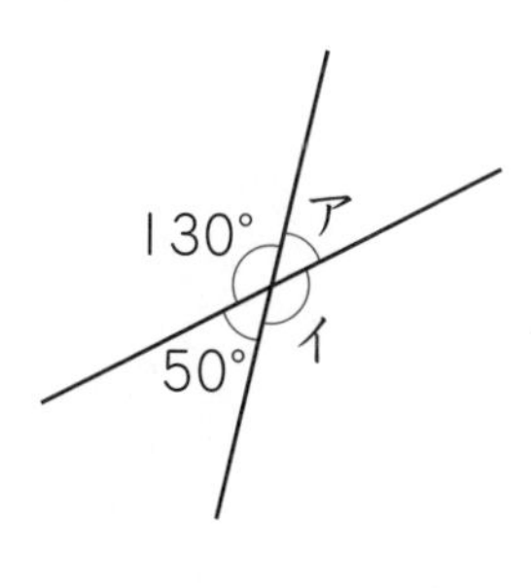

ア(　　)　イ(　　)

5 時計の長いはりと短いはりの動いた角度について，次の問いに答えなさい。(5点×2)

(1) 時計の長いはりが，5分間にまわる角度を求めなさい。

(　　　)

(2) 時計の短いはりが，1時間にまわる角度を求めなさい。

(　　　)

学習日〔　　月　　日〕

上級レベル 40 角の大きさ

1 次の角アの大きさを計算で求(もと)めなさい。ただし，(3)と(4)は三角じょうぎです。（4点×4）

(1)

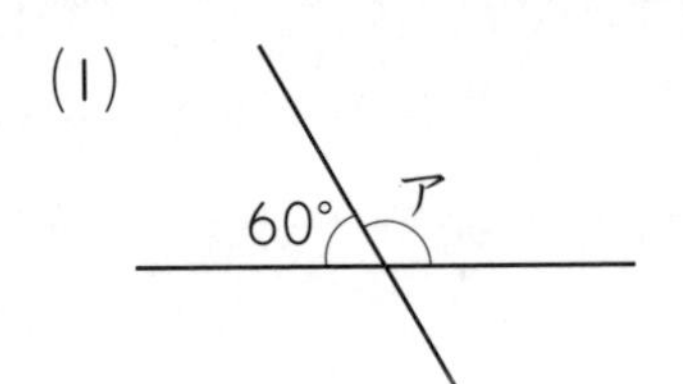

(2)

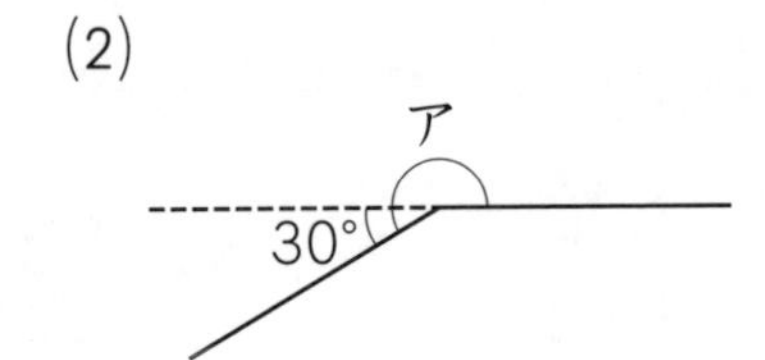

（　　　　　）　（　　　　　）

(3)

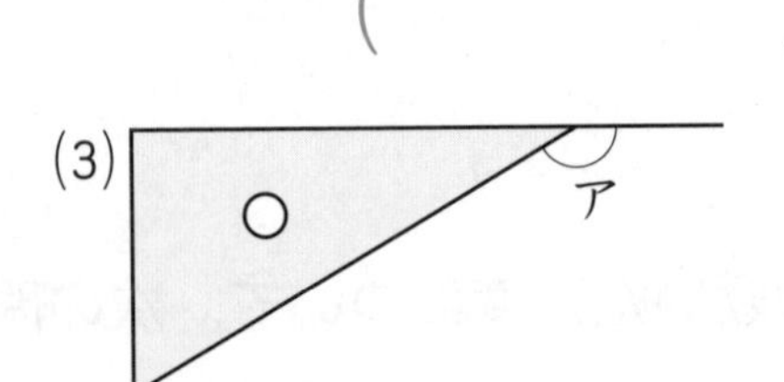

(4)

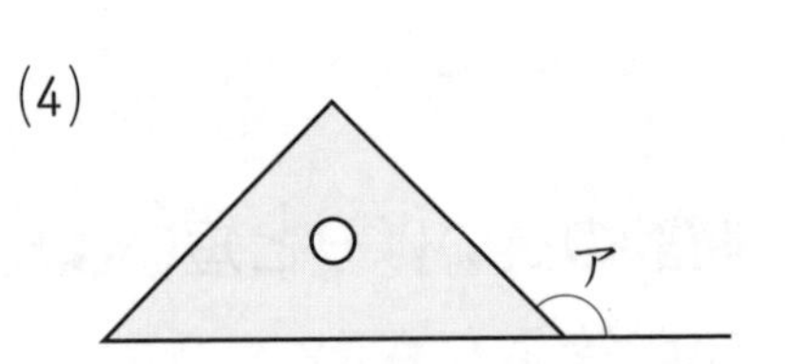

（　　　　　）　（　　　　　）

2 右の時計の長いはりと短いはりの間の大きいほうの角の大きさを求めなさい。

（4点）

（　　　　　）

3 次の角アの大きさを計算で求めなさい。（5点×4）

(1)

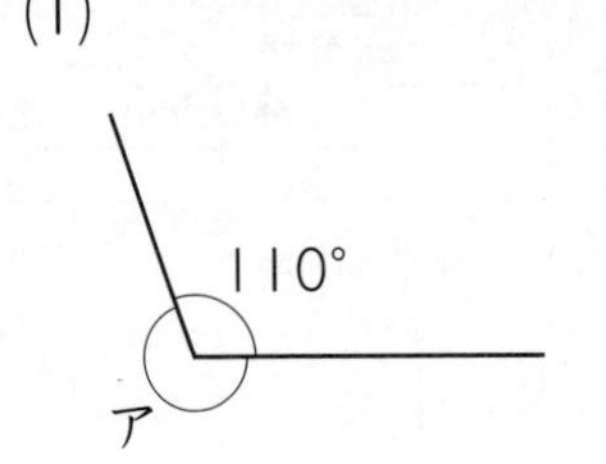

(2)

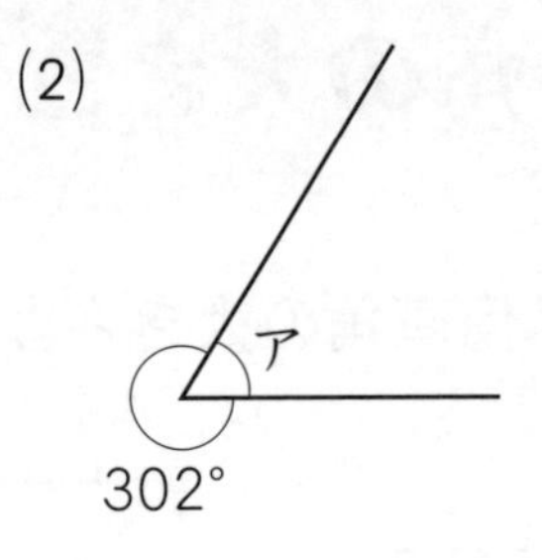

（　　　　　）　（　　　　　）

(3)

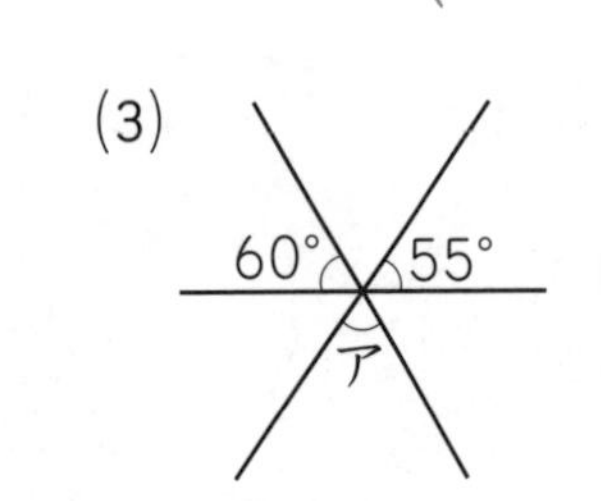

(4)

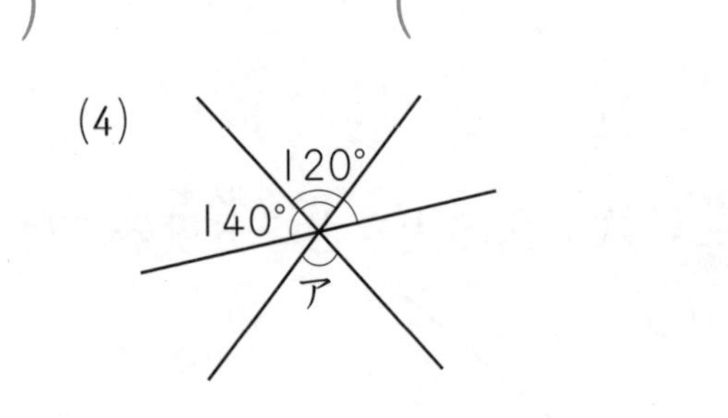

（　　　　　）　（　　　　　）

4 次の図のような，１組の三角じょうぎを組み合わせてできる角の大きさを求めなさい。（5点×2）

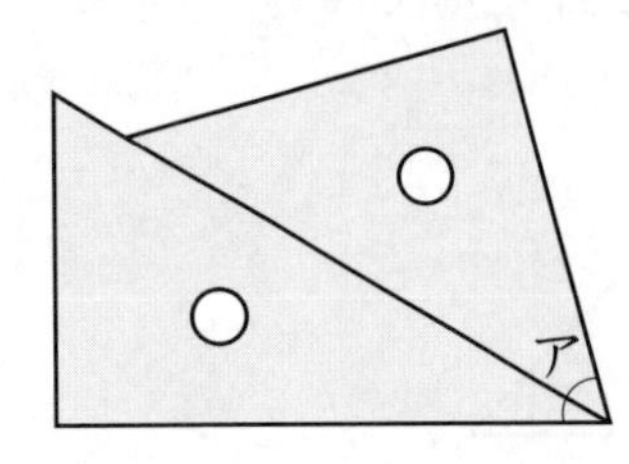

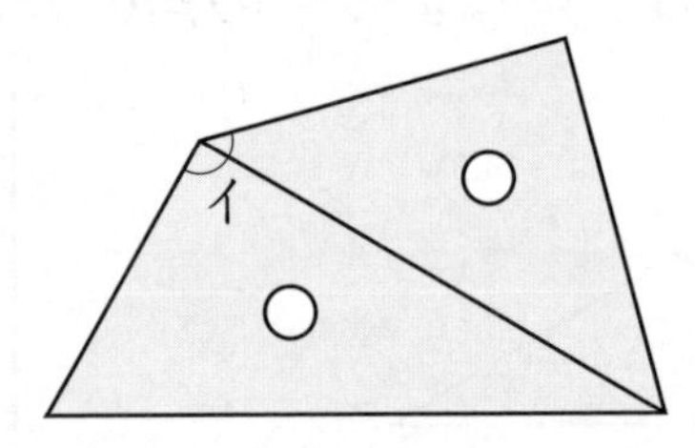

ア（　　　　　）　イ（　　　　　）

学習日〔　　月　　日〕

標準レベル 41

垂直と平行

時間 20分	得点
合格 40点	50点

1 次の図で，垂直（すいちょく）に交わっているものと平行になっているものをそれぞれ選（えら）んで，記号で答えなさい。（5点×2）

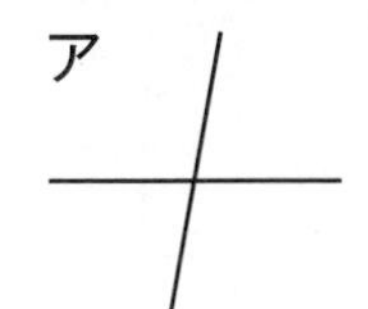

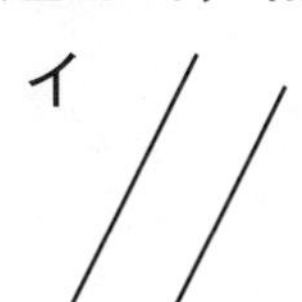

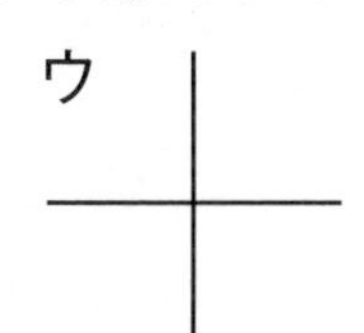

垂直（　　　　　）　平行（　　　　　）

2 下の図について，次の問いに答えなさい。（5点×2）

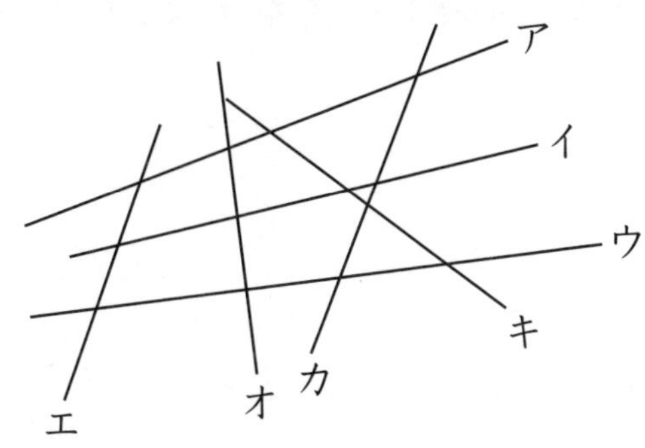

(1) 平行になっている直線はどれとどれですか。

（　　　　　）

(2) 直線ウと垂直な直線はどれですか。

（　　　　　）

3 右の長方形について，次の問いに答えなさい。（5点×2）

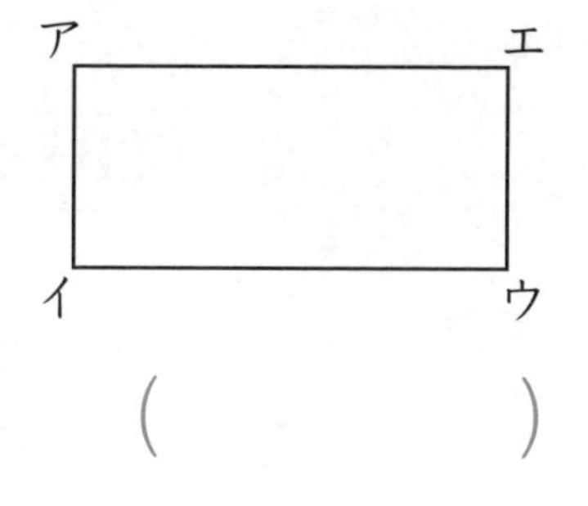

(1) 辺（へん）アイと平行な辺を答えなさい。

（　　　　　）

(2) 辺アエと垂直な辺をすべて答えなさい。

（　　　　　）

4 右の図で，A（エー）とB（ビー）の直線は平行です。次の問いに答えなさい。

（5点×4）

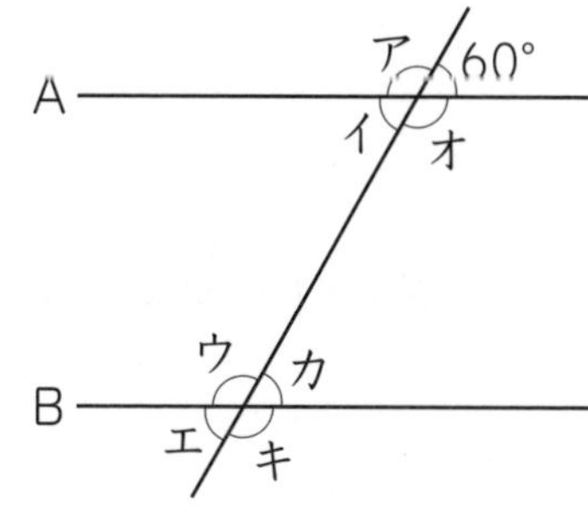

(1) アの角と大きさが等しい角をイ～キからすべて選んで答えなさい。

（　　　　　）

(2) 角アの大きさを求（もと）めなさい。

（　　　　　）

(3) 角エの大きさを求めなさい。

（　　　　　）

(4) 角オと角カの大きさの和を求めなさい。

（　　　　　）

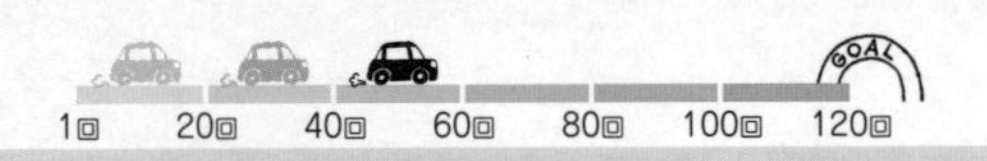

学習日〔　　月　　日〕

時間 25分	得点
合格 35点	50点

上級レベル 42 垂直と平行

1 右の図は，長方形と正方形をあわせた図です。**次の問いに答えなさい。**（4点×3）

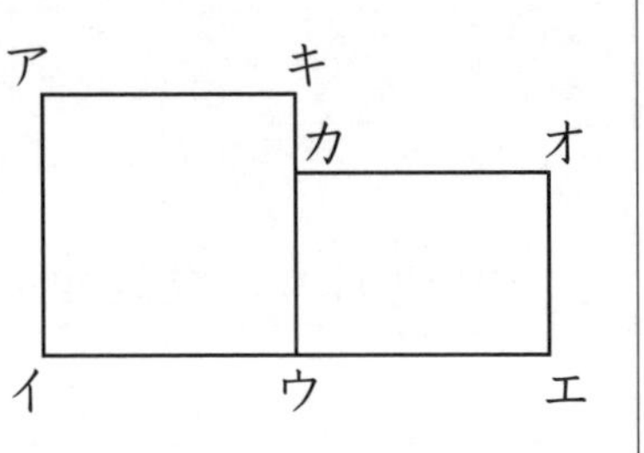

(1) 辺イウと平行な辺をすべて答えなさい。

（　　　　　　）

(2) 辺オカと垂直な辺をすべて答えなさい。

（　　　　　　）

(3) 点オを通って，辺アキと平行な辺を答えなさい。

（　　　　　　）

2 右の図で，AとBとCの直線はみんな平行です。**角ア，角イの大きさを求めなさい。**（4点×2）

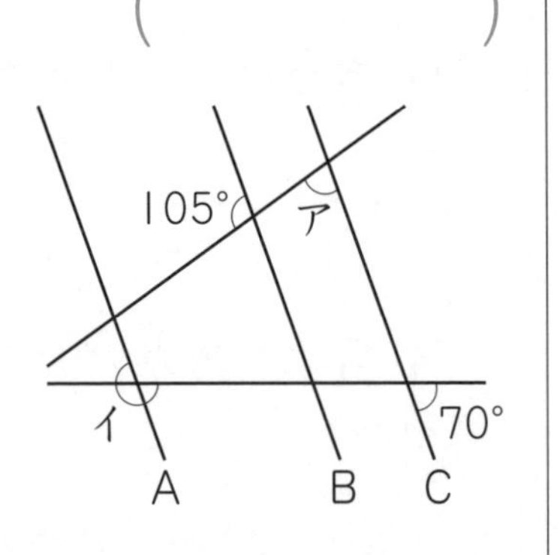

ア（　　　）　イ（　　　）

3 右の図のように，2つの長方形を重ねます。**このとき，角ア，角イ，角ウの大きさをそれぞれ求めなさい。**（5点×3）

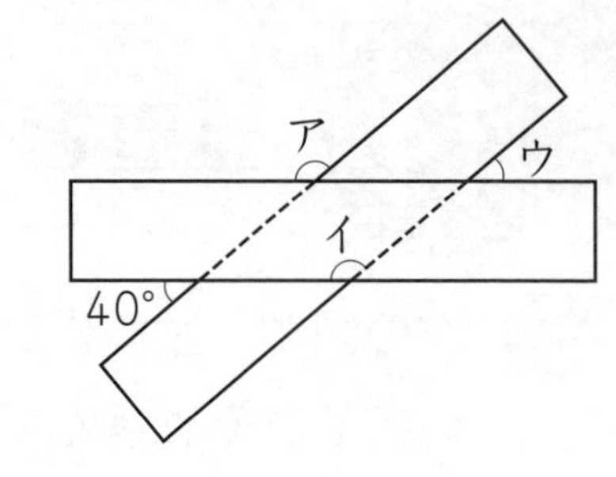

ア（　　　）　イ（　　　）　ウ（　　　）

4 右の図で，AとBとCの直線は平行です。また，DとEの直線も平行です。**次の問いに答えなさい。**（5点×3）

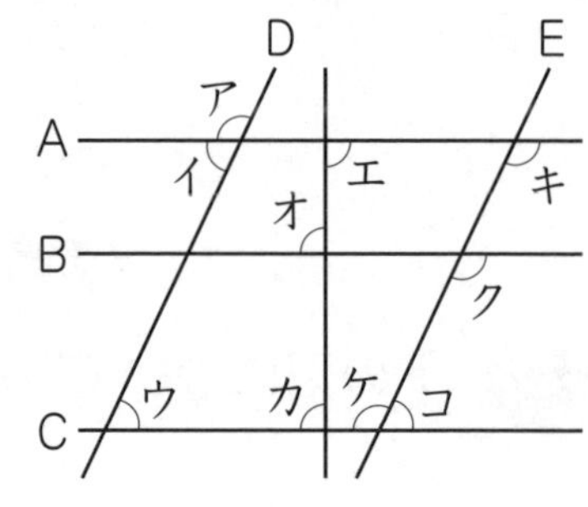

(1) アの角と大きさが等しい角をすべて答えなさい。

（　　　　　　）

(2) ウの角と大きさが等しい角をすべて答えなさい。

（　　　　　　）

(3) アの角の大きさが 110° のとき，角コの大きさを求めなさい。

（　　　　　　）

学習日〔　　月　　日〕

時間 20分	得点
合格 40点	50点

標準レベル 43 角度の計算 (1)

1 次の図の角アの大きさを求めなさい。（3点×4）

(1)

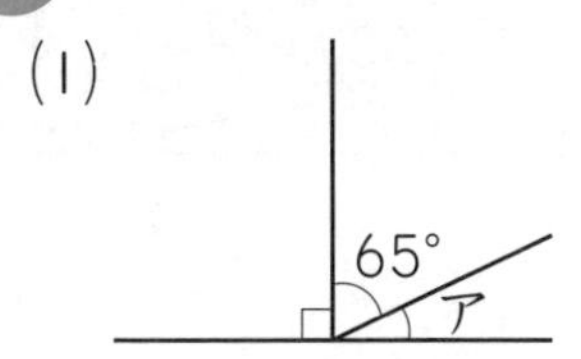

(2)

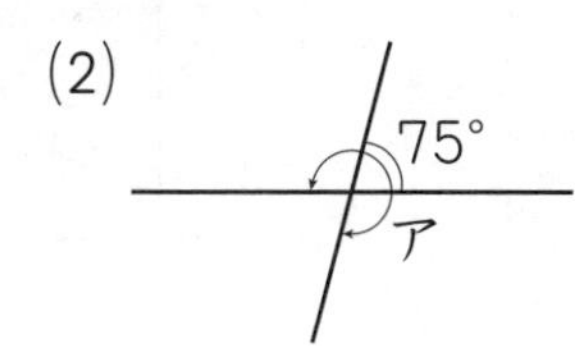

(　　　　　)　(　　　　　)

(3)

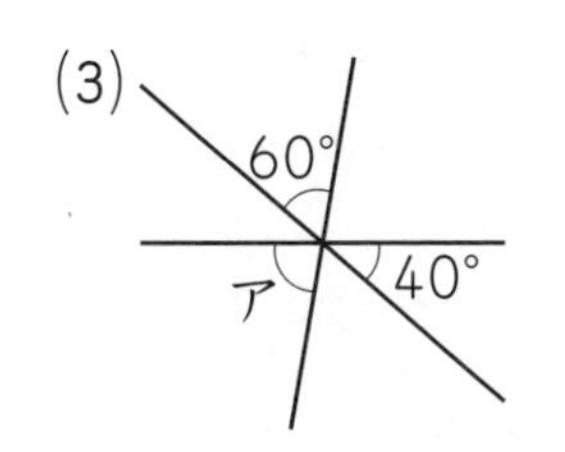

(4)

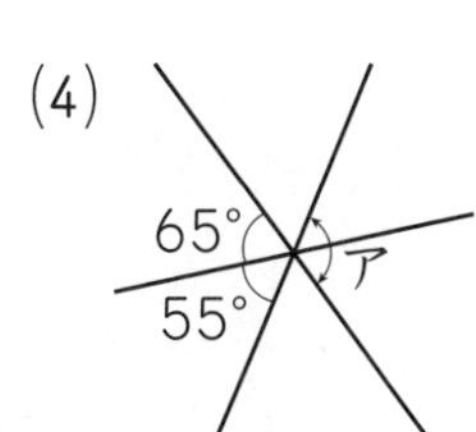

(　　　　　)　(　　　　　)

2 次の文の□にあてはまる角度を答えなさい。（3点×4）

長いはりは，１時間に［①］まわるので，１分間に［②］まわることになります。また，短いはりは，１時間に［③］まわるので，１分間に［④］まわることになります。

①(　　　)　②(　　　)　③(　　　)　④(　　　)

3 次の時計のはりがつくる角の大きさを求めなさい。（4点×2）

(1)

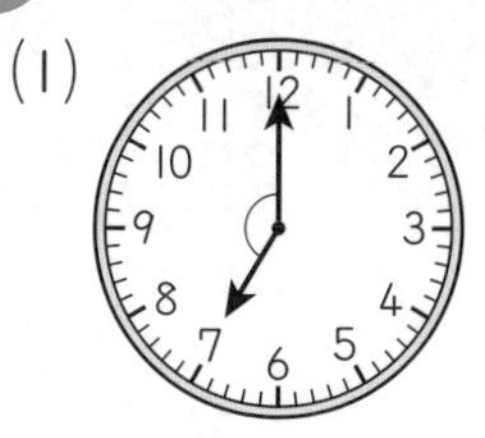

(2)

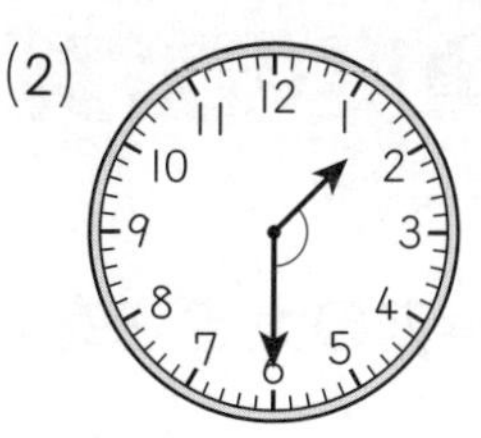

(　　　　　)　(　　　　　)

4 次の図は１組の三角じょうぎを組み合わせたものです。角アの大きさを求めなさい。（3点×6）

(1)　(2)　(3)

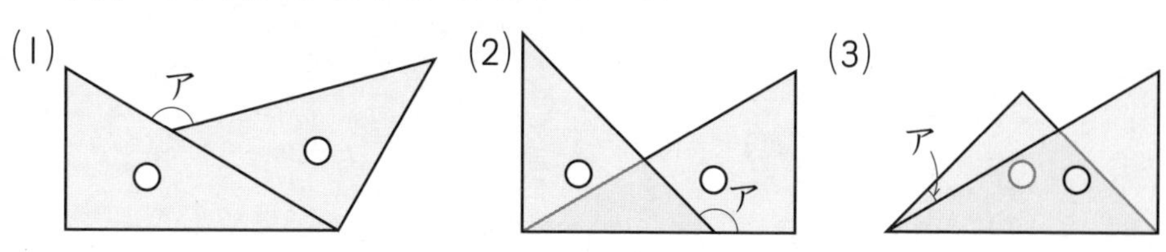

(　　　　　)　(　　　　　)　(　　　　　)

(4)

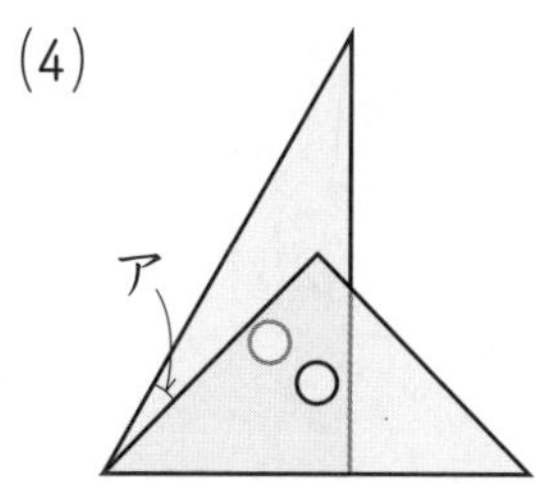

(5)

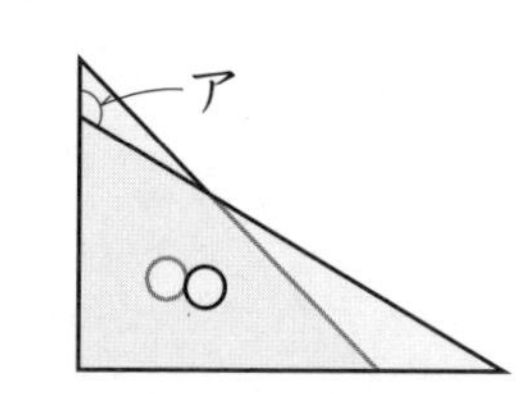

(6)

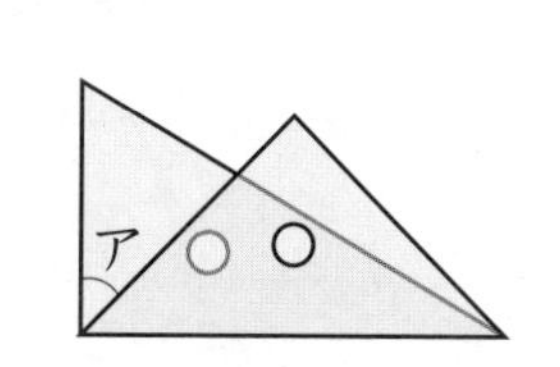

(　　　　　)　(　　　　　)　(　　　　　)

学習日〔　　月　　日〕

上級レベル 44 角度の計算 (1)

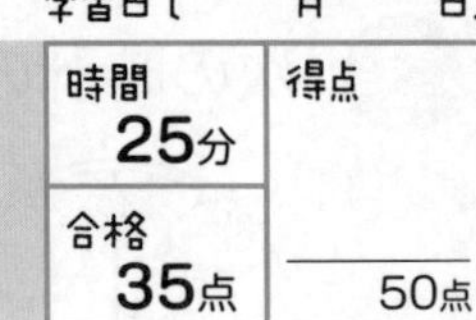

1 次の図の角アの大きさを求めなさい。(5点×4)

(1)

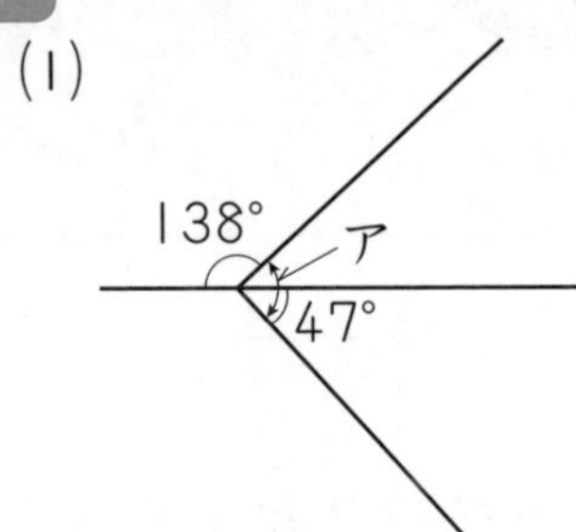

(　　　　　　)

(2)

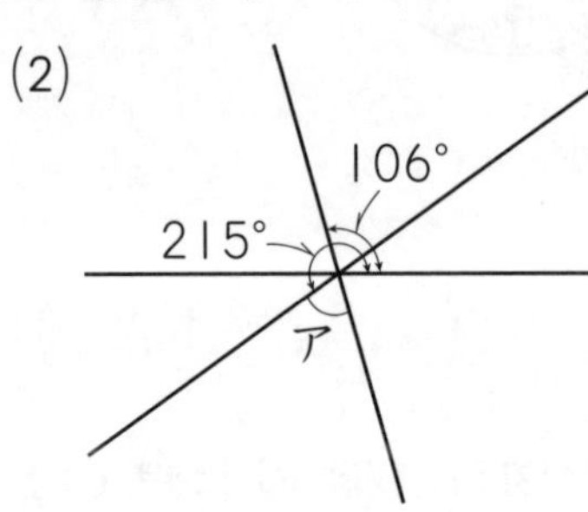

(　　　　　　)

(3)

28°
48°
ア

(　　　　　　)

(4)

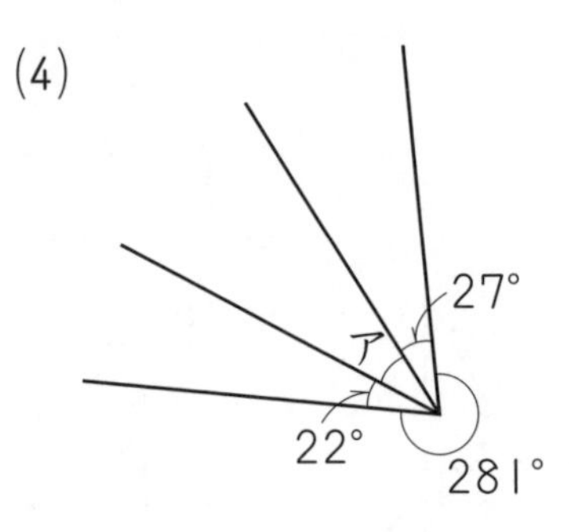

(　　　　　　)

2 次の図は１組の三角じょうぎを組み合わせたものです。角アの大きさを求めなさい。(5点×6)

(1)

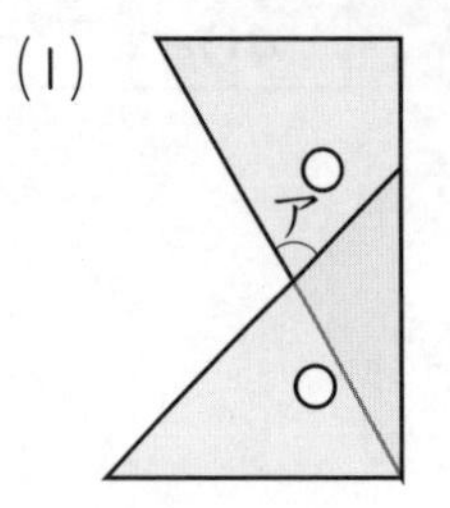

(　　　　　　)

(2)

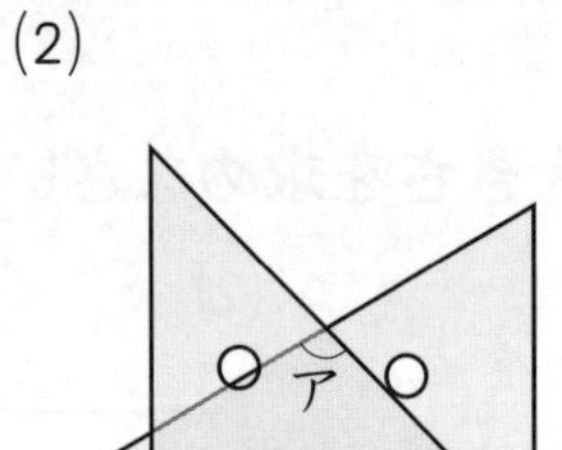

(　　　　　　)

(3)

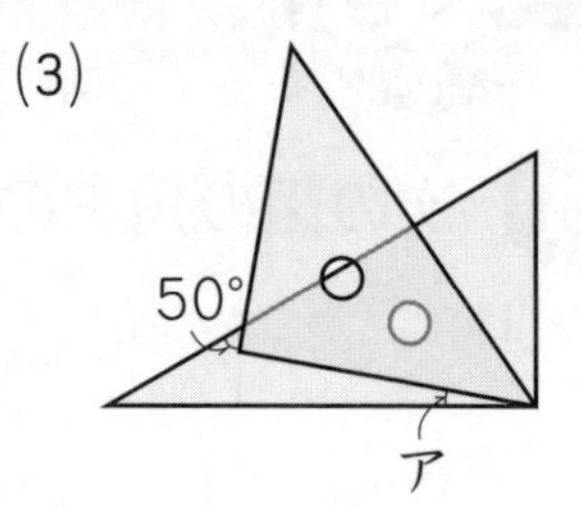

(　　　　　　)

(4)

ア
65°

(　　　　　　)

(5)

(6)

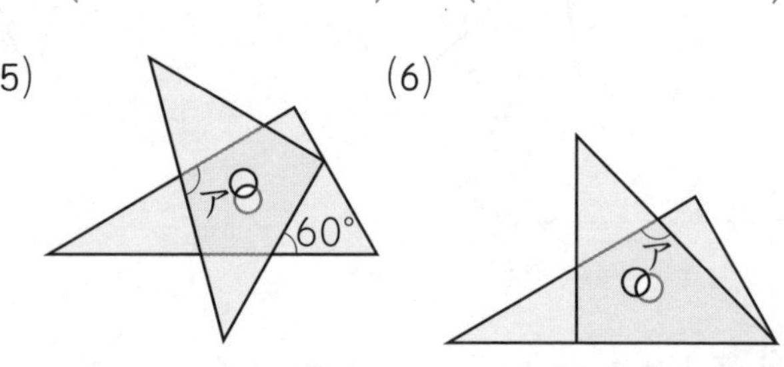

(　　　　　　)

(　　　　　　)

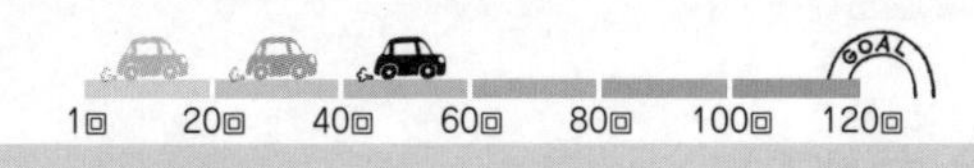

学習日〔　　月　　日〕

時間 20分	得点
合格 40点	50点

標準レベル 45 角度の計算 (2)

1 次の図の直線Aと直線B，直線Cと直線Dは，それぞれ平行です。**角アの大きさを求めなさい。**（6点×4）

(1)

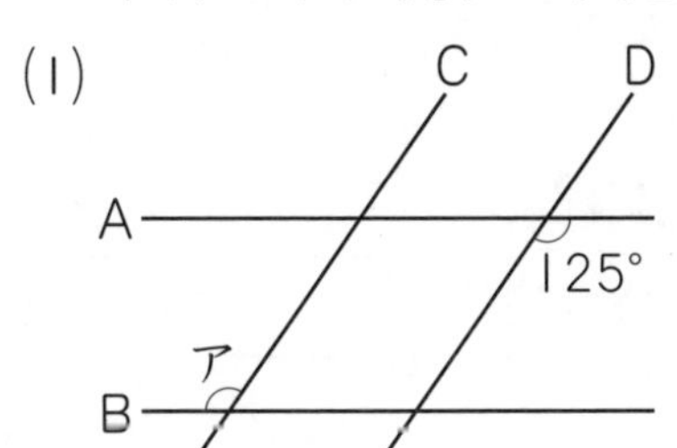

(　　　　)

(2)

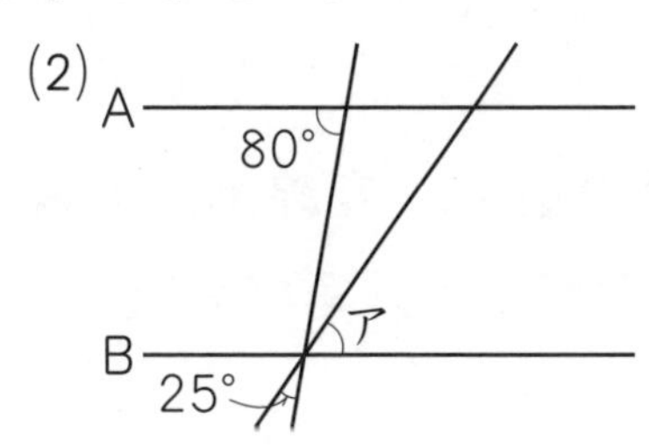

(　　　　)

(3)

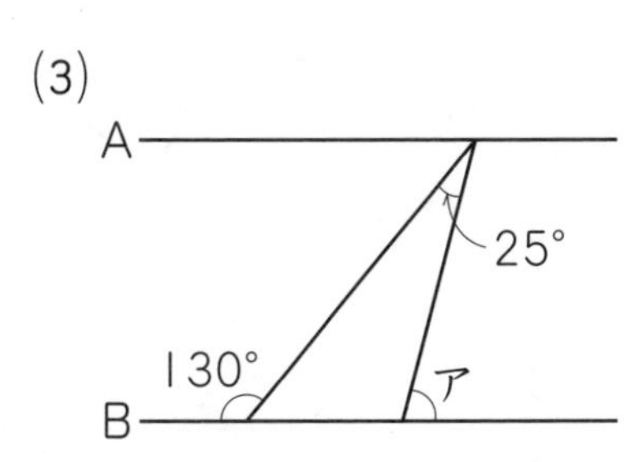

(　　　　)

(4)

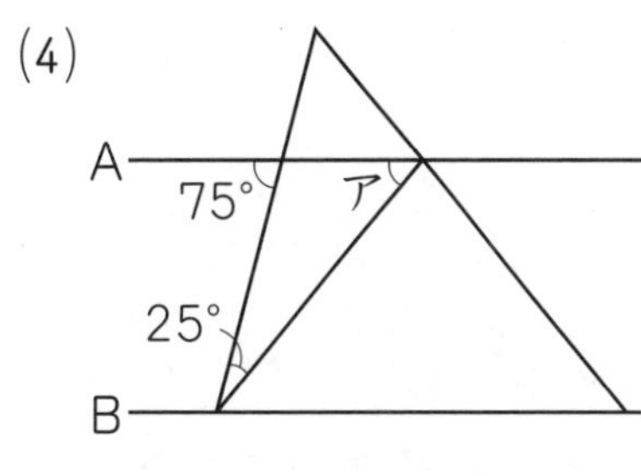

(　　　　)

2 次の問いに答えなさい。（6点×2）

(1) 右の図の四角形ABCDは長方形です。角アの大きさを求めなさい。

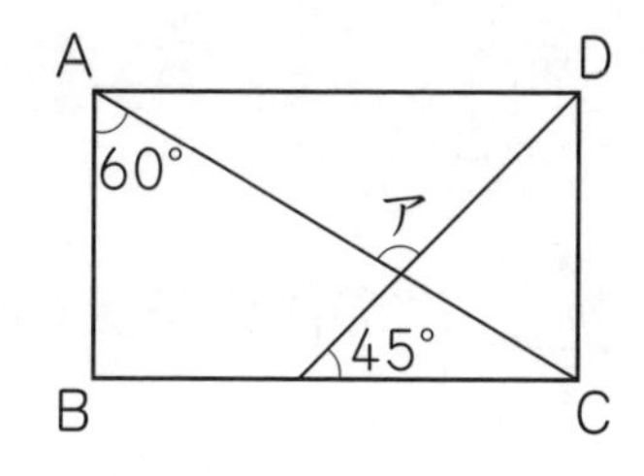

(　　　　)

(2) 右の図で，直線Aと直線Bは平行で，三角形CDEは正三角形です。角アの大きさを求めなさい。

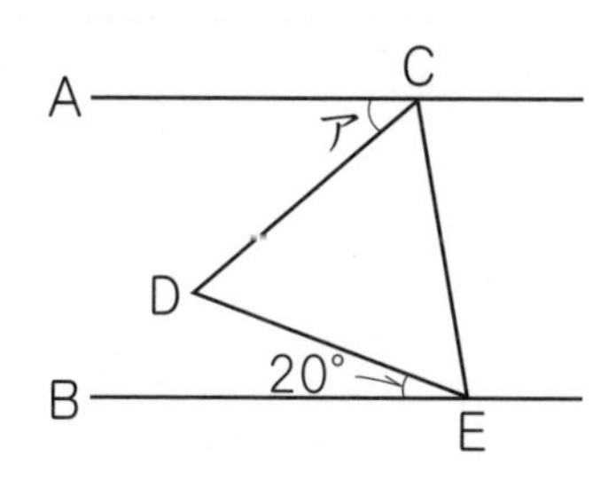

(　　　　)

3 次の図のように長方形を折り曲げました。**角アの大きさを求めなさい。**（7点×2）

(1)

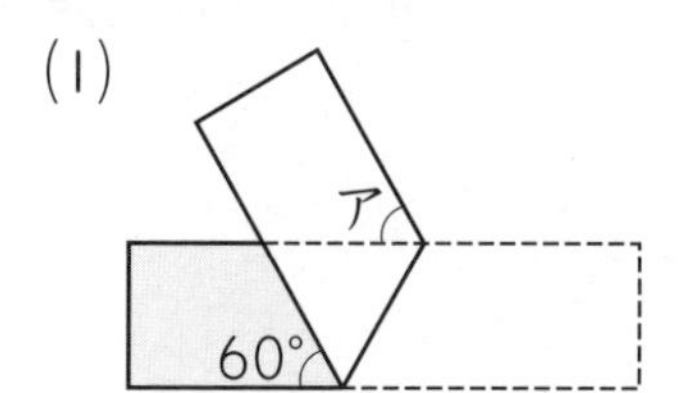

(　　　　)

(2)

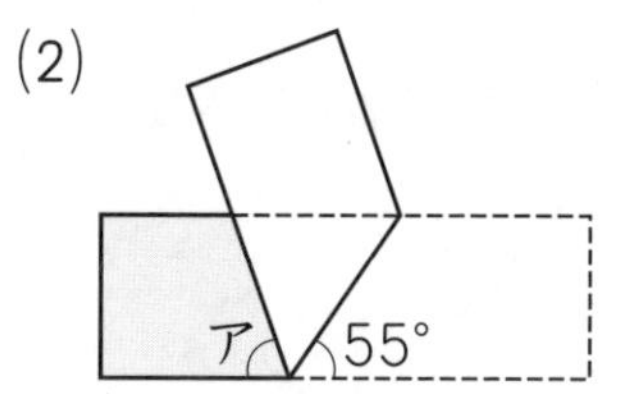

(　　　　)

学習日〔　　月　　日〕

時間 30分	得点
合格 35点	50点

上級レベル 46 角度の計算 (2)

1 次の図の角アの大きさを求(もと)めなさい。(5点×4)

(1)

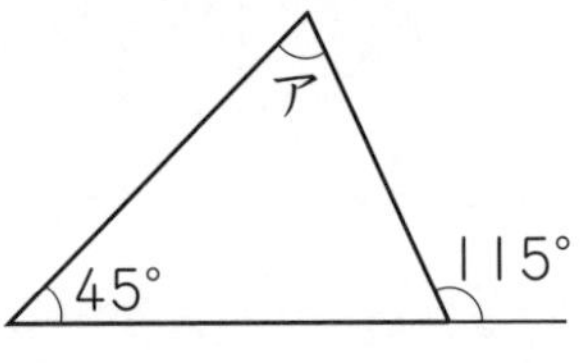

(　　　　)

(2)

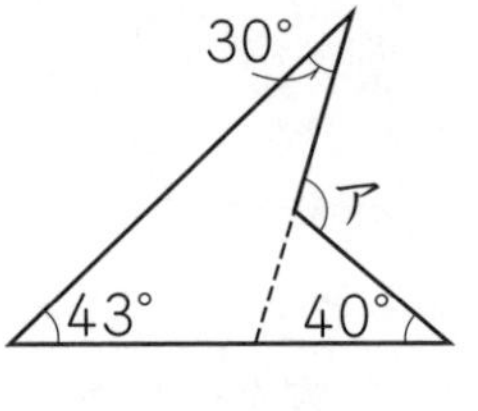

(　　　　)

(3)

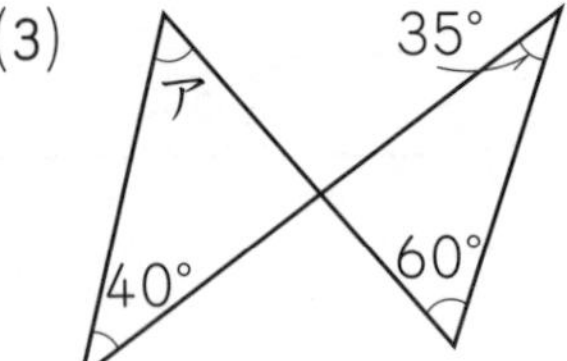

(　　　　)

(4)

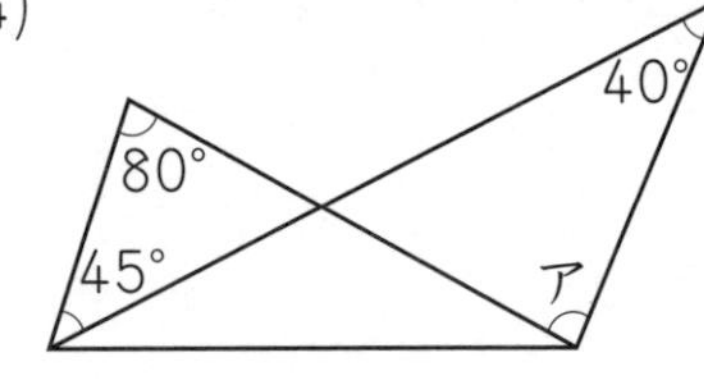

(　　　　)

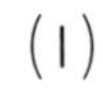

2 次の(1)の直線A(エー)と直線B(ビー)は平行です。(2)の四角形ABCD(シーディー)は正方形で，三角形E(イー)BCは正三角形です。角アの大きさを求めなさい。(5点×2)

(1)

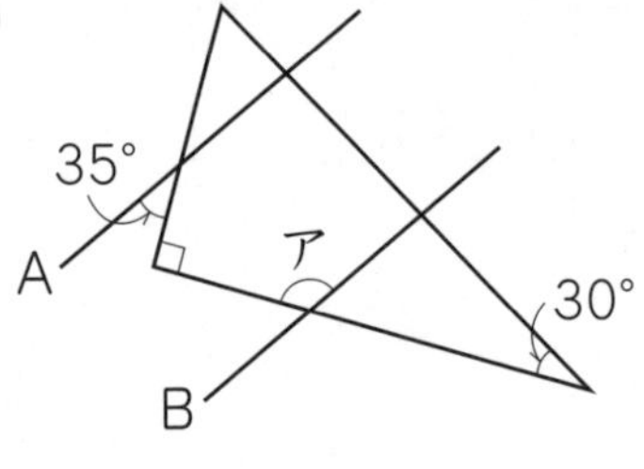

(　　　　)

(2)

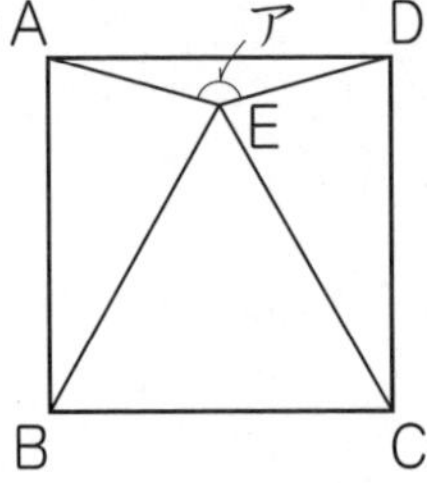

(　　　　)

3 次の問いに答えなさい。(5点×4)

(1) 右の図で，直線Aと直線Bは平行です。角アの大きさを求めなさい。

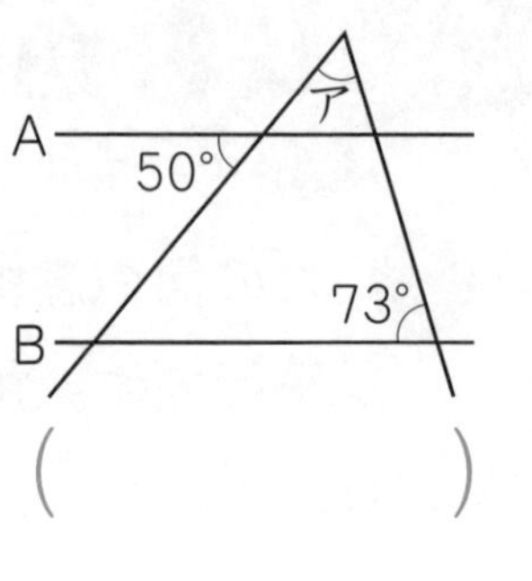

(　　　　)

(2) 右の図で，直線A，直線B，直線Cは平行です。角アの大きさを求めなさい。

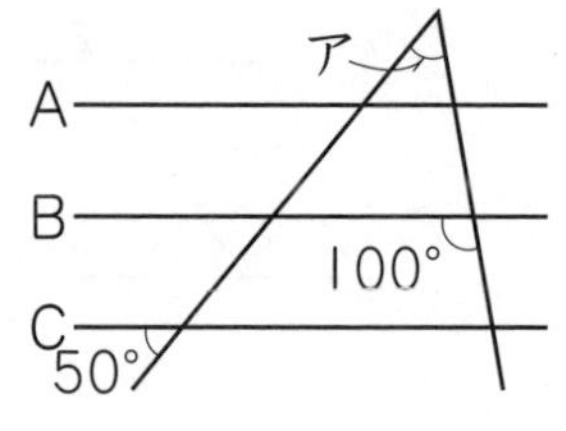

(　　　　)

(3) 右の図のように，長方形を折(お)り曲げました。角アの大きさを求めなさい。

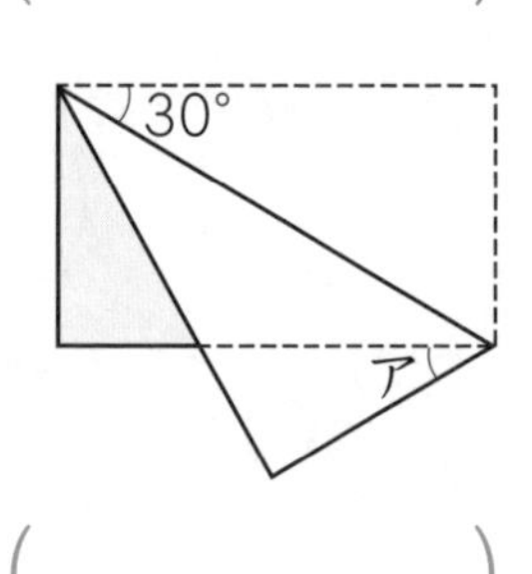

(　　　　)

(4) 右の図のような，辺(へん)ADと辺BCが平行な四角形ABCDを折り曲げました。角アの大きさを求めなさい。

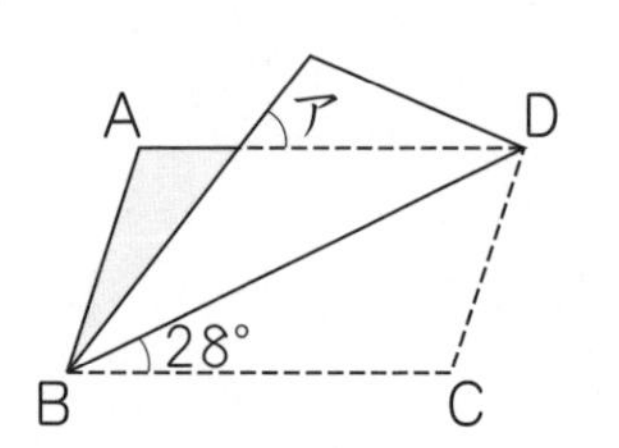

(　　　　)

学習日〔　　月　　日〕

時間 20分	得点
合格 40点	50点

標準レベル 47 式と計算 (1)

1 次の計算をしなさい。(3点×10)

(1) 60+(90−25)

(2) 300−(25+110)

(3) (15+36)×6

(4) (38+62)÷5

(5) 12×(105+78)

(6) 96÷(23−17)

(7) 43×(286−143)

(8) 312÷(24+28)

(9) (91+124)×24

(10) (235+539)÷18

2 次の問題を，(　)を使った１つの式に表しなさい。(4点×5)

(1) 1000円で，１つ750円の筆箱と１さつ130円のノートを買ったところ，おつりは120円でした。

(　　　　　　　　　　)

(2) 64このみかんを，大人３人と子ども５人で同じ数ずつ分けると，１人分は８こになりました。

(　　　　　　　　　　)

(3) １本が65 cmの赤いひも３本と，白いひも４本を全部あわせた長さは455 cmになりました。

(　　　　　　　　　　)

(4) １本が95円のボールペンと１本が65円のえん筆を５本ずつ買うと，代金は全部で800円でした。

(　　　　　　　　　　)

(5) １こ85円の品物５こと１こ65円の品物５この代金の差(さ)は100円でした。

(　　　　　　　　　　)

学習日〔　　月　　日〕

時間 25分	得点
合格 35点	50点

上級レベル 48 式と計算 (1)

1 次の計算をしなさい。(3点×10)

(1) $(58-26+46)\div13$

(2) $1000-(260+580-120)$

(3) $(60-24-8)\times14$

(4) $(166+473)\div71$

(5) $(239-19)\times(98-72)$

(6) $(18+27)\times(168-105)$

(7) $(16+39)\div(87-76)$

(8) $(35-19)\div(121-113)$

(9) $1600\div(5\times8)$

(10) $63\times(736\div23)$

2 次の問題を(　)を使った１つの式に表して，答えを求め(もと)なさい。(5点×4)

(1) たて 15 cm，横 28 cm の長方形のまわりの長さを求めなさい。

(式)

(答え)(　　　　　)

(2) １こ 350 円の品物と１こ 160 円の品物を，１こずつで１つのセットにします。このセット 15 セット分の代金を求めなさい。

(式)

(答え)(　　　　　)

(3) 120 dL のジュースを，男子 18 人，女子 12 人で同じ量(りょう)ずつ分けたときの１人分の量を求めなさい。

(式)

(答え)(　　　　　)

(4) 295 ページある本を 61 ページ読みました。残(のこ)りのページを 18 日間で読み終わるためには，１日に何ページずつ読めばよいですか。

(式)

(答え)(　　　　　)

学習日〔　月　日〕

標準レベル 49 式と計算 (2)

時間 20分	得点
合格 40点	50点

1 次の計算をしなさい。(3点×10)

(1) $320+24\times5$　(2) $800-25\times12$

(3) $3\times15+25\times5$　(4) $640+360\div90$

(5) $125\div25+14\times15$　(6) $72\div8\times(68-53)$

(7) $(62-16)\div2-4\times5$　(8) $(2+6\times3)\times2$

(9) $68\div(14\times8-44)$　(10) $96\div(60-9\times6)$

2 次の問題を１つの式に表して，答えを求(もと)めなさい。(5点×4)

(1) １こ120円の品物を８こと，１こ250円の品物を12こ買いました。全部の代金を求めなさい。

(式)

(答え)(　　　　　)

(2) おかし12こを150gの箱に入れて重さをはかったら，1650gありました。このおかし１この重さを求めなさい。

(式)

(答え)(　　　　　)

(3) 金色と銀色の色紙が全部で300まいあります。そのうち，銀色の色紙は132まいです。金色の色紙を，12人で同じ数ずつ分けたときの１人分のまい数を求めなさい。

(式)

(答え)(　　　　　)

(4) １まい15円の画用紙を１人に４まいずつ配ります。この画用紙1920円分で，配ることができる最大(さいだい)の人数を求めなさい。

(式)

(答え)(　　　　　)

学習日〔　　月　　日〕

時間 25分	得点
合格 35点	50点

上級レベル 50 式と計算 (2)

1 次の計算をしなさい。(3点×10)

(1) $35-6\times3+15\div3$

(2) $37-10\div5\times12$

(3) $13+63\div9-4\times2$

(4) $90\div5-4\times6\div3+5$

(5) $(24-3\times5)\times5-13$

(6) $72\div6-(32-24)+8\times3$

(7) $180\div(4\times3+9\div3)$

(8) $48-45\div(23-18)\times5+6$

(9) $243\div9-2\times(3\times5-2)$

(10) $35-(7\times13-4\times7)\div9$

2 次の問題を(　)を使った１つの式に表して，答えを求(もと)めなさい。(5点×4)

(1) １こ45円のみかんを20こ買ったところ，代金を800円に安くしてくれました。みかん１こについて，いくら安くなりましたか。

(式)

(答え)(　　　　)

(2) 長さが２mのひもから，15cmのひもを９本切り取り，残(のこ)りのひもから13cmのひもを切り取ります。13cmのひもは何本できますか。

(式)

(答え)(　　　　)

(3) １さつ120円のノートを何さつかと，１本70円のえん筆を半ダース買い1500円はらったところ，おつりが120円でした。買ったノートのさっ数を求めなさい。

(式)

(答え)(　　　　)

(4) 大人16人と子ども何人かでハイキングに行きます。昼食用のおにぎりを，大人には１人３こ，子どもには１人２こ用意したところ，おにぎりは全部で142こになりました。子どもの人数を求めなさい。

(式)

(答え)(　　　　)

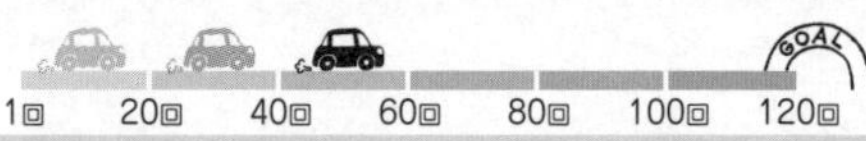

学習日〔　　月　　日〕

標準レベル 51 式と計算 (3)

時間 20分	得点
合格 40点	50点

1 次の□にあてはまる数を答えなさい。(2点×4)

(1) (54+35)+65=□+(35+65)

(2) 25×90×4=25×4×□

(3) (100−2)×5=100×□−2×5

(4) 195×12−95×12=(195−95)×□

2 計算のきまりを使って，次の計算をしなさい。(3点×4)

(1) 25×75×8

(2) (45−18)÷9

(3) 55×314+45×314

(4) 59×15−39×15

3 次の□にあてはまる数を答えなさい。(3点×4)

(1) 84−(11+□)=68

(2) 5+□×8=29

(3) (□−6)×4=28

(4) 12+(10−□)×2=24

4 次の問題で，求(もと)める数を□として1つの式に表して，答えを求めなさい。(6点×3)

(1) ある数に6をたした和を2倍したところ，積(せき)が48になりました。ある数を求めなさい。

(式)

(答え)(　　　　　)

(2) 26からある数をひいた差(さ)を5倍して，その答えに7をたしたところ，和が42になりました。ある数を求めなさい。

(式)

(答え)(　　　　　)

(3) 121本のえん筆を，何人かの子どもに1人6本ずつ配ったところ，13本あまりました。子どもの人数を求めなさい。

(式)

(答え)(　　　　　)

学習日〔　　月　　日〕

時間 25分	得点
合格 35点	50点

上級レベル 52 式と計算 (3)

1 次の計算をしなさい。(3点×5)

(1) 98+87+77−78−67−57

(2) 4×4×25×25×25

(3) 98×101−97×101

(4) 16×142+9×142−15×142

(5) 72×6×8−62×4×12

2 次の□にあてはまる数を答えなさい。(3点×5)

(1) (□−22)×8=136

(2) 56−24÷□=48

(3) (16+□)÷3÷5=4

(4) (15−□÷2)×4=40

(5) (34−2×□)÷4+25=29

3 次の問題で，求(もと)める数を□として１つの式に表して，答えを求めなさい。(5点×4)

(1) １こ60円のみかんを何こかと，１こ140円のりんごを5こ買ったところ，代金は1000円でした。買ったみかんの数を求めなさい。

(式)

(答え)(　　　　　)

(2) さとう5kgを，１つ25gの重さのふくろに同じ重さずつ全部入れたところ，１つのふくろの重さが225gになりました。さとうを入れたふくろの数を求めなさい。

(式)

(答え)(　　　　　)

(3) りえさんが貯金(ちょきん)の半分を持って買い物に行ったところ，450円の本１さつと65円のえん筆７本がちょうど買えました。りえさんがもっていた貯金の金がくを求めなさい。

(式)

(答え)(　　　　　)

(4) 63を，15からある数をひいた差(さ)でわり，23をたしたところ，和が32になりました。ある数を求めなさい。

(式)

(答え)(　　　　　)

1回 20回 40回 60回 80回 100回 120回 GOAL

学習日〔　月　日〕

時間 30分	得点
合格 35点	50点

53 最上級レベル 7

1 次の問いに答えなさい。(5点×4)

(1) 135−152÷19+12×27 を計算しなさい。

(　　　　)

(2) 2214÷(82−73)−15×16 を計算しなさい。

(　　　　)

(3) 99×253−99×59−99×94 を計算しなさい。

(　　　　)

(4) 198÷□×11−21=100 の□にあてはまる数を求めなさい。

(　　　　)

2 次の問いに答えなさい。(5点×3)

(1) 右の図は，長方形を折り曲げた図です。アの角の大きさを求めなさい。

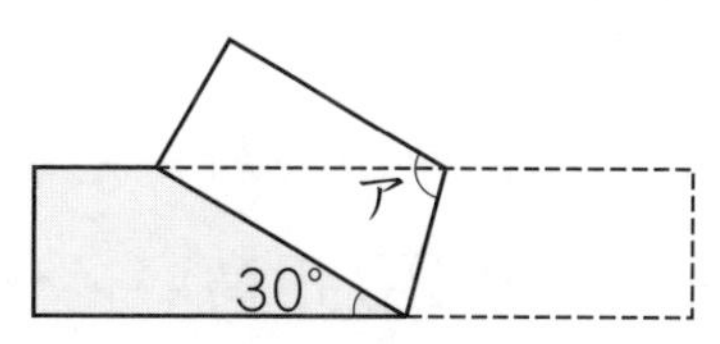

(　　　　)

(2) 右の図は，1組の三角じょうぎを組み合わせたものです。EA=EC のとき，アの角の大きさを求めなさい。

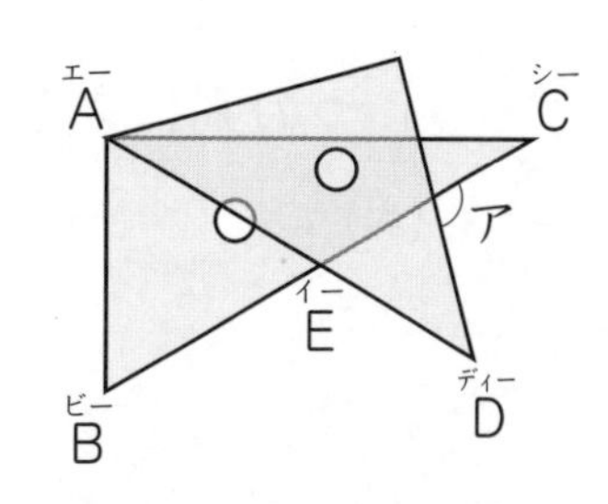

(　　　　)

(3) 右の図で，直線A，直線B，直線Cは平行です。アの角の大きさを求めなさい。

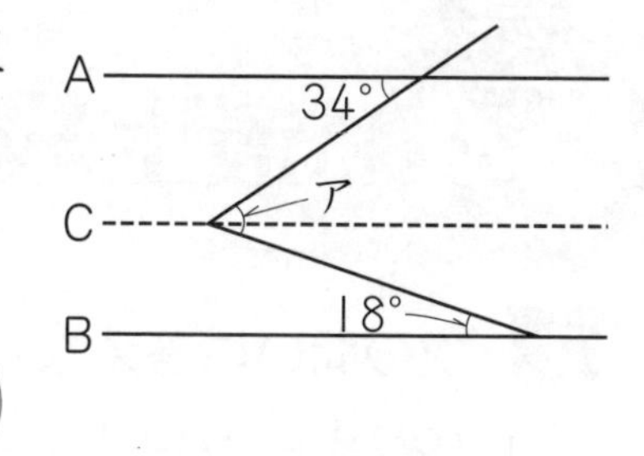

(　　　　)

3 午前8時15分から午前8時40分までの間に，時計の長いはりは何度まわるか求めなさい。(5点)

(　　　　)

4 次の問いに答えなさい。(5点×2)

(1) 1kgで1240円のりんごを，5kgで4800円で売っていました。1kgあたりで何円安くなっているか，1つの式に表して求めなさい。

(式)

(答え)(　　　　)

(2) 1本のねだんが，40円と60円のえん筆をあわせて16本買ったところ，代金は780円でした。60円のえん筆の本数を□本として，60円のえん筆を何本買ったか，1つの式に表して求めなさい。

(式)

(答え)(　　　　)

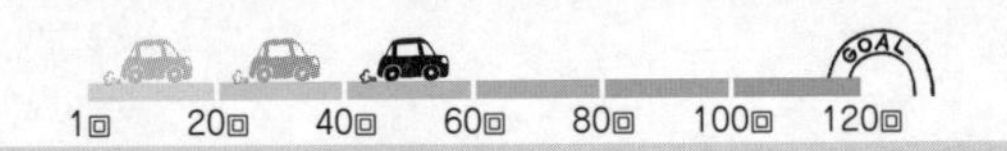

学習日〔　　月　　日〕

時間 30分	得点
合格 35点	50点

54 最上級レベル 8

1 次の問いに答えなさい。(5点×4)

(1) (228+97)÷13−19 を計算しなさい。

(　　　　　)

(2) 29×(76−19)÷19−7 を計算しなさい。

(　　　　　)

(3) 592×8.76+408×8.76 を計算しなさい。

(　　　　　)

(4) 5×(□−0.3)−0.85=1.7 の□にあてはまる数を求めなさい。

(　　　　　)

2 次の問いに答えなさい。(5点×3)

(1) 右の図は，三角形を折り曲げた図です。アの角の大きさを求めなさい。

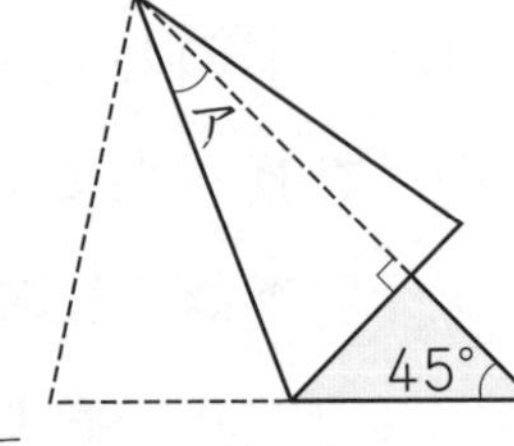

(　　　　　)

(2) 右の図で，DB=DC です。アの角の大きさを求めなさい。

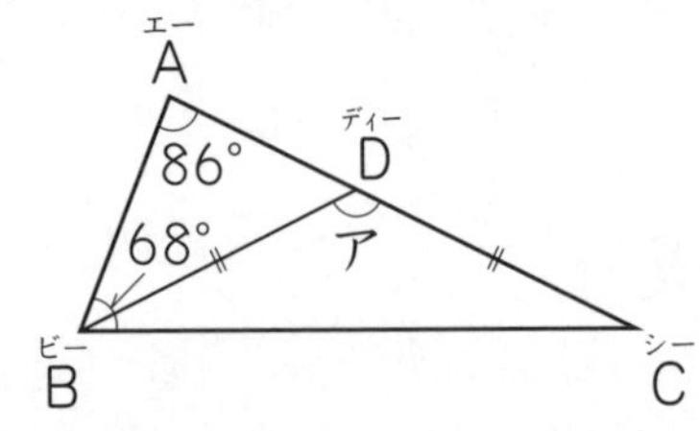

(　　　　　)

(3) 右の図で，直線Aと直線Bは平行です。アの角の大きさを求めなさい。

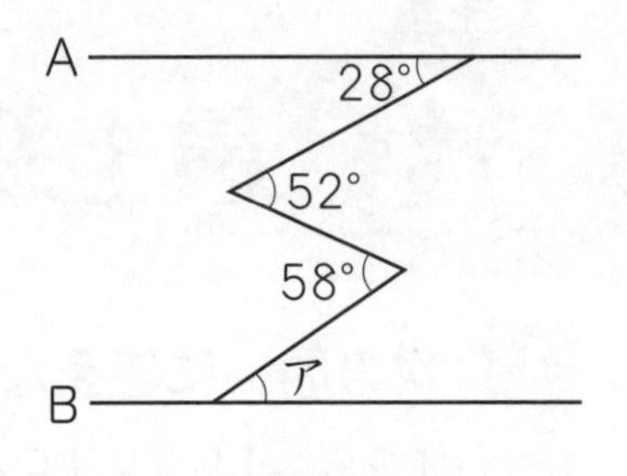

(　　　　　)

3 午後1時30分から午後3時までの間に，時計の短いはりは何度まわるか求めなさい。(5点)

(　　　　　)

4 次の問いに答えなさい。(5点×2)

(1) 1辺が18 cm の正三角形のまわりの長さは，まわりの長さが24 cm の正方形の1辺の長さの何倍ですか，1つの式に表して求めなさい。

(式)

(答え)(　　　　　)

(2) 1さつのねだんが120円のノートを何さつかと，それより20円高いノートを5さつ買って，1000円はらったところ，おつりが60円でした。120円のノートのさっ数を□さつとして，120円のノートを何さつ買ったか，1つの式に表して求めなさい。

(式)

(答え)(　　　　　)

学習日〔　　月　　日〕

標準レベル 55 正方形と長方形の面積 (1)

時間 25分	得点
合格 40点	50点

1 次の問いに答えなさい。(5点×5)

(1) 1辺(ぺん)が14 cm の正方形の面積(めんせき)は何 cm^2 ですか。

(　　　　　)

(2) たて6 cm，横9 cm の長方形の面積は何 cm^2 ですか。

(　　　　　)

(3) まわりの長さが32 cm の正方形の面積は何 cm^2 ですか。

(　　　　　)

(4) 面積が78 cm^2 で，横の長さが6 cm の長方形のたての長さは何 cm ですか。

(　　　　　)

(5) 面積が325 cm^2 で，たての長さが13 cm の長方形の横の長さは何 cm ですか。

(　　　　　)

2 次の長方形や正方形の面積を求(もと)めなさい。(5点×2)

(1)

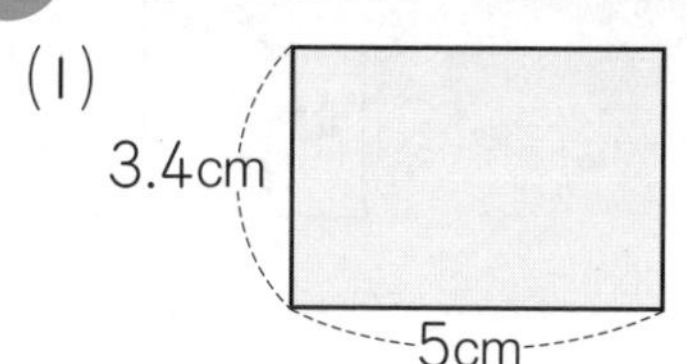

(2)

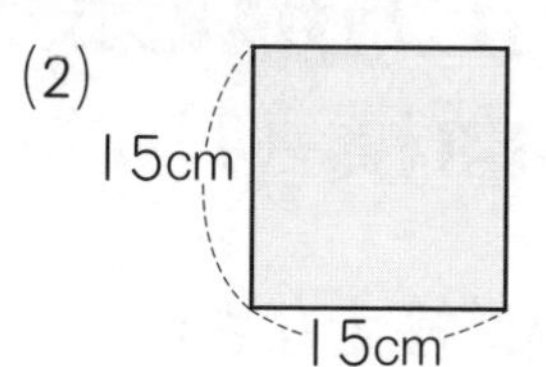

(　　　　　)　(　　　　　)

3 右の図のような，1辺の長さが9 cm の正方形と，たての長さが14 cm の長方形があります。長方形の面積は，正方形の面積よりも3 cm^2 大きくなっています。**長方形の横の長さは何 cm ですか。**(5点)

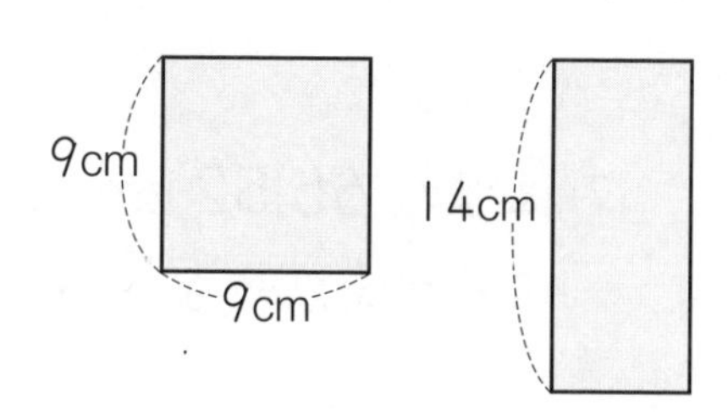

(　　　　　)

4 次の図は，長方形を組み合わせた図形です。**図形の面積を求めなさい。**(5点×2)

(1)

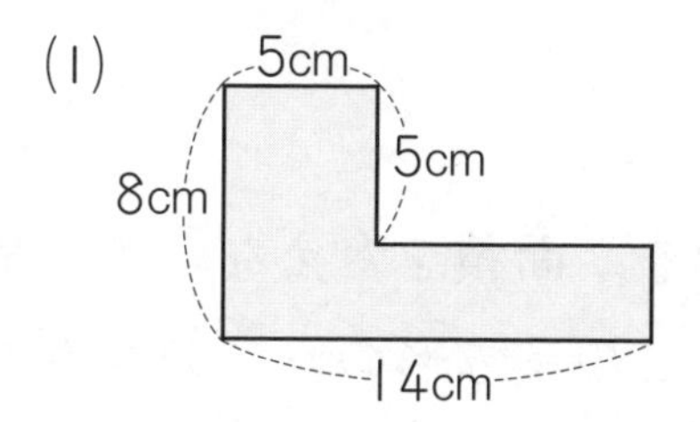

(2)

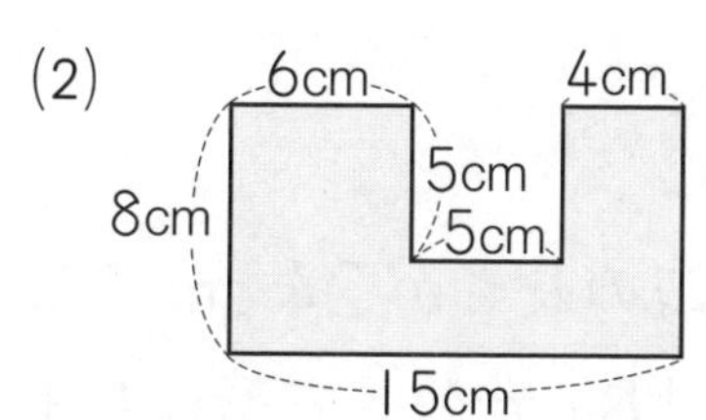

(　　　　　)　(　　　　　)

学習日〔　　月　　日〕

上級レベル 56 正方形と長方形の面積（1）

時間 30分	得点
合格 35点	50点

1 次の問いに答えなさい。（5点×5）

(1) 1辺(ぺん)が 8 cm の正方形の面積(めんせき)は，1辺が 4 cm の正方形の面積の何倍ですか。

（　　　　　）

(2) 面積が 65.52 cm² で，横の長さが 9 cm の長方形のたての長さを求(もと)めなさい。

（　　　　　）

(3) まわりの長さが 36 cm で，たてが横より 4 cm 長い長方形の面積を求めなさい。

（　　　　　）

(4) たて 3 cm，横 27 cm の長方形と面積が等しい正方形の1辺の長さを求めなさい。

（　　　　　）

(5) 1辺の長さが 24 cm の正方形を，面積を変えないで，横が 18 cm の長方形にします。この長方形のたての長さを求めなさい。

（　　　　　）

2 次の図形の色のついた部分の面積を求めなさい。（5点×2）

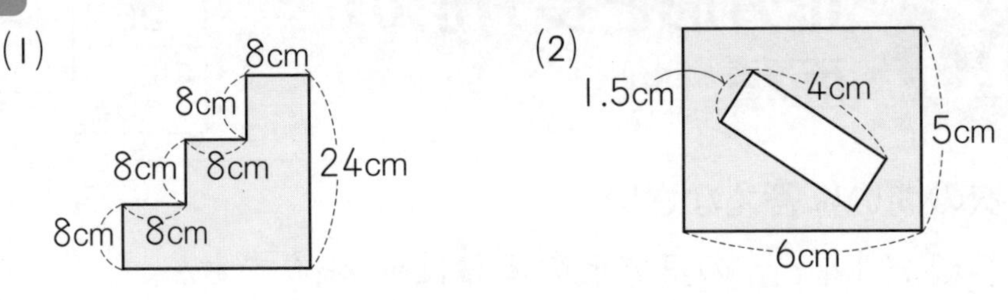

（　　　　　）　（　　　　　）

3 右の図の色のついた部分の面積を求めなさい。（5点）

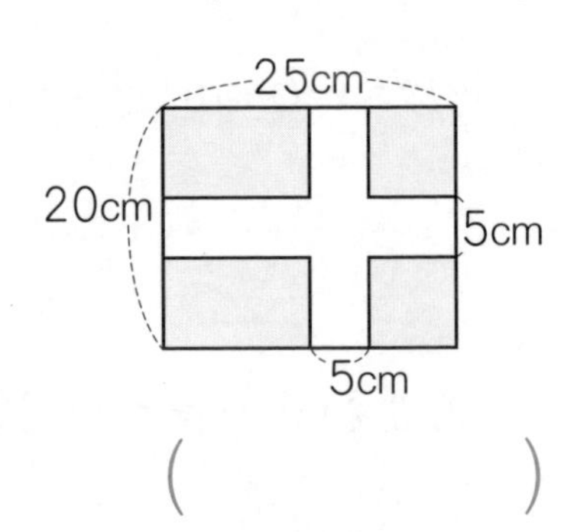

（　　　　　）

4 右の図は，2つの長方形を組み合わせたものです。次の問いに答えなさい。（5点×2）

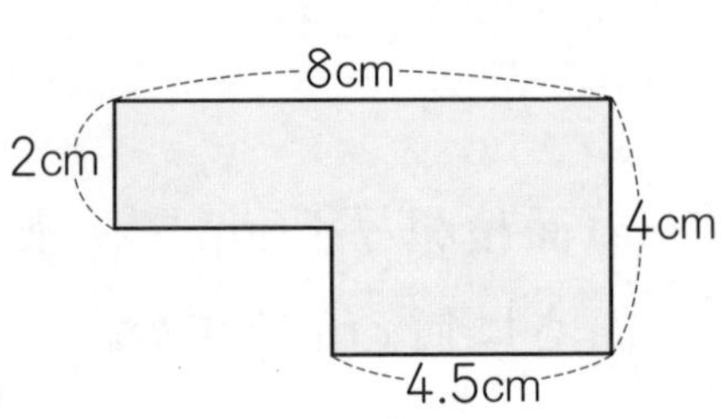

(1) この図形の面積を求めなさい。

（　　　　　）

(2) この図形と面積が同じ正方形の1辺の長さを求めなさい。

（　　　　　）

1回 20回 40回 60回 80回 100回 120回 GOAL

学習日〔　月　日〕

標準レベル 57

正方形と長方形の面積 (2)

時間 25分	得点
合格 40点	50点

1 次の□にあてはまる数を答えなさい。(2点×4)

(1) 9 m^2=□ cm^2　(2) 6000 m^2=□ a

(3) 40000 m^2=□ ha　(4) 20000 a=□ ha

2 右の図のような長方形の土地があります。次の問いに答えなさい。(4点×4)

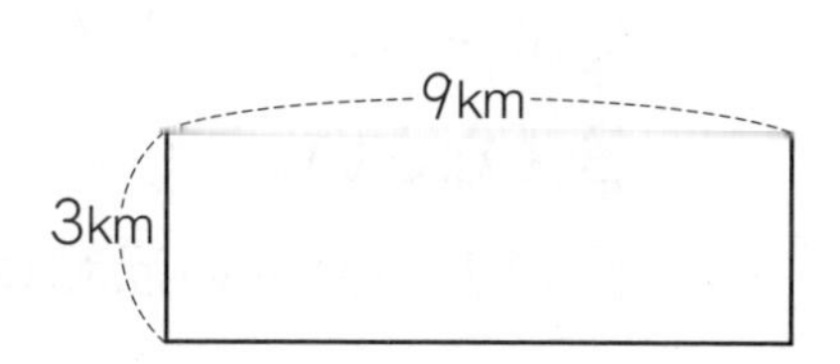

(1) この土地の面積(めんせき)は何 km^2 ですか。

(　　　)

(2) この土地の面積は何 a ですか。

(　　　)

(3) この土地の面積は何 ha ですか。

(　　　)

(4) この土地のまわりの長さを1辺(へん)とする正方形の面積は何 km^2 ですか。

(　　　)

3 次の図形の面積を，(　)の中の単位(たんい)で求めなさい。(4点×4)

(1) たて 4 km，横 7 km の長方形 (km^2)

(　　　)

(2) たて 200 m，横 40 m の長方形 (a)

(　　　)

(3) たて 300 m，横 1 km の長方形 (ha)

(　　　)

(4) 右のような形の面積 (a)

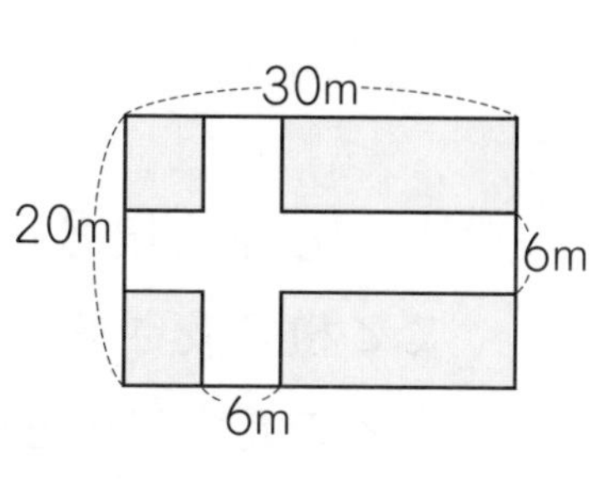

(　　　)

4 右の図のような長方形の土地に，はば 6 m の道がつけてあります。次の問いに答えなさい。(5点×2)

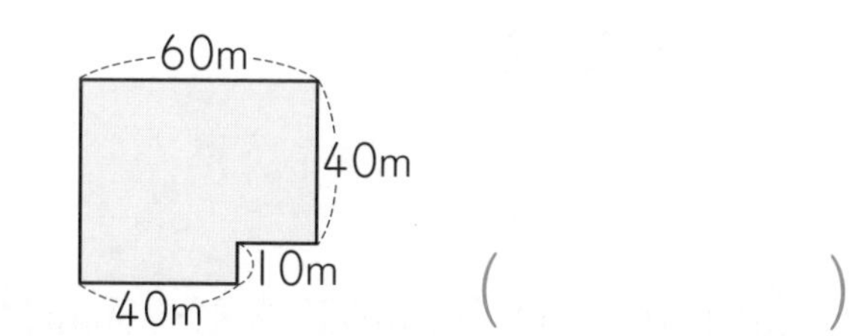

(1) 道をふくめた土地の面積は何 m^2 ですか。

(　　　)

(2) 道をのぞいた部分の面積は何 a ですか。

(　　　)

上級レベル 58

正方形と長方形の面積 (2)

学習日［　月　日］

時間 30分	得点
合格 35点	50点

1 次の問いに答えなさい。（5点×5）

(1) 1辺が100 mの正方形の面積は，1辺が10 mの正方形の面積の何倍ですか。

（　　　　　）

(2) 面積が5.6 aで，たての長さが40 mの長方形の横の長さを求めなさい。

（　　　　　）

(3) 1辺が250 mの正方形の面積は何haですか。

（　　　　　）

(4) たて6 m，横8 mの長方形があります。この長方形のたてと横の長さをどちらも2倍してできる長方形の面積は，もとの長方形の面積の何倍になりますか。

（　　　　　）

(5) 面積が0.64 haの長方形と同じ面積の正方形の1辺の長さを求めなさい。

（　　　　　）

2 1辺が12 mの正方形が右の図のように重なっています。**重なっている部分の面積を求めなさい。**（5点）

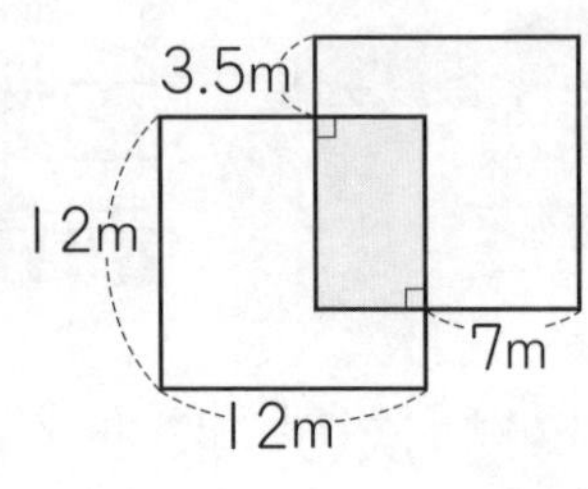

（　　　　　）

3 たて10 m，横15 mの長方形の土地に，右の図のようなはば1 mのたての道と，はば1.5 mの横の道をつくりました。**次の問いに答えなさい。**（5点×2）

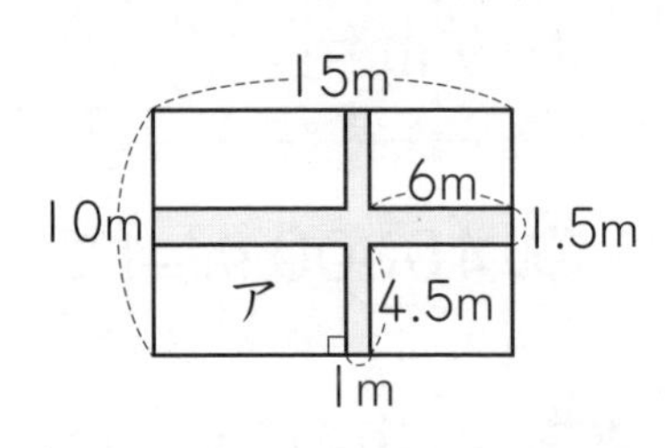

(1) 図のアの部分の面積は何 m^2 ですか。

（　　　　　）

(2) 道の面積は全部で何 m^2 ですか。

（　　　　　）

4 右の図形は，角の部分はすべて直角で，まわりの長さは50 mです。**次の問いに答えなさい。**（5点×2）

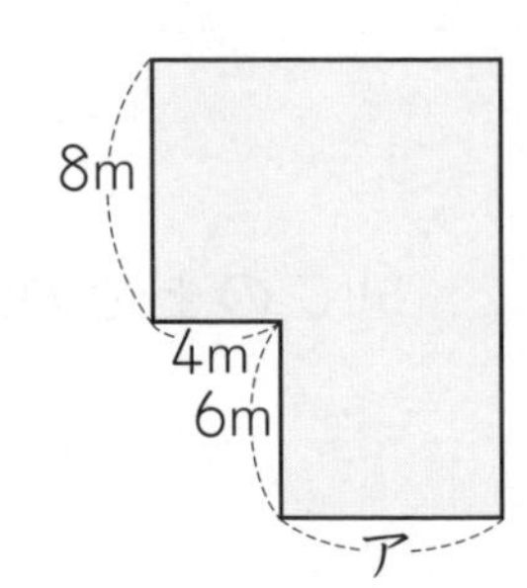

(1) アの長さを求めなさい。

（　　　　　）

(2) この図形の面積を求めなさい。

（　　　　　）

学習日〔　月　日〕

標準レベル 59

正方形と長方形の面積 (3)

時間 25分	得点
合格 40点	50点

1 次の図形の面積(めんせき)を求(もと)めなさい。(6点×2)

(1)

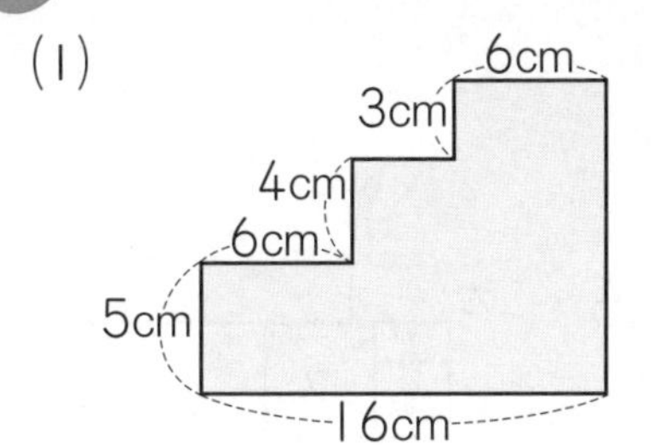

(2)

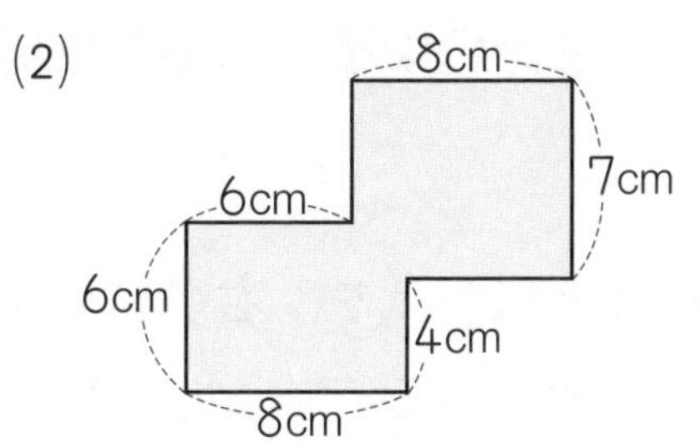

(　　　　)　(　　　　)

2 次のそれぞれの色のついた部分のはばはどれも 2 m です。**色のついた部分の面積を求めなさい。**(6点×2)

(1)

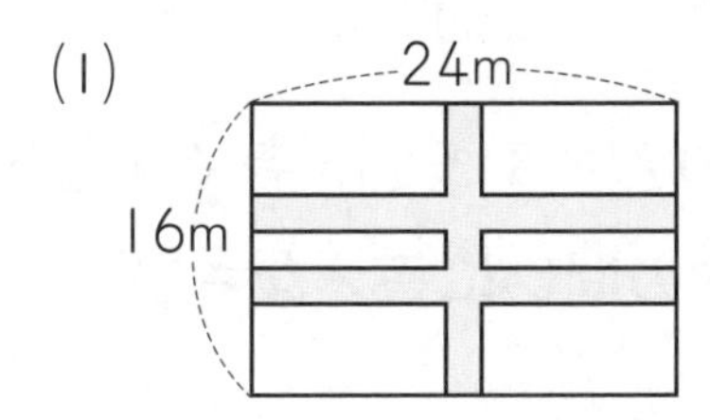

(2)

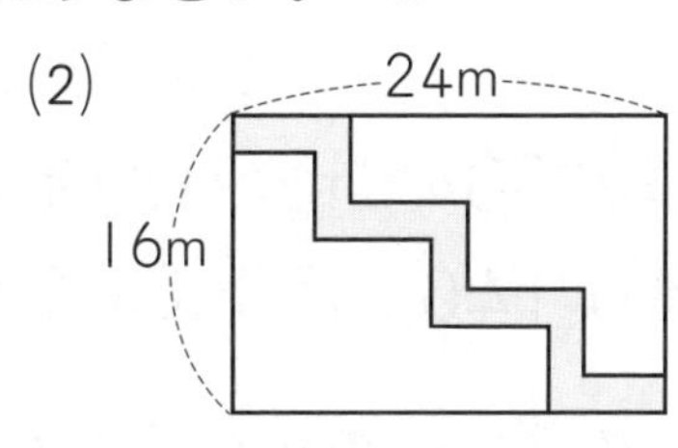

(　　　　)　(　　　　)

3 次の問いに答えなさい。(6点×3)

(1) 右の図の四角形はどちらも正方形です。色のついた部分アの面積は正方形イの 3 倍です。大きいほうの正方形の面積を求めなさい。

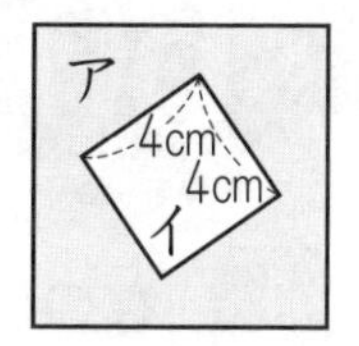

(　　　　)

(2) 右の図のように大小 2 つの正方形が重なっています。重なっていない部分の面積と小さいほうの正方形の面積の差(さ)を求めなさい。

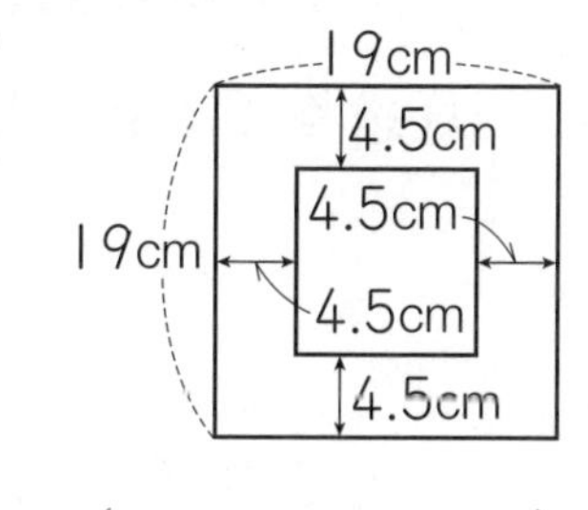

(　　　　)

(3) たてが 18 cm，横が 16 cm の 2 つの長方形を右の図のように，4 cm 重ねてつなぎあわせてできる長方形の面積を求めなさい。

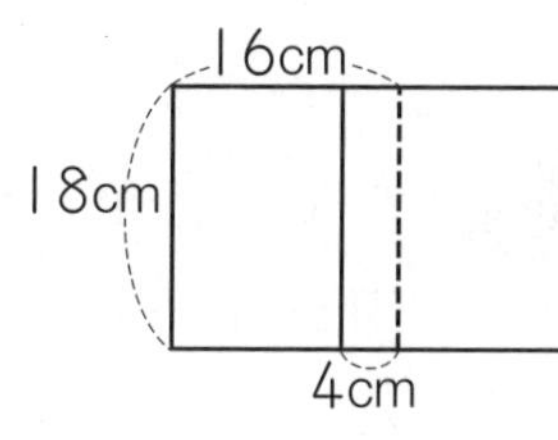

(　　　　)

4 大小 2 つの正方形があり，大きいほうの正方形の面積は 256 cm^2 です。大きいほうの正方形のまわりの長さと，小さいほうの正方形のまわりの長さの差をまわりの長さとする正方形をつくると，その面積は 49 cm^2 になります。**小さいほうの正方形の面積を求めなさい。**(8点)

(　　　　)

学習日〔　月　日〕

時間 30分	得点
合格 35点	50点

上級レベル 60 正方形と長方形の面積 (3)

1 右の図のように，長方形の畑に道をつけました。道はばはどれも 2.5 m です。**次の問いに答えなさい。** (6点×2)

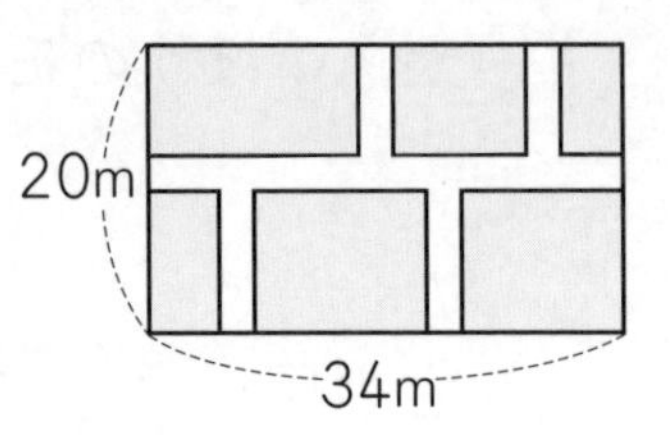

(1) 道をふくめた畑の面積（めんせき）は何 a ですか。

(　　　　)

(2) 道をのぞいた畑の部分の面積は何 m^2 ですか。

(　　　　)

2 たて 12 m，横 23 m の長方形を，図のように，アとイの 2 つの部分に分けたところ，アとイの部分の面積が等しくなりました。**次の問いに答えなさい。** (6点×2)

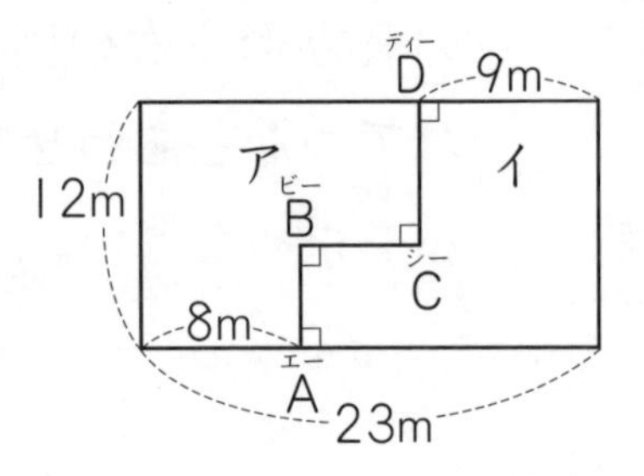

(1) アの部分の面積は何 m^2 ですか。

(　　　　)

(2) AB の長さは何mですか。

(　　　　)

3 右の図のように，たて 13 cm，横 20 cm の長方形の上に，1 辺（ぺん）15 cm の正方形を重ねて図形をつくりました。**この図形全体の面積が 402.5 cm^2 であるとき，重なった部分の面積を求（もと）めなさい。** (6点)

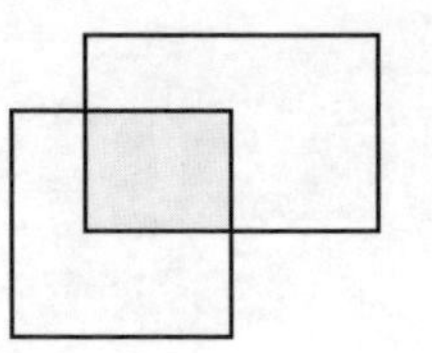

(　　　　)

4 長方形の紙を，右の図のように 6 つの正方形ア，イ，ウ，エ，オ，カに分けたら，オとカは同じ大きさで，1 辺の長さが 2 cm になりました。**次の問いに答えなさい。** (5点×2)

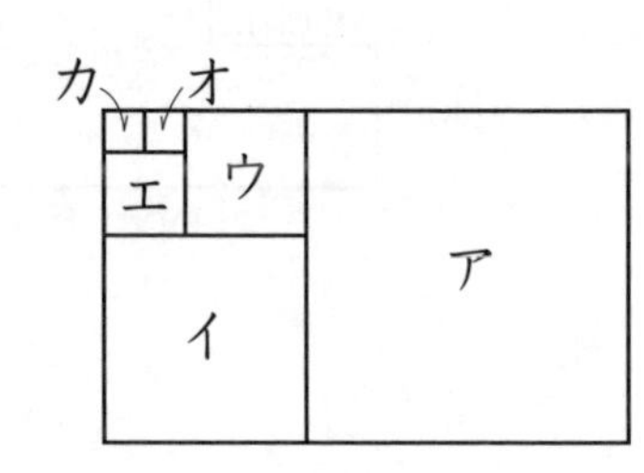

(1) もとの長方形のたての長さを求めなさい。

(　　　　)

(2) もとの長方形の面積を求めなさい。

(　　　　)

5 面積が 504 cm^2 の長方形の紙のたてを 5 cm 長くすると，面積は 140 cm^2 ふえました。**次の問いに答えなさい。** (5点×2)

(1) もとの長方形の横の長さを求めなさい。

(　　　　)

(2) もとの長方形の紙のたても横も 5 cm 長くすると，面積は何 cm^2 ふえますか。

(　　　　)

標準レベル 61

いろいろな四角形

学習日［　　月　　日］

時間 20分　合格 40点　得点　　/50点

1 次の四角形の中から，ひし形，平行四辺形，台形をすべて選んで，記号で答えなさい。（4点×3）

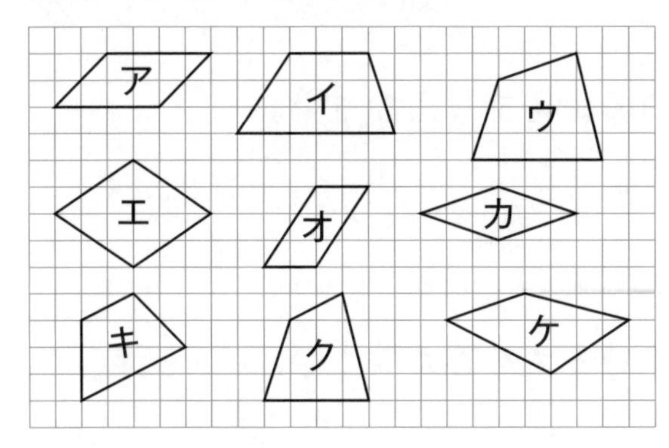

ひし形（　　　　）　平行四辺形（　　　　）

台形（　　　　）

2 次の①～④のせいしつを持つ四角形を，□の中からすべて選んで，記号で答えなさい。（4点×4）

ア 平行四辺形　イ ひし形　ウ 長方形　エ 正方形

① 4つの角がすべて90度である四角形

（　　　　）

② 向かい合っている辺が2組とも平行である四角形

（　　　　）

③ 4つの辺の長さがすべて等しい四角形

（　　　　）

④ 2本の対角線が直角に交わっている四角形

（　　　　）

3 対角線が次のように交わる四角形をそれぞれ答えなさい。（4点×3）

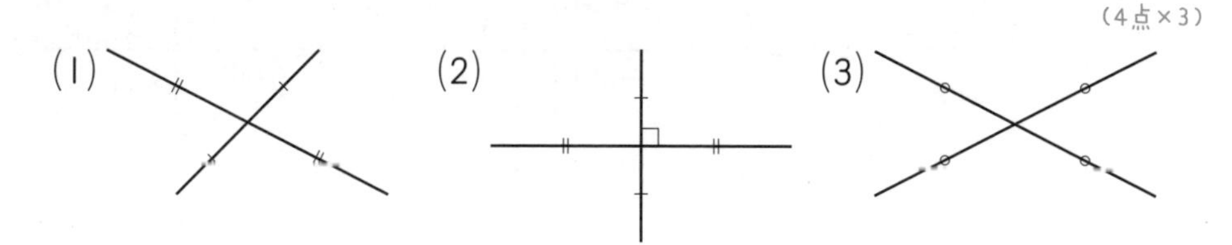

（　　　　）（　　　　）（　　　　）

4 次の図形A（エー）は平行四辺形，B（ビー）はひし形です。角アの大きさと，イの長さを求めなさい。（5点×2）

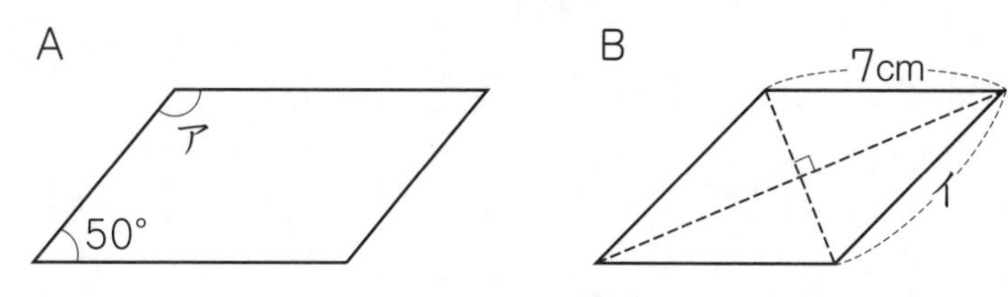

ア（　　　　）　イ（　　　　）

学習日〔　　月　　日〕

時間 25分	得点
合格 35点	50点

上級レベル 62 いろいろな四角形

1 下の図のように交わる２つの直線をかき，ア，イ，ウ，エの順（じゅん）につないでできる図形の名前をそれぞれ答えなさい。（5点×3）

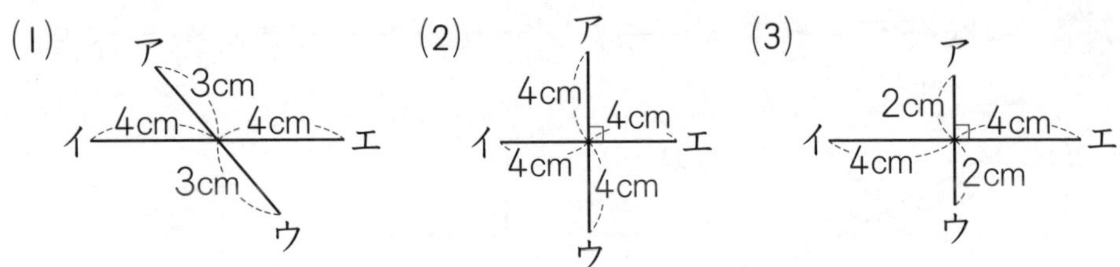

（　　　　）（　　　　）（　　　　）

2 次の①～③のそれぞれのせいしつを持つ四角形ＡＢＣＤ（エービーシーディー）を，□の中からすべて選（えら）んで，記号で答えなさい。（5点×3）

① 2本の対角線ACとBDが垂直（すいちょく）に交わる。

② 角Aと角Bの大きさが等しい。

③ 辺（へん）ABと辺CDが平行で，長さも等しい。

ア	平行四辺形（へいこうしへんけい）	イ	ひし形（がた）	ウ	長方形
エ	正方形	オ	台形		

①（　　　　）②（　　　　）③（　　　　）

3 右の図で，㋐と㋑の直線，㋒と㋓と㋔の直線は，それぞれ平行です。また，㋐と㋕の直線は垂直に交わっています。次の問いに答えなさい。（4点×5）

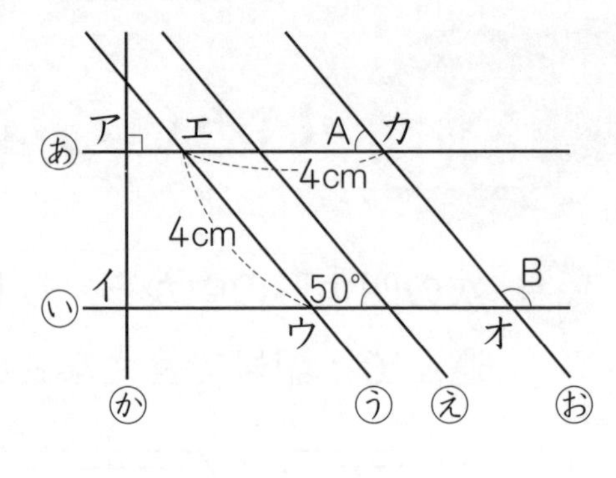

(1) 四角形アイウエの名まえを答えなさい。

（　　　　）

(2) 四角形エウオカの名まえを答えなさい。

（　　　　）

(3) オカの長さを求（もと）めなさい。

（　　　　）

(4) 角Aの大きさを求めなさい。

（　　　　）

(5) 角Bの大きさを求めなさい。

（　　　　）

学習日〔　月　日〕

時間 30分	得点
合格 35点	/50点

63 最上級レベル 9

1 次の□にあてはまる数を答えなさい。(6点×2)

(1) 2.5 ha+2450 m²=□ a

(2) 1.8 ha=□×150 m²

2 右の図は，長方形ABCDから2つの長方形アとイを切り取った図形です。点Eと点Fはそれぞれ，もとの長方形の辺BCを3等分する点です。また，この図形のまわりの長さは128 cmです。これについて，次の問いに答えなさい。(6点×2)

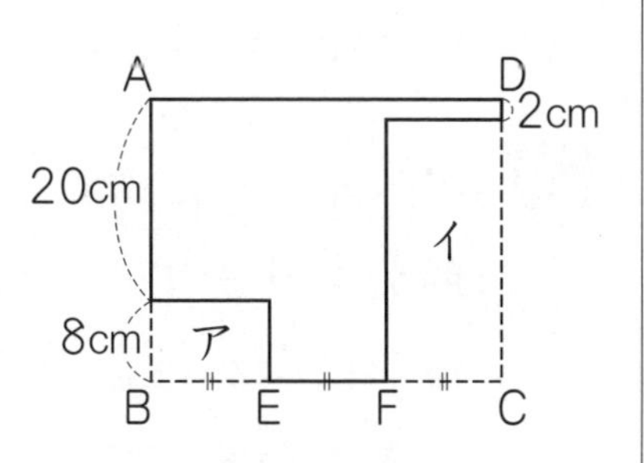

(1) 辺ADの長さを求めなさい。

(　　　)

(2) この図形の面積を求めなさい。

(　　　)

3 ある正方形のたてと横をそれぞれ3 cmずつ長くしてできる正方形は，もとの正方形より63 cm² 大きくなります。これについて，次の問いに答えなさい。(6点×2)

(1) もとの正方形の1辺の長さを求めなさい。

(　　　)

(2) もとの正方形の面積を求めなさい。

(　　　)

4 次のことがらにあてはまる四角形を，ア～オの中からすべて選んで，記号で答えなさい。(7点×2)

ア　台形	イ　平行四辺形	ウ　ひし形
エ　長方形	オ　正方形	

(1) 1本の対角線で，2つの大きさも形もまったく同じ三角形に分けられる四角形。

(　　　)

(2) 直角をはさむ辺の長さがそれぞれ2 cmと4 cmの直角三角形の板を4まい組み合わせてつくることができる四角形。(4まいの板はすき間なく，重ならないようにします。)

(　　　)

学習日［　　月　　日］

時間 30分	得点
合格 35点	50点

64 最上級レベル 10

1 次の□にあてはまる数を答えなさい。(6点×2)

(1) $4000000\ \text{cm}^2+600\ \text{m}^2=$ □ a

(2) $26\ \text{a}\times25=$ □ ha

2 右の図で，四角形ABCD（エービーシーディー）は1辺（ぺん）の長さが20 cmの正方形で，四角形EBFG（イービーエフジー）は長方形です。**この2つの図形のまわりの長さが等しいとき，次の問いに答えなさい。**(6点×2)

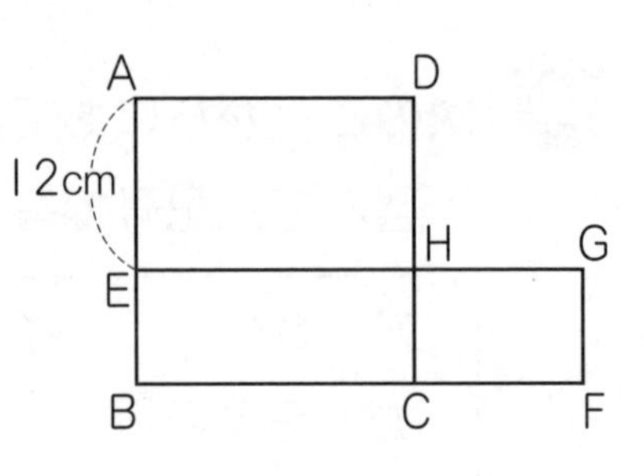

(1) この図形全体のまわりの長さを求（もと）めなさい。

(　　　　　　)

(2) 長方形AEHD（エイチ）と長方形HCFGの面積（めんせき）の差（さ）を求めなさい。

(　　　　　　)

3 右の図は，2つの辺（へん）の長さが6 cmと10 cmの長方形を3まい重ねあわせたものです。辺はすべて垂直（すいちょく）に交わっていて，3まいが重なった部分の面積は8 cm²です。**次の問いに答えなさい。**(6点×2)

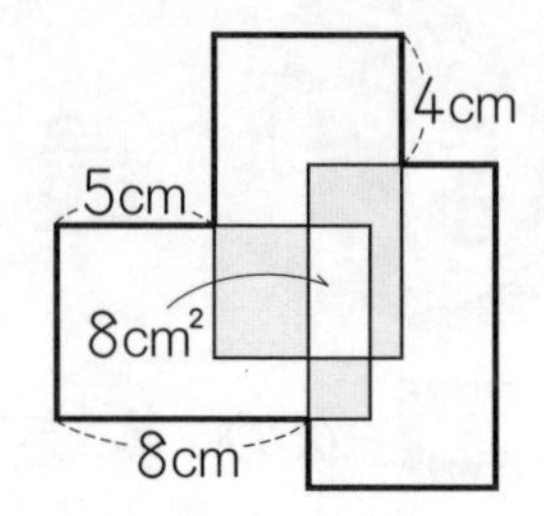

(1) まわりの長さ(図の太線部分)を求めなさい。

(　　　　　　)

(2) 2まいが重なっている部分(図の色のついた部分)の面積を求めなさい。

(　　　　　　)

4 ア，イ，ウ，エの4つの四角形があります。この4つの四角形は向かい合う2組の角の大きさがすべて等しくなっていますが，4つともちがう形の四角形です。右の表は，ア，イ，ウ，エをそのせいしつで4つに分けたものです。**次の問いに答えなさい。**(7点×2)

		となり合う辺の長さ	
		等しくない	等しい
2本の対角線の長さ	等しくない	イ	ア
	等しい	エ	ウ

(1) エにあてはまる四角形の名まえを答えなさい。

(　　　　　　)

(2) ア，イ，ウ，エのうち，2本の対角線で切りはなすと，大きさも形もまったく同じ4つの三角形ができるものをすべて答えなさい。

(　　　　　　)

標準レベル 65 直方体と立方体 (1)

学習日 [　　月　　日]

時間 20分	得点
合格 40点	50点

1 次の表の①～⑥にあてはまる数を書きなさい。(2点×6)

	面の数	辺(へん)の数	頂点(ちょうてん)の数
直方体	①	②	③
立方体	④	⑤	⑥

2 右の直方体について，次の問いに答えなさい。(3点×5)

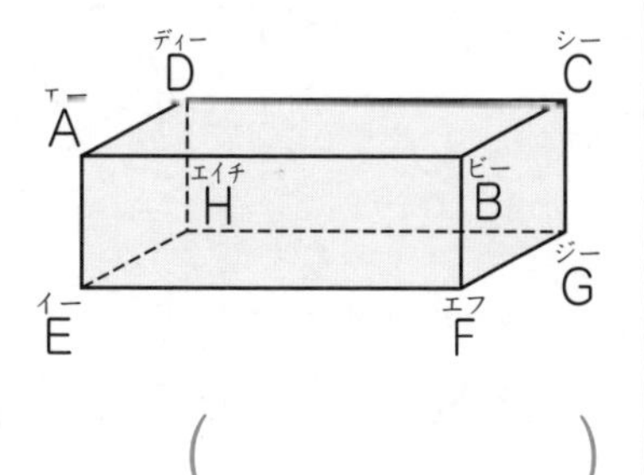

(1) 面 BFGC と平行な面はどれですか。

(　　　　　)

(2) 面 DHGC と垂直(すいちょく)な面はいくつありますか。

(　　　　　)

(3) 面 ABCD と平行な面はどれですか。

(　　　　　)

(4) 頂点 C を通り，辺 CD と垂直な辺をすべて答えなさい。

(　　　　　　　)

(5) 面 BFGC と垂直な辺は何本ありますか。

(　　　　　)

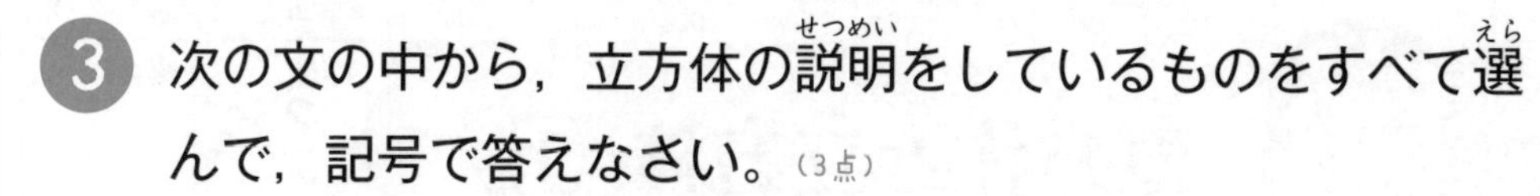

3 次の文の中から，立方体の説明(せつめい)をしているものをすべて選(えら)んで，記号で答えなさい。(3点)

① 6 つの面が全部長方形である。

② 6 つの面が全部正方形である。

③ たてと横の辺の長さは同じで，高さだけがちがっている。

④ 辺の長さが全部同じである。

⑤ 長さがちがう辺が 3 組ある。

(　　　　　)

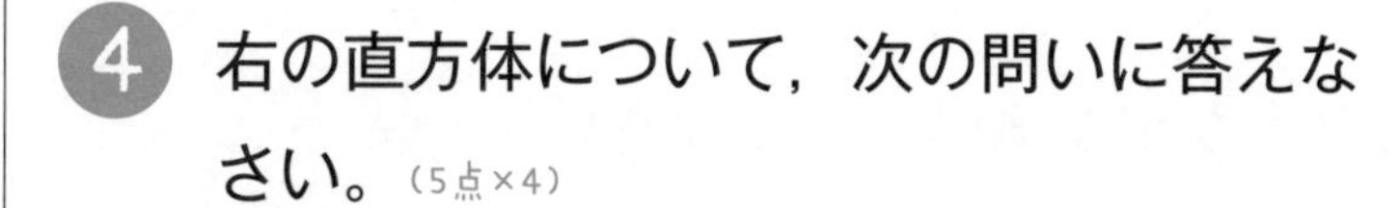

4 右の直方体について，次の問いに答えなさい。(5点×4)

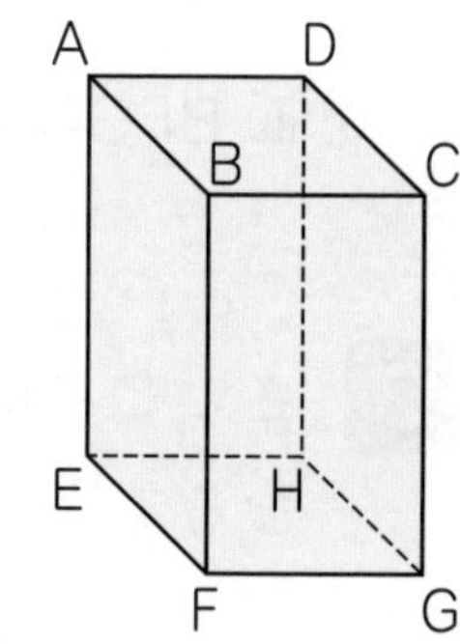

(1) 面 AEHD と平行な面はどれですか。

(　　　　　)

(2) 面 DHGC と垂直な面をすべて答えなさい。

(　　　　　　　　　　　　　　)

(3) 辺 EH と垂直な辺をすべて答えなさい。

(　　　　　　　　　　)

(4) 面 AEFB と平行な辺をすべて答えなさい。

(　　　　　　　　　　)

学習日〔　　月　　日〕

時間 25分	得点
合格 35点	50点

上級レベル 66 直方体と立方体 (1)

1 右の図の立体は１辺が５cmの立方体です。**次の問いに答えなさい。**(5点×3)

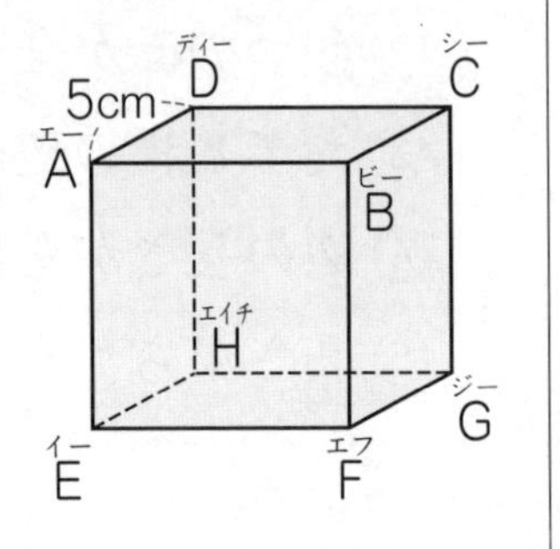

(1) この立方体の６つの面の面積の和を求めなさい。　(　　　　)

(2) 辺BFと平行な辺をすべて答えなさい。

(　　　　　　　　　　)

(3) 面BFGCと垂直な辺をすべて答えなさい。

(　　　　　　　　　　)

2 さいころは立方体で，向かい合う面の目の数の和が７になるようにつくられています。**次の問いに答えなさい。**

(5点×2)

(1) １このさいころをふったところ，表に見えている５つの面の目の数の合計が16になりました。このとき，さいころの出た目の数を求めなさい。　(　　　　)

(2) 右の図のように，２このさいころを重ねたところ，表に見えている面の目の数の合計が29になりました。図のアの面の目の数を求めなさい。　(　　　　)

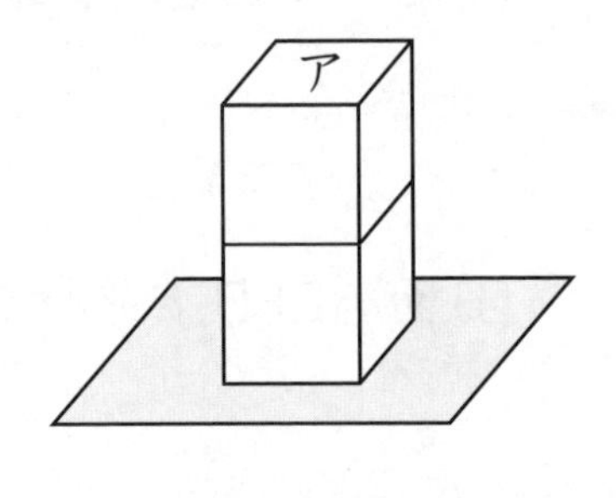

3 竹ひごとねん土で，右の図のような直方体をつくりました。**次の問いに答えなさい。**(5点×5)

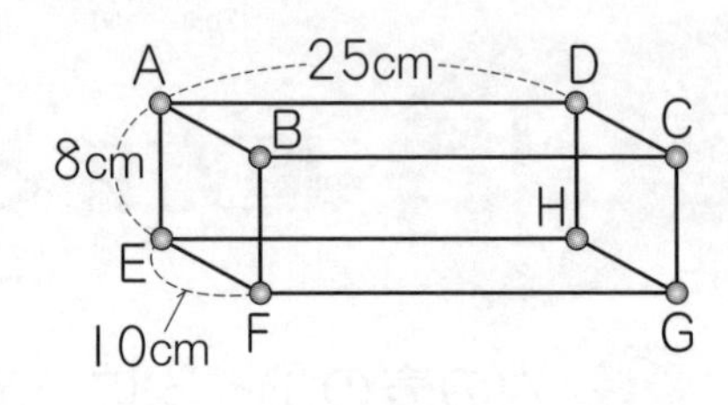

(1) 使った竹ひごは全部で何本でしたか。

(　　　　)

(2) 使った竹ひごの長さは全部で何cmでしたか。

(　　　　)

(3) 辺EFをのぞく，10cmの竹ひごを使っている辺をすべて答えなさい。

(　　　　　　　　　　)

(4) 辺AEと垂直な辺をすべて答えなさい。

(　　　　　　　　　　)

(5) 辺FGと平行な辺をすべて答えなさい。

(　　　　　　　　　　)

学習日〔　　月　　日〕

時間 25分	得点
合格 40点	50点

標準レベル 67 直方体と立方体 (2)

1 右の展開図を組み立てた立方体について，次の問いに答えなさい。（5点×3）

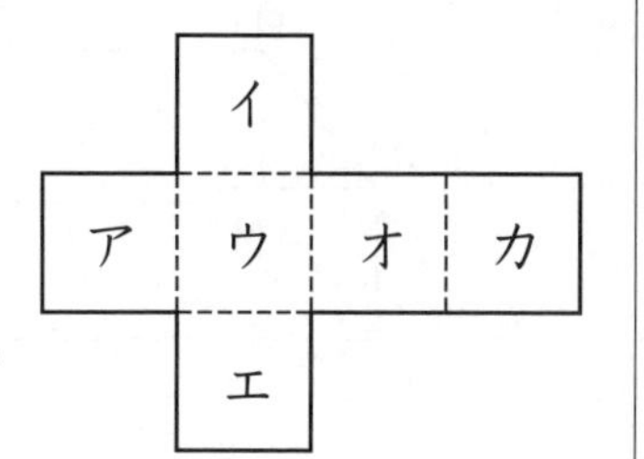

(1) イの面と平行になる面を答えなさい。

（　　　　）

(2) ウの面と平行になる面を答えなさい。

（　　　　）

(3) オの面と垂直になる面をすべて答えなさい。

（　　　　）

2 右の展開図を組み立てた直方体について，次の問いに答えなさい。（5点×2）

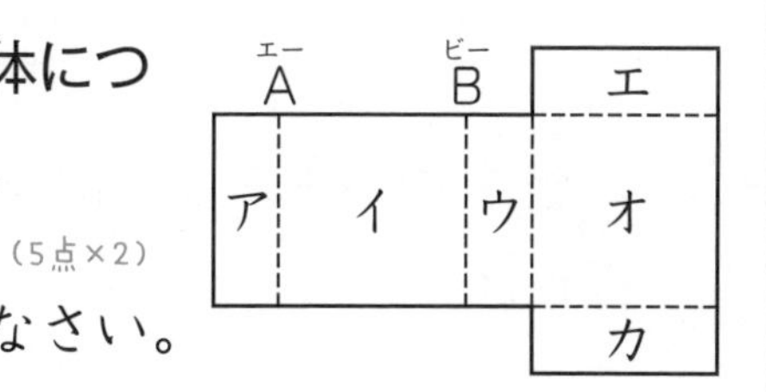

(1) ウの面と平行になる面を答えなさい。

（　　　　）

(2) 辺ABと垂直になる面をすべて答えなさい。

（　　　　）

3 次のア～カの図のうち，立方体の展開図になっているものをすべて選んで，記号で答えなさい。（5点）

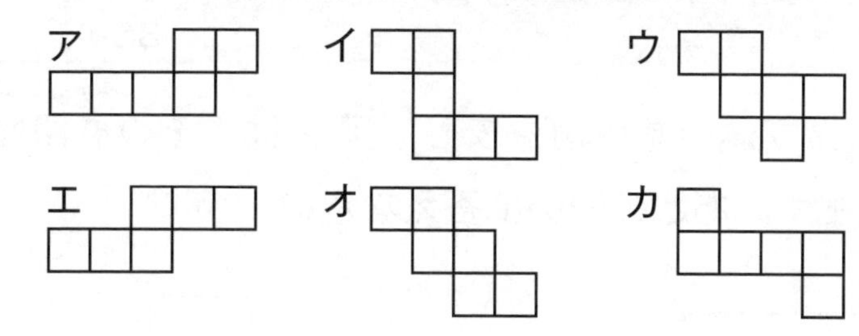

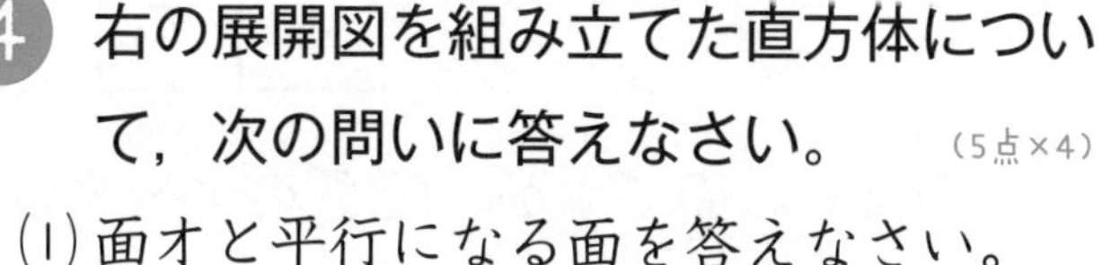

（　　　　）

4 右の展開図を組み立てた直方体について，次の問いに答えなさい。（5点×4）

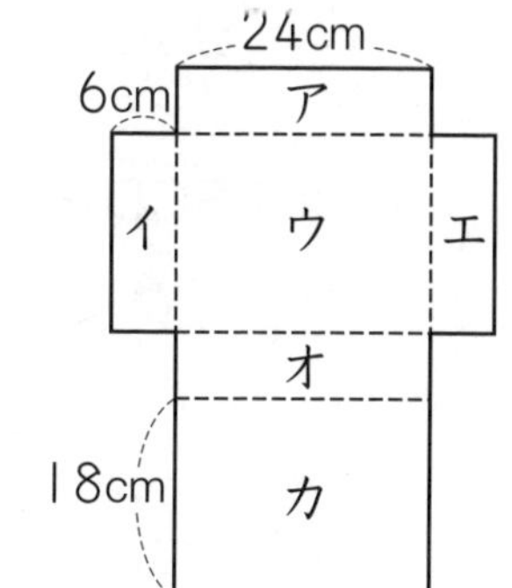

(1) 面オと平行になる面を答えなさい。

（　　　　）

(2) 面エと垂直になる面をすべて答えなさい。

（　　　　）

(3) 面カと垂直な辺の長さを求めなさい。

（　　　　）

(4) この展開図のまわりの長さを求めなさい。

（　　　　）

上級レベル 68

直方体と立方体 (2)

学習日〔　月　日〕

時間 30分	得点
合格 35点	50点

1 図１は，立方体の見取図を表し，図２は，その展開図を表しています。**あとの問いに答えなさい。**（3点×5）

（図１）

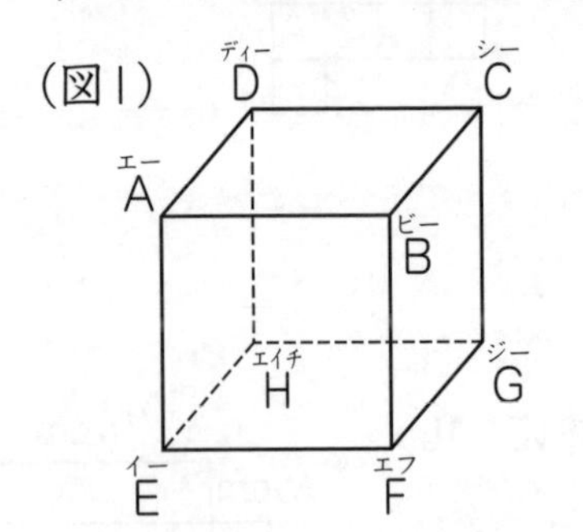

（図２）

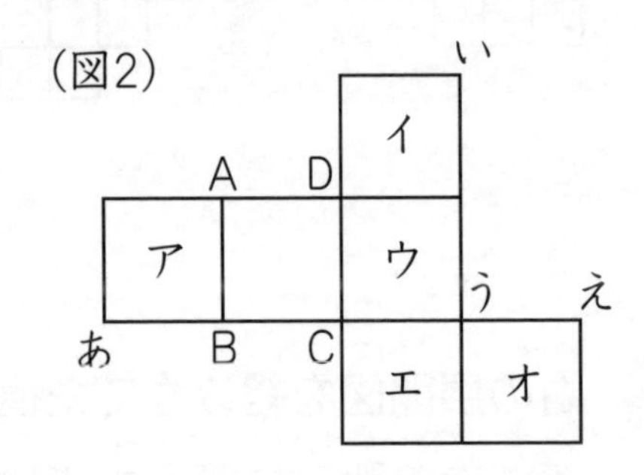

(1) 面ABCDと平行な面はどの面ですか。図２のア〜オの中から選びなさい。

（　　　）

(2) 図２のあ〜えの点は，それぞれ図１のどの頂点になるか答えなさい。

あ（　　）　い（　　）　う（　　）　え（　　）

2 右の図は，さいころの展開図です。**アとイの面にあてはまる目の数を求めなさい。**（5点×2）

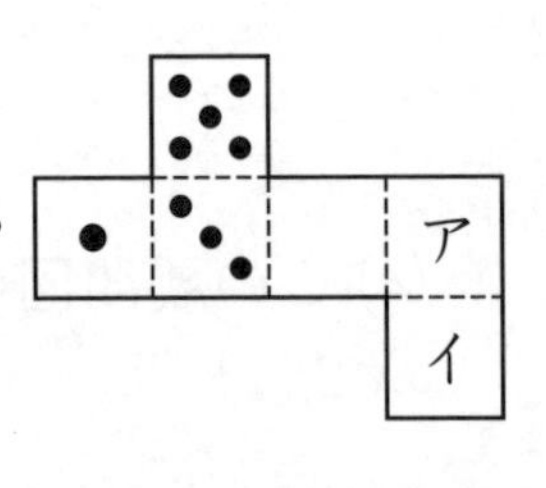

ア（　　　）　イ（　　　）

3 図１は，直方体の見取図を表し，図２は，その展開図を表しています。**あとの問いに答えなさい。**（5点×5）

（図１）

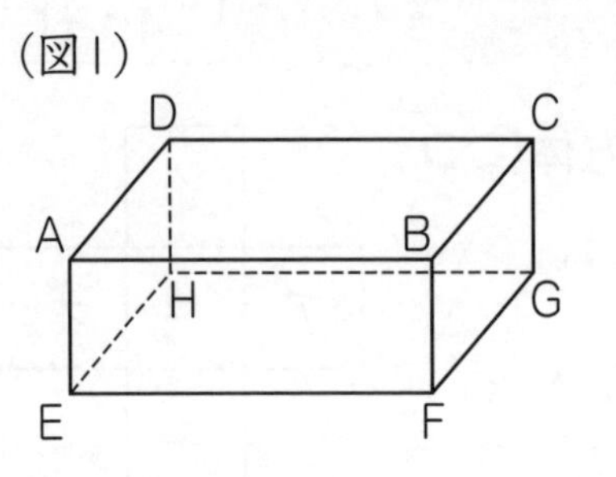

（図２）

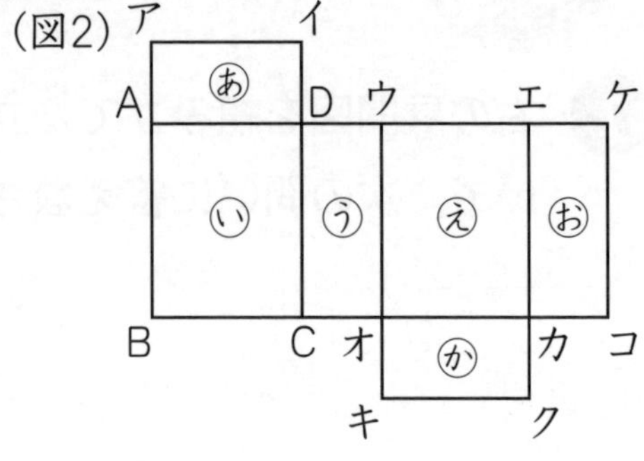

(1) 辺アイと重なる辺を答えなさい。

（　　　）

(2) 面㋒と平行な面を答えなさい。

（　　　）

(3) 面㋔と垂直な面をすべて答えなさい。

（　　　）

(4) 図１の辺BFは，図２のどの辺になるかすべて答えなさい。

（　　　）

(5) 図１の頂点Eは，図２のどの頂点になるかすべて答えなさい。

（　　　）

標準レベル **69**

直方体と立方体 (3)

学習日［　月　日］

時間 25分	得点
合格 40点	/50点

1 右の図のように，1辺の長さが30 cmの立方体の箱にひもをかけました。**結び目の部分に25 cmのひもを使ったとすると，ひもは全部で何cm使いましたか。**

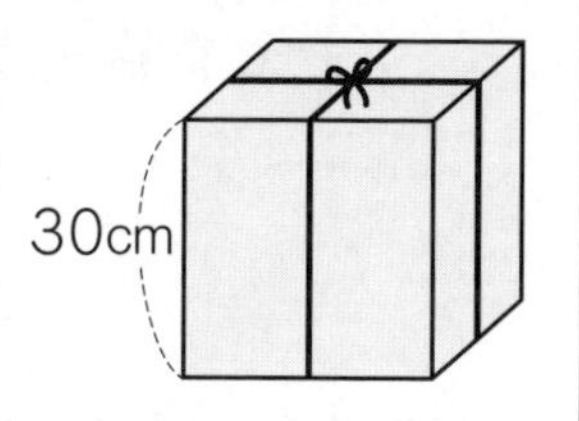

（5点）

（　　　　　）

2 右の図のように，たて10 cm，横15 cm，高さ7.5 cmの直方体の箱に，リボンをかけました。**次の問いに答えなさい。**（5点×2）

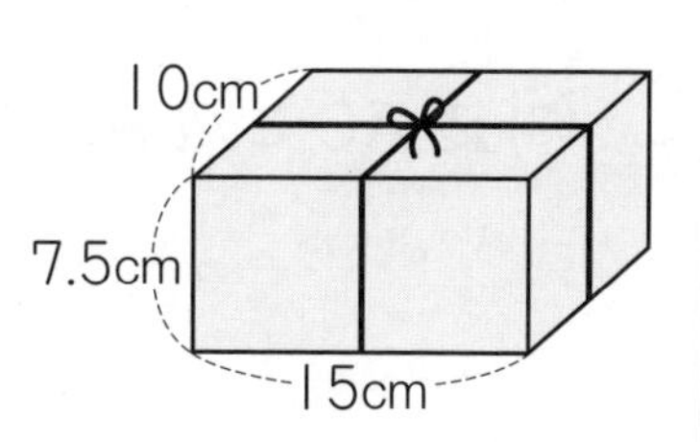

(1) この直方体の辺の長さの合計は何cmですか。

（　　　　　）

(2) 結び目の部分に10 cmのリボンを使いました。使ったリボンは全部で何cmですか。

（　　　　　）

3 右の図は，さいころの展開図です。**次の問いに答えなさい。**（5点×2）

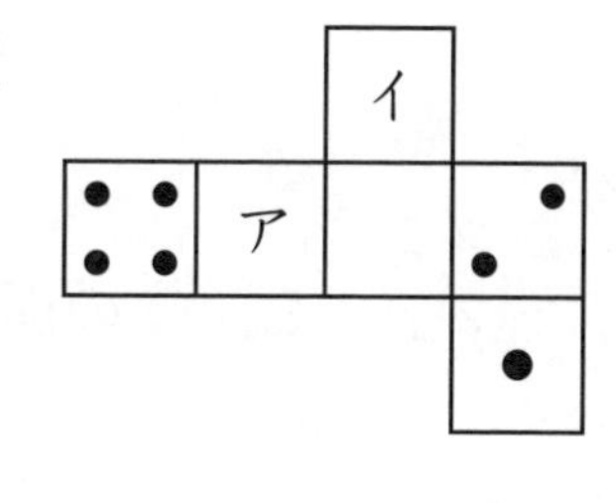

(1) アの面の目の数を求めなさい。

（　　　　　）

(2) イの面に垂直な面の目の数の和を求めなさい。

（　　　　　）

4 右の図は，たて18 cm，横26 cmの画用紙を表しています。色のついた部分を切り取り，点線で折り曲げて直方体をつくります。**次の問いに答えなさい。**（5点×2）

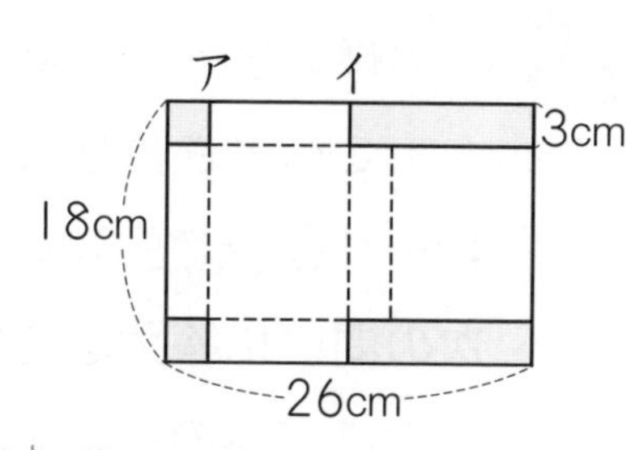

(1) 辺アイの長さを求めなさい。

（　　　　　）

(2) できた直方体の辺の長さの和を求めなさい。

（　　　　　）

5 次の図1と図2は，右の立方体の展開図を表しています。**頂点ア，イ，ウは，立方体のどの頂点になるか答えなさい。**（5点×3）

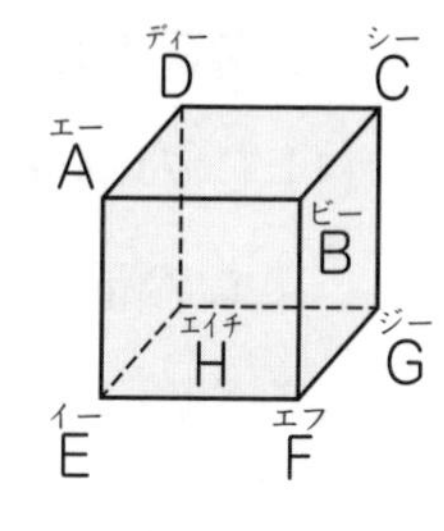

(図1)

ア
D
H
C
G

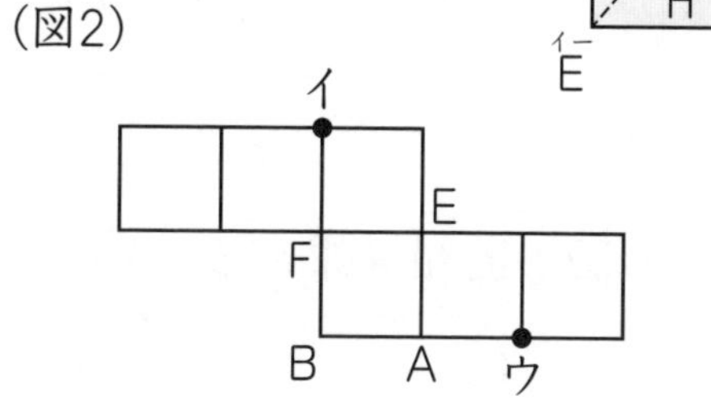

ア（　　　　）　イ（　　　　）　ウ（　　　　）

学習日〔　　月　　日〕

時間 30分	得点
合格 35点	50点

上級レベル 70 直方体と立方体 (3)

1 右の図のように，直方体にひもをかけました。このときに使ったひもの長さは，結び目の16cmをふくめて280cmでした。**次の問いに答えなさい。** (5点×2)

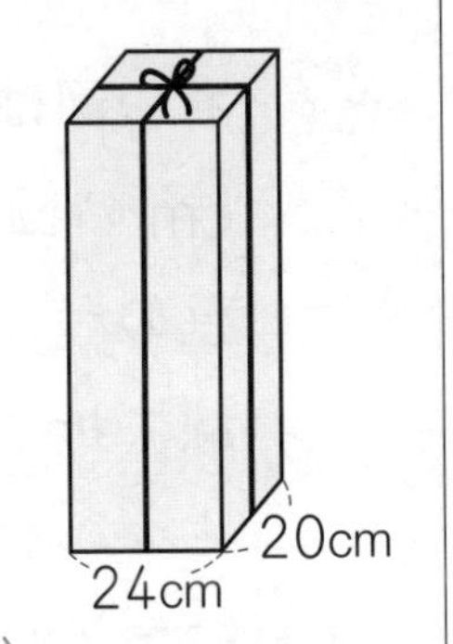

(1) この直方体の高さを求めなさい。

(　　　　)

(2) この直方体の面の面積の和を求めなさい。

(　　　　)

2 右の直方体の展開図について，**次の問いに答えなさい。** (5点×3)

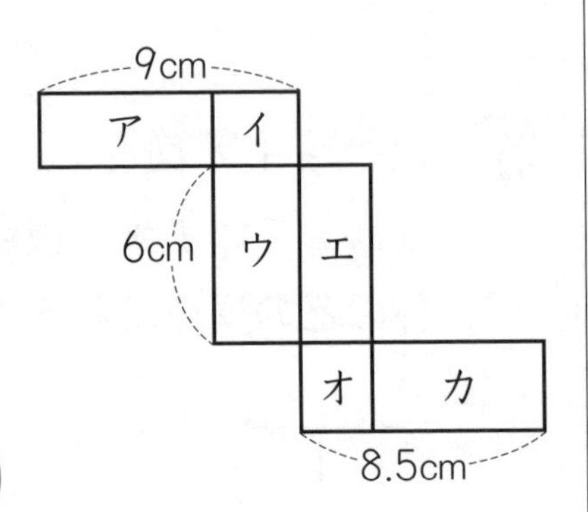

(1) この展開図を組み立てたとき，エの面と平行になる面を答えなさい。

(　　　　)

(2) オの面の面積を求めなさい。

(　　　　)

(3) この展開図のまわりの長さを求めなさい。

(　　　　)

3 右の図は立方体の見取図です。**次の問いに答えなさい。** (5点×3)

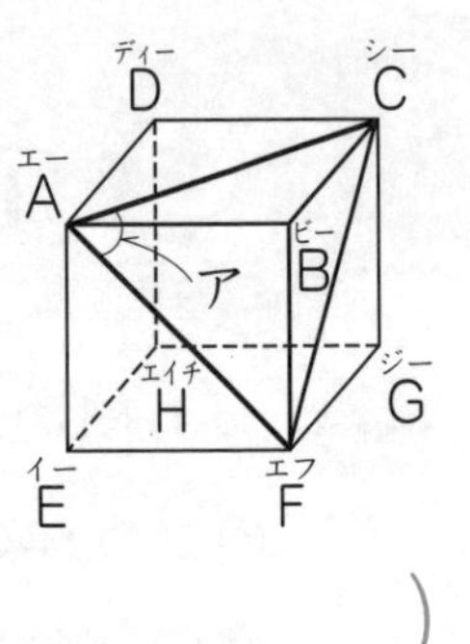

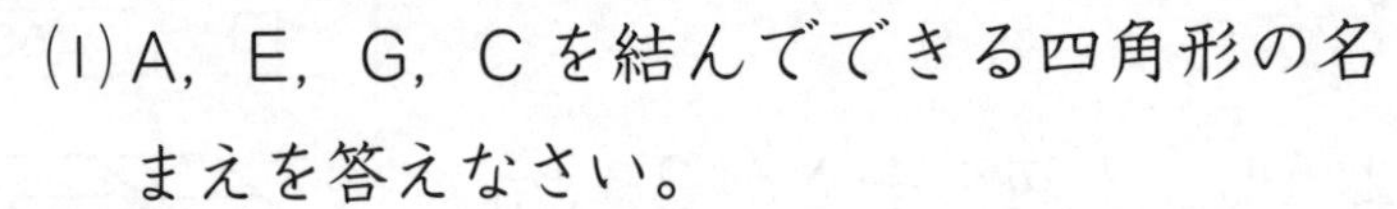

(1) A，E，G，Cを結んでできる四角形の名まえを答えなさい。

(　　　　)

(2) ACと平行な面を答えなさい。

(　　　　)

(3) 辺ACと辺AFでつくられる，角アの大きさを求めなさい。

(　　　　)

4 図1のさいころ4こを図2のように，おたがいにくっつく面が同じ数の目になるようにならべます。**次の問いに答えなさい。** (5点×2)

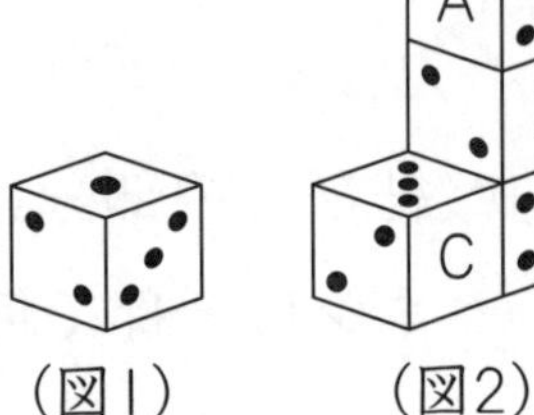

(図1)　(図2)

(1) Aの面の目の数を求めなさい。

(　　　　)

(2) A，B，Cの面の目の数の和を求めなさい。

(　　　　)

学習日〔　　月　　日〕

標準レベル 71

位置の表し方

時間 20分	得点
合格 40点	50点

1 次の図で，アをもとにしたとき，A（エー）の位置（いち）は（西へ 1 m，北へ 2 m）と表せます。**アをもとにして，イとウの位置を表しなさい。**（5点×2）

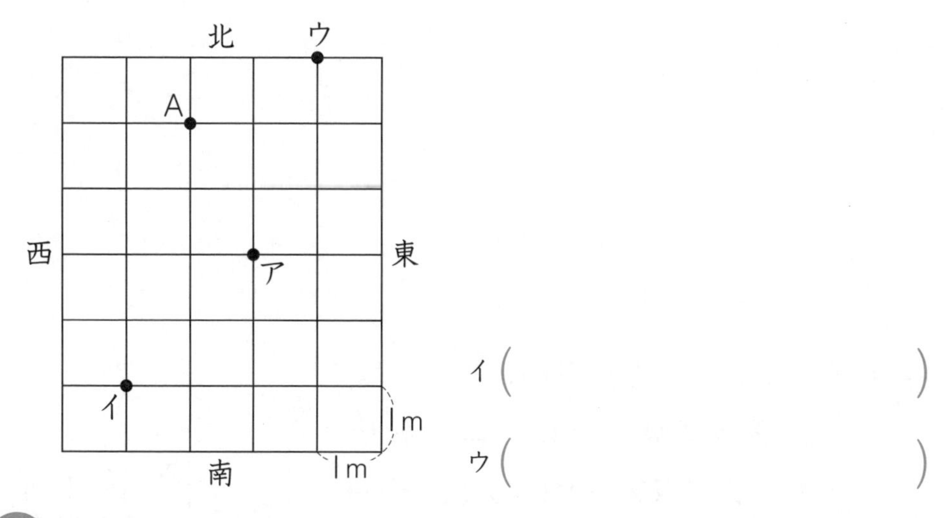

イ（　　　　　　　　　　）

ウ（　　　　　　　　　　）

2 図のような直方体で，アをもとにしたとき，Aの位置は（たて 0 cm，横 2 cm，高さ 1 cm）と表せます。**アをもとにして，イ～エの位置を表しなさい。**（5点×3）

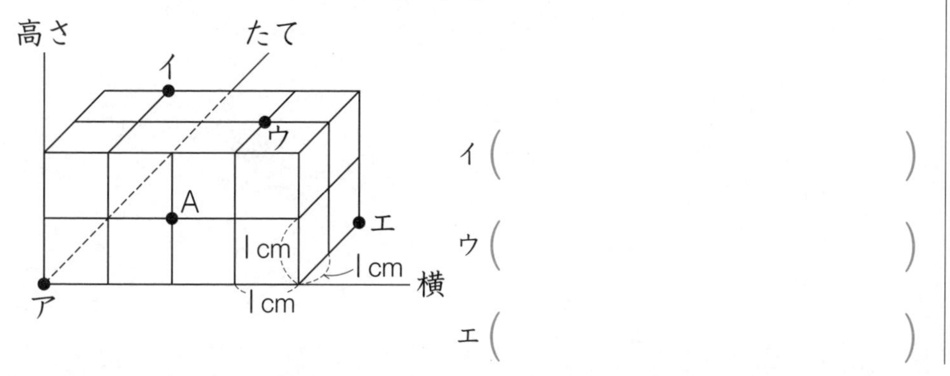

イ（　　　　　　　　　　）

ウ（　　　　　　　　　　）

エ（　　　　　　　　　　）

3 次の図で，アをもとにして，イとウの位置を表しなさい。（5点×2）

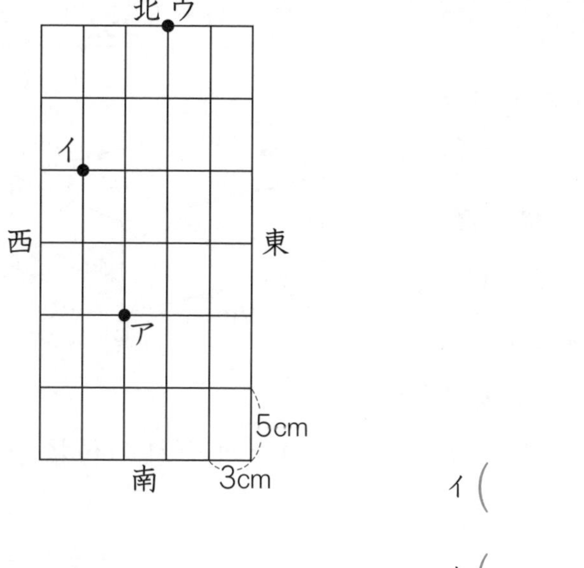

イ（　　　　　　　　　　）

ウ（　　　　　　　　　　）

4 図のような直方体で，頂点（ちょうてん）F（エフ）は（たて 0 cm，横 10 cm，高さ 6 cm），頂点 H（エイチ）は（たて 8 cm，横 0 cm，高さ 6 cm）と表せます。**このことから，頂点 C（シー），D（ディー），G（ジー）の位置を表しなさい。**（5点×3）

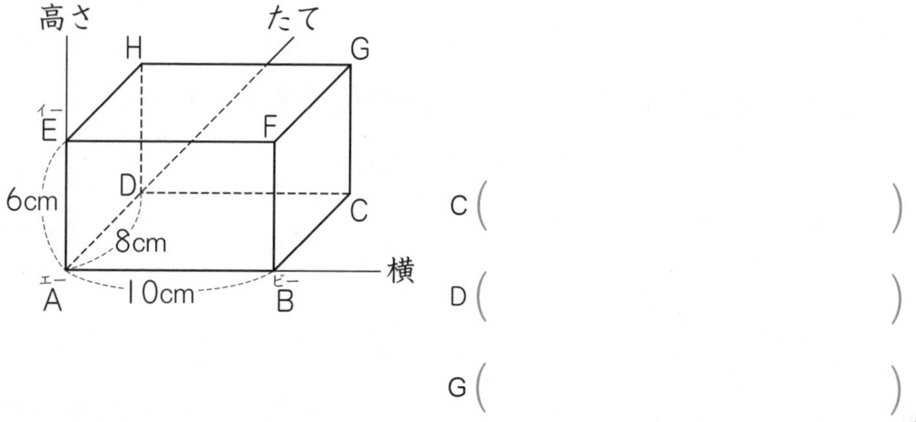

C（　　　　　　　　　　）

D（　　　　　　　　　　）

G（　　　　　　　　　　）

学習日〔　　月　　日〕

時間 25分	得点
合格 35点	50点

上級レベル 72 位置の表し方

1 右のような直方体があります。A（エー）の点をもとにして，G（ジー）の点の位置（いち）を（たて，横，高さ）の長さの組を使って，（5 m, 9 m, 4 m）と表すことにします。**次の問いに答えなさい。**（5点×5）

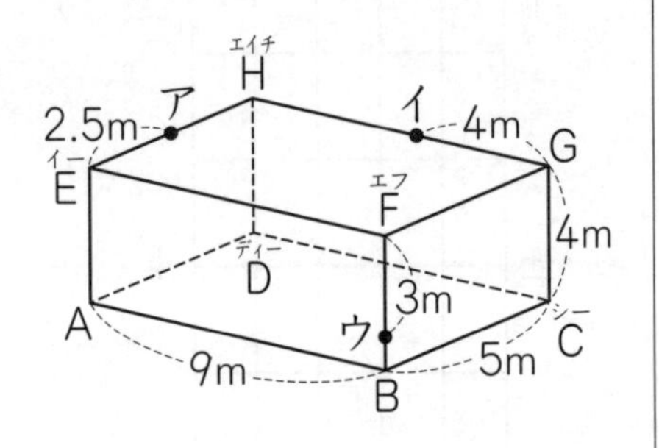

(1) Aをもとにして，ア，イ，ウの点のそれぞれの位置を表しなさい。

ア（　　　　　　　　　　）

イ（　　　　　　　　　　）

ウ（　　　　　　　　　　）

(2) B（ビー）をもとにして，ア，イの点の位置を表しなさい。

ア（　　　　　　　　　　）

イ（　　　　　　　　　　）

2 右の図のような，たて 27 m，横 12 m，高さ 18 m の建物（たてもの）があります。屋上に，高さ 4 m の 2 本の旗（はた）が立っています。**A の点をもとにしたときの，アとイの点の位置を表しなさい。**（5点×2）

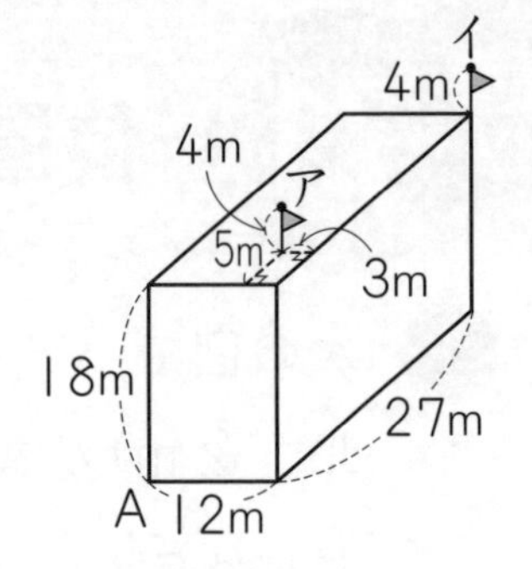

ア（　　　　　　　　　　）

イ（　　　　　　　　　　）

3 右の図のような，平面に垂直（すいちょく）に立てた 3 本の線イ，ウ，エがあります。**アの点をもとにして，イ～エの位置を表しなさい。**（5点×3）

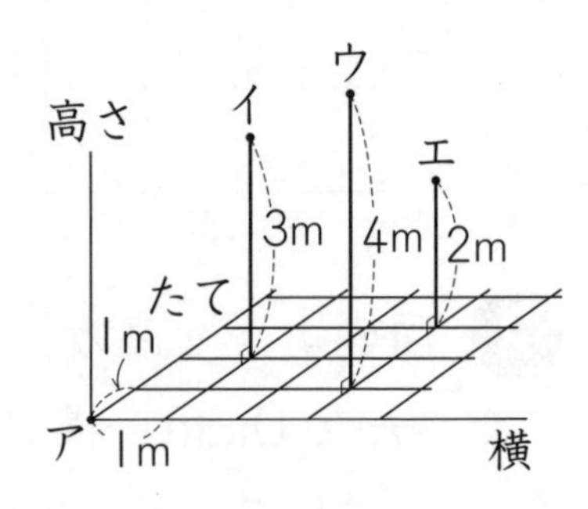

イ（　　　　　　　　　　）

ウ（　　　　　　　　　　）

エ（　　　　　　　　　　）

学習日〔　月　日〕

時間 30分	得点
合格 35点	50点

73 最上級レベル ⑪

1 立方体の展開図を図１までかきました。残り１つの面の位置を，図２のア～エから選んで，記号で答えなさい。（5点）

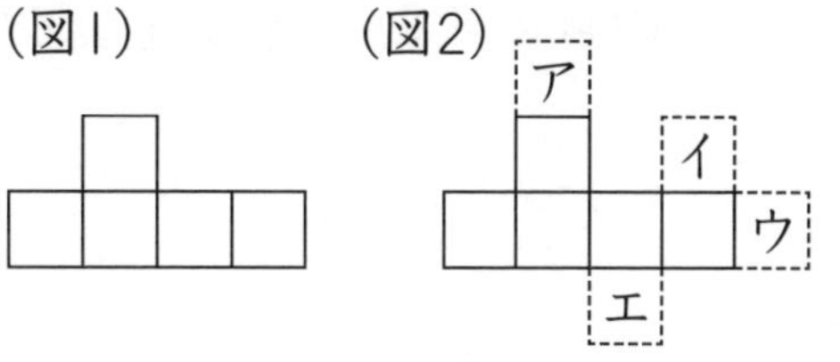

（　　　　）

2 右の図は，立方体の展開図です。次の問いに答えなさい。（5点×3）

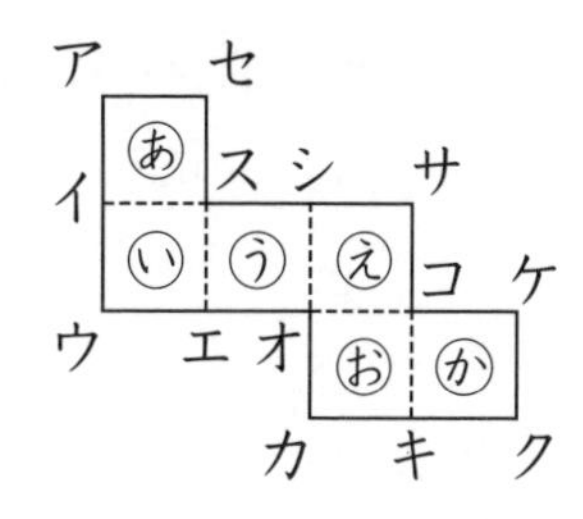

(1) 組み立てたとき，面㋕と垂直になる面をすべて答えなさい。

（　　　　）

(2) 組み立てたとき，辺アイと重なる辺を答えなさい。

（　　　　）

(3) 組み立てたとき，頂点アと重なる頂点をすべて答えなさい。

（　　　　）

3 右の図のような直方体があります。次の問いに答えなさい。（6点×2）

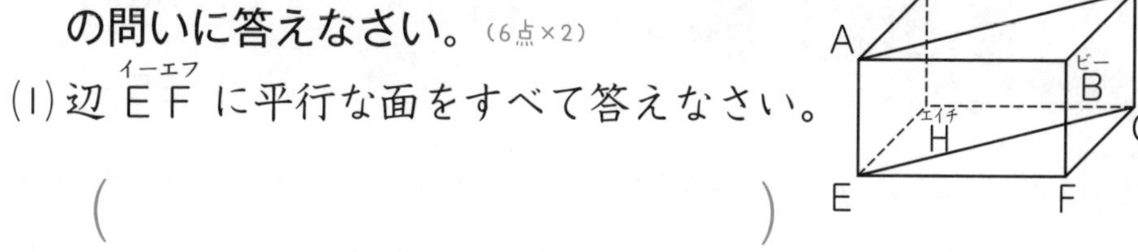

(1) 辺ＥＦに平行な面をすべて答えなさい。

（　　　　）

(2) 四角形ＡＥＧＣと垂直な面をすべて答えなさい。

（　　　　）

4 さいころ５こを右の図のように，たがいにくっつく面の目の数の和が６になるようにならべます。このとき，アの面の目の数を求めなさい。（6点）

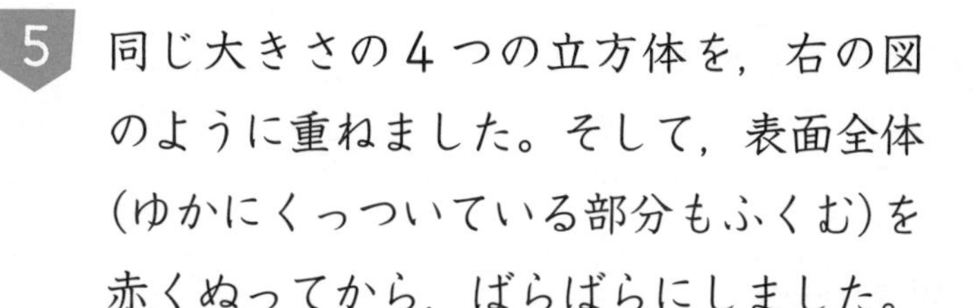

（　　　　）

5 同じ大きさの４つの立方体を，右の図のように重ねました。そして，表面全体（ゆかにくっついている部分もふくむ）を赤くぬってから，ばらばらにしました。これについて，次の問いに答えなさい。（6点×2）

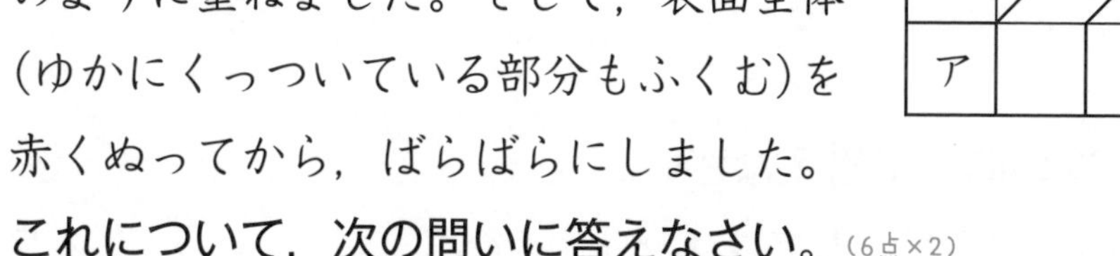

(1) アの立方体には，赤い面はいくつありますか。

（　　　　）

(2) ４つの立方体全体では，赤い面はいくつありますか。

（　　　　）

学習日〔　月　日〕

時間 30分	得点
合格 35点	50点

74 最上級レベル 12

1 図１のような，直方体があります。図２は，この直方体の展開図の一部です。**次の問いに答えなさい。**（4点×4）

(1) 展開図にかかれていない面は，図１のどの面ですか。

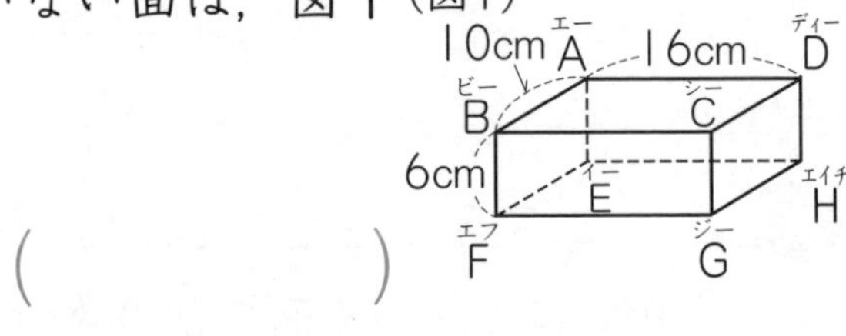

（　　　　）

(2) 図２の点ア，イは，それぞれ図１のどの頂点になりますか。

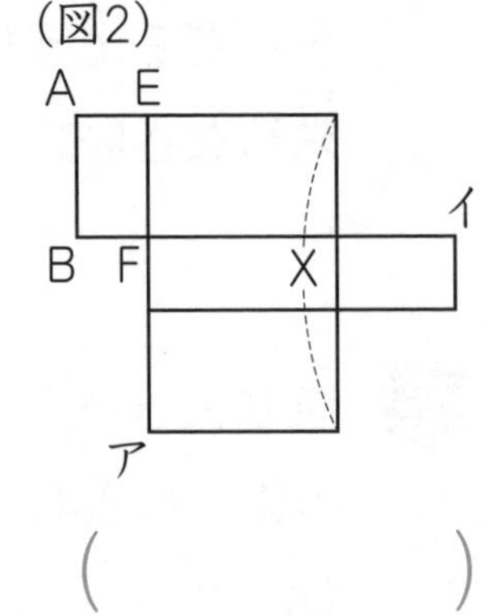

ア（　　　）　イ（　　　）

(3) 図２のXの長さを求めなさい。

（　　　　）

2 **次の問いに答えなさい。**

(1) 右の図で，点アをもとにして，点イ，ウの位置を横，たて，高さの組で表しなさい。（4点×2）

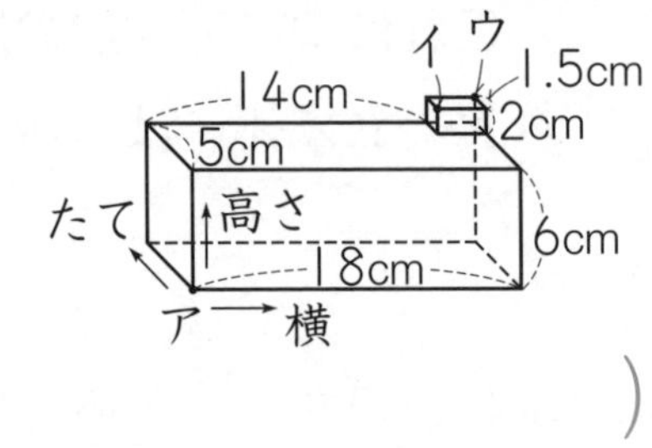

イ（　　　　）

ウ（　　　　）

(2) さいころ４こを右のようにつくえの上にならべます。このとき，どの方向から見ても見えない10この面の目の数の合計は最大でいくつになりますか。（5点）

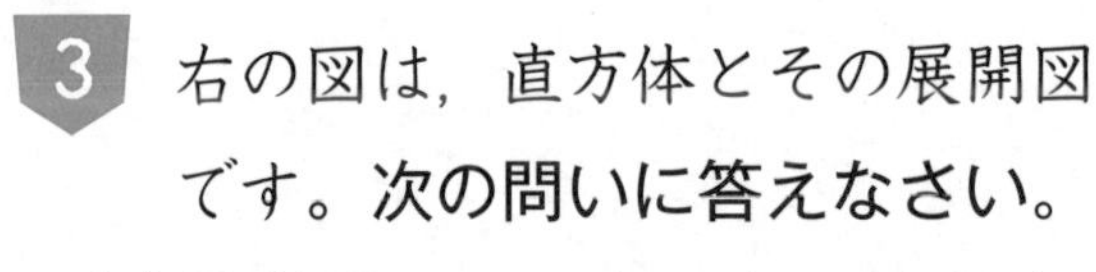

（　　　　）

3 右の図は，直方体とその展開図です。**次の問いに答えなさい。**

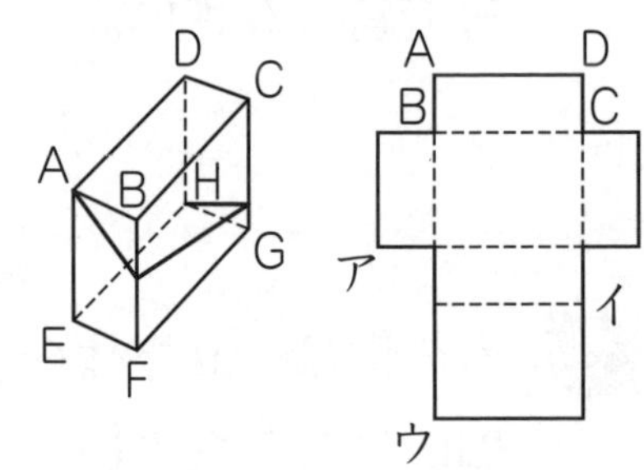

(1) 展開図のア～ウにあてはまる，直方体の頂点の記号を答えなさい。（5点×3）

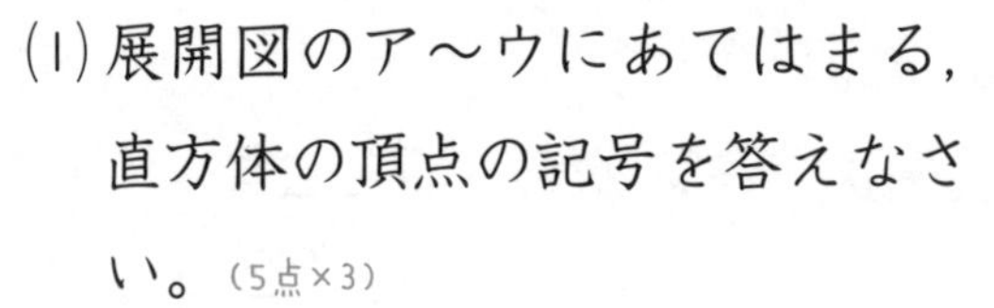

ア（　　　）　イ（　　　）　ウ（　　　）

(2) 頂点Aから辺BF，CG上の点を通り頂点Hまで，上の左の図のようにひもをかけます。ひもの長さが最も短くなるようにしたとき，このひものあとを右の展開図にかき入れなさい。（6点）

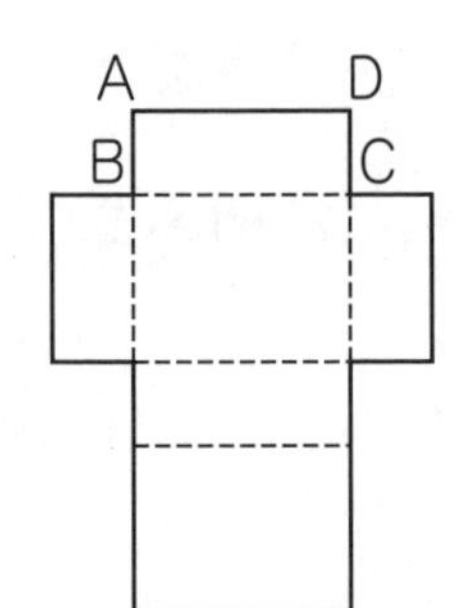

学習日［　月　日］

標準レベル 75 折れ線グラフ

時間 20分　合格 40点　得点 　/50点

1 右の折(お)れ線グラフは，ある都市の１年間の月別(つきべつ)の気温の変(か)わり方を表したものです。**次の問いに答えなさい。**（7点×5）

１年間の月別の気温の変わり方

(度) 0 10 20 30

1 2 3 4 5 6 7 8 9 10 11 12 (月)

(1) 横のじくは，何を表していますか。

（　　　　）

(2) たてのじくは，何を表していますか。

（　　　　）

(3) たてのじくの１目もりは，何度を表していますか。

（　　　　）

(4) 気温がいちばん高い月の気温は何度ですか。

（　　　　）

(5) 気温の上がり方がいちばん大きいのは，何月と何月の間ですか。

（　　　　）

2 次のことがらで，折れ線グラフで表すとよいものをすべて選(えら)んで，記号で答えなさい。（5点）

ア　クラス全員の体重

イ　１時間ごとにはかった体温

ウ　午前10時の教室，ろう下，屋上の気温

エ　毎月同じ日にはかった体重

オ　火事の原いんと発生けん数

（　　　　）

3 右の表は，たろう君の身長を５才から９才まで，毎年同じ日にはかったものです。**これをもとにして，次の図に，折れ線グラフをかきなさい。**（10点）

年れい(才)	身長(cm)
5	106
6	116
7	120
8	128
9	138

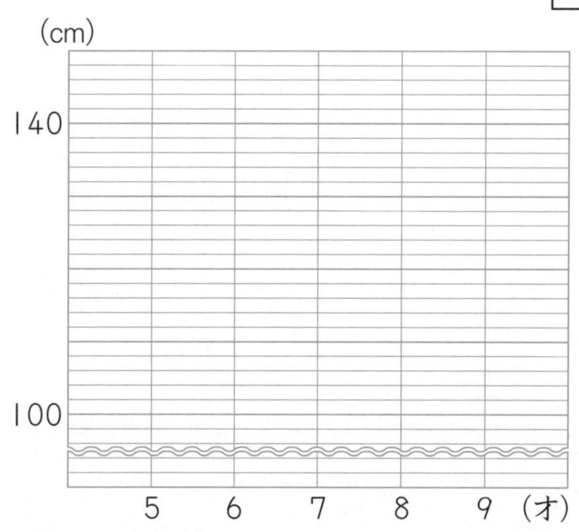

学習日〔　月　日〕

時間 25分	得点
合格 35点	50点

上級レベル 76 折れ線グラフ

1 次の表は，１日の気温の変化を調べたものです。あとの問いに答えなさい。(10点×2)

１日の気温

時こく（時）	午前 8	9	10	11	午後 0	1	2	3	4	5
気温（度）	22	23	25	28	28	29	29	28	26	25

(1) 上の表をもとにして，下の折れ線グラフを完成させなさい。

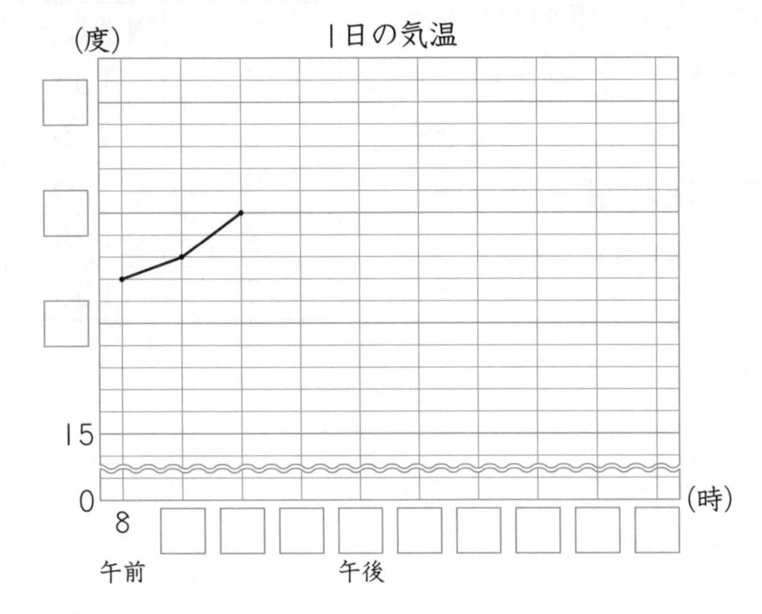

(2) 気温の差がいちばん大きいのは，何時と何時の間ですか。

(　　　　　　　　)

2 次のグラフを見て，あとの問いに答えなさい。(6点×2)

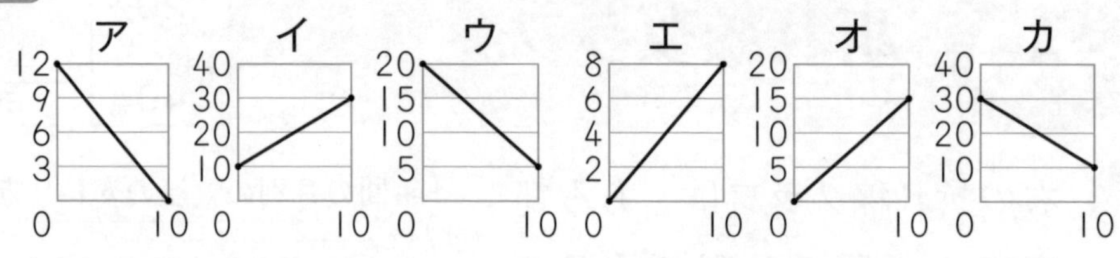

(1) ふえ方がいちばん大きいのはどれですか。

(　　　　　)

(2) へり方がいちばん小さいのはどれですか。

(　　　　　)

3 右の折れ線グラフは，１日の気温と地面の温度の変わり方を表しています。次の問いに答えなさい。(6点×3)

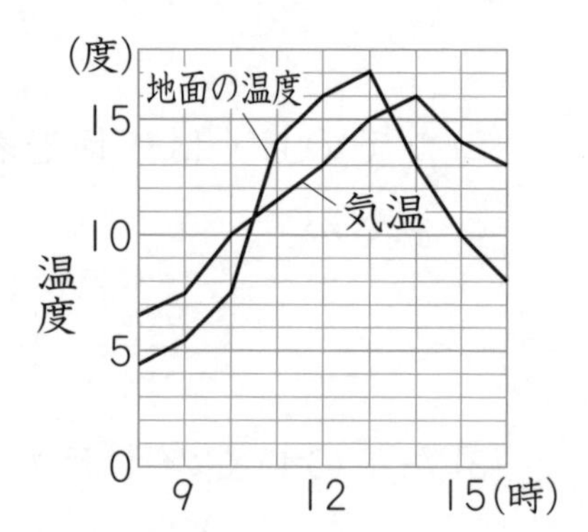

(1) 気温がいちばん高いのは何時ですか。

(　　　　　　　　)

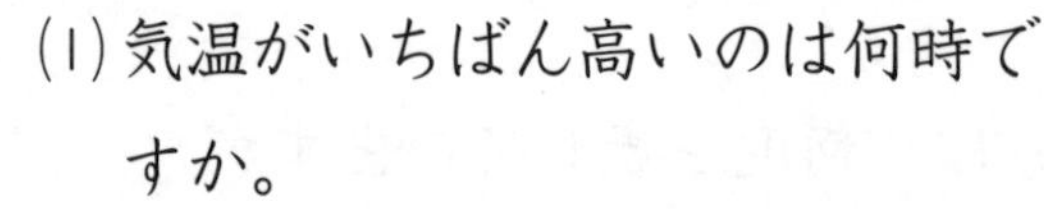

(2) 地面の温度の上がり方がいちばん大きいのは，何時と何時の間ですか。

(　　　　　　　　)

(3) 地面の温度と気温の差がいちばん大きいのは何時ですか。

(　　　　　)

1回 20回 40回 60回 80回 100回 120回 GOAL

学習日〔　月　日〕

標準レベル 77 整理のしかた

時間 20分　合格 40点　得点　/50点

1 次の表は，月曜日から金曜日までに学校でけがをした人の記録(きろく)をまとめたものです。**あとの問いに答えなさい。** (5点×5)

けがをした場所と体の部分　(人)

場所＼体の部分	顔	手	うで	足	合計
ろうか	0	0	0	3	3
階だん	0	1	0	1	2
中庭	1	1	3	0	5
運動場	1	ア	2	2	8
体育館	1	1	0	2	4
合計	3	6	5	イ	ウ

(1) 表のア〜ウにあてはまる数を求(もと)めなさい。

ア(　　)　イ(　　)　ウ(　　)

(2) けががいちばん多い場所はどこですか。

(　　)

(3) けががいちばん多い体の部分はどこですか。

(　　)

2 右の表は，あるクラスで国語と算数の好(す)ききらいを調べてまとめたものです。**次の問いに答えなさい。** (5点×3)

国語と算数の好ききらい調べ(人)

算数＼国語	好き	きらい
好き	8	18
きらい	12	4

(1) 国語は好きだが，算数はきらいという人は何人ですか。

(　　)

(2) 算数が好きな人は何人ですか。

(　　)

(3) このクラス全員の人数は何人ですか。

(　　)

3 右の表は，キャンプに参加(さんか)した小学生と中学生の男女別(だんじょべつ)の人数をまとめたものです。**次の問いに答えなさい。** (5点×2)

キャンプの参加人数(人)

	男子	女子
小学生	32	26
中学生	19	14

(1) 参加した女子の人数は全部で何人ですか。

(　　)

(2) 参加した全員の人数は何人ですか。

(　　)

学習日〔　　月　　日〕

時間 25分	得点
合格 35点	50点

上級レベル 78 整理のしかた

1 次の表は，たろう君のクラスのわすれ物について調べてまとめたものです。**あとの問いに答えなさい。**（5点×5）

わすれ物調べ　　　（こ）

	教室	音楽室	理科室	合計
消しゴム	3	1	0	4
ノート	2	0	1	3
えん筆	9	イ	4	16
合計	ア	4	5	ウ

(1) 表のア～ウにあてはまる数を求(もと)めなさい。

ア（　　　）　イ（　　　）　ウ（　　　）

(2) 音楽室でいちばん多かったわすれ物は何ですか。

（　　　）

(3) わすれ物がいちばん多かった場所はどこですか。

（　　　）

2 あるクラスで，兄や弟がいるかどうかを調べたところ，次のような結果(けっか)になりました。

・兄がいる人…11人
・弟がいる人…15人
・どちらもいない人
…13人

弟＼兄	いる	いない	合計
いる	ア		15
いない		13	ウ
合計	11	イ	32

この結果を，右の表のようにまとめました。**ア～ウにあてはまる人数を求めなさい。**（5点×3）

ア（　　　）　イ（　　　）　ウ（　　　）

3 20人の生徒(せいと)が算数のテストを受けました。問題は3題あり，第1問ができると2点，第2問ができると3点，第3問ができると4点です。下の表は，テストの点数ごとの人数をまとめたもので，0点の人はいませんでした。**あとの問いに答えなさい。**（5点×2）

点数(点)	2	3	4	5	6	7	9
人数(人)	1	0	1	6	5	4	3

(1) 第1問と第3問だけができた人は何人ですか。

（　　　）

(2) 第1問ができた人は全部で何人ですか。

（　　　）

学習日〔　　月　　日〕

時間 20分	得点
合格 40点	50点

標準レベル 79 変わり方(1)

1 次の表は，たてが 2 cm，横が 1 cm の長方形の横の長さを 2 cm，3 cm，……と 1 cm ずつのばしていくと，長方形の面積(めんせき)はどのように変(か)わるか調べたものです。**あとの問いに答えなさい。**（5点×6）

横の長さ(cm)	1	2	3	4	5	ウ
面積(cm^2)	2	4	ア	8	イ	12

(1) 表のア～ウにあてはまる数を求(もと)めなさい。

ア(　　　　)　イ(　　　　)　ウ(　　　　)

(2) 横の長さを□cm，面積を△cm^2として，□と△の関係(かんけい)を式に表しなさい。

(　　　　　　)

(3) 横の長さが 15 cm のときの面積は何 cm^2 ですか。

(　　　　)

(4) 面積が 24 cm^2 のときの横の長さは何 cm ですか。

(　　　　)

2 次の表は，水そうに水を入れたときの水のかさと全体の重さを表したものです。**あとの問いに答えなさい。**（5点×4）

水のかさ(L)	1	2	3	4	5	6
重さ(kg)	3.5	4.5	5.5	6.5	7.5	8.5

(1) 水 1 L は何 kg ですか。

(　　　　)

(2) 水そうだけの重さは何 kg ですか。

(　　　　)

(3) 水を 10 L 入れたときの全体の重さは何 kg ですか。

(　　　　)

(4) 水のかさと全体の重さの関係を折(お)れ線グラフに表しなさい。

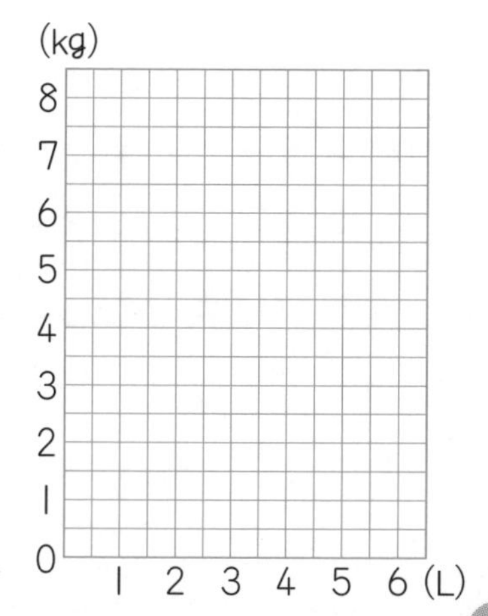

学習日〔　　月　　日〕

上級レベル 80 変わり方(1)

時間 25分	得点
合格 35点	50点

1 長さ20cmのろうそくがあります。次の表は，このろうそくがもえた時間と，残り（のこ）のろうそくの長さの関係（かんけい）を表しています。**あとの問いに答えなさい。**（5点×4）

時間（分）	0	1	2	3	4	5	…
長さ（cm）	20	18	16	14	12	10	…

(1) 火をつけてから□分後のろうそくの長さを△cmとして，□と△の関係を式で表しなさい。

（　　　　　　　　　　）

(2) 火をつけてから8分後のろうそくの長さを求め（もと）なさい。

（　　　　　）

(3) ろうそくが全部もえてしまうのは何分後ですか。

（　　　　　）

(4) ろうそくがもえた時間と，残りのろうそくの長さの関係を折れ（お）線グラフに表しなさい。

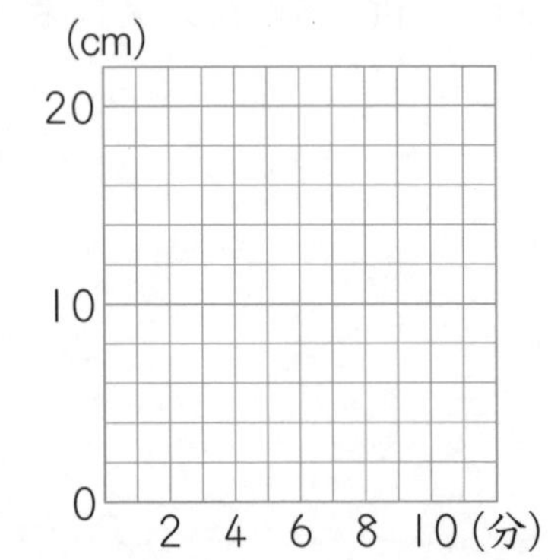

2 次の表は，□が変（か）わると，それにつれて△が変わるようすを表したものです。**あとの問いに答えなさい。**（6点×3）

□	1	2	3	4	5	6	…
△	8	16	24	32	40	48	…

(1) □と△の関係を式で表しなさい。

（　　　　　　　　　　）

(2) □が9のときの△を求めなさい。

（　　　　　）

(3) △が112のときの□を求めなさい。

（　　　　　）

3 たてが□cm，横が9cmの長方形の面積（めんせき）を△cm²とします。**次の問いに答えなさい。**（6点×2）

(1) □と△の関係を式で表しなさい。

（　　　　　　　　　　）

(2) 長方形の面積が126cm²になるときのたての長さを求めなさい。

（　　　　　）

学習日〔　月　日〕

標準レベル 81

変わり方 (2)

時間 20分	得点
合格 40点	50点

1 次の図のように，1辺が1cmの正方形をならべて，大きな正方形をつくっていきます。**あとの問いに答えなさい。**

（5点×4）

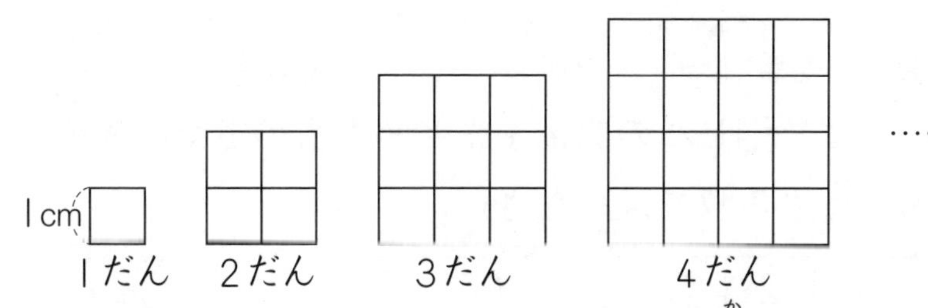

(1) 次の表は，だんの数とまわりの長さの変わり方をまとめたものです。表のア，イにあてはまる数を求めなさい。

だんの数(だん)	1	2	3	…	イ	…
まわりの長さ(cm)	4	8	ア	…	64	…

ア（　　　）　イ（　　　）

(2) だんの数を□だん，まわりの長さを△cmとして，□と△の関係を式で表しなさい。

（　　　）

(3) だんの数が12だんのときのまわりの長さを求めなさい。

（　　　）

2 マッチぼうを右の図のようにならべていきます。**次の問いに答えなさい。**（6点×5）

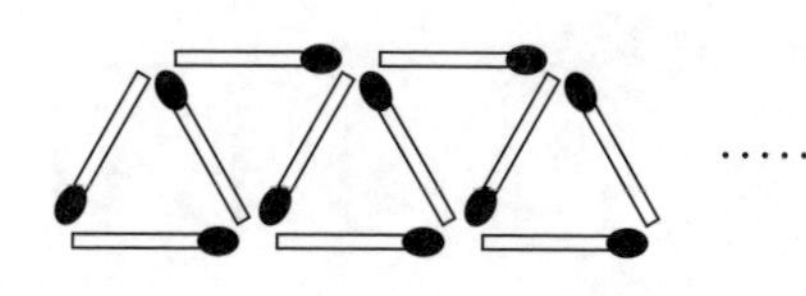

(1) 三角形の数が3このとき，まわりのマッチぼうの数は何本ですか。

（　　　）

(2) 三角形の数を△こ，まわりのマッチぼうの数を□本として，△と□の関係を式で表しなさい。

（　　　）

(3) まわりのマッチぼうの数が32本のときの三角形の数を求めなさい。

（　　　）

(4) 三角形の数が6このとき，使ったマッチぼうの数は全部で何本ですか。

（　　　）

(5) マッチぼうを35本使ったとき，三角形は何こできますか。

（　　　）

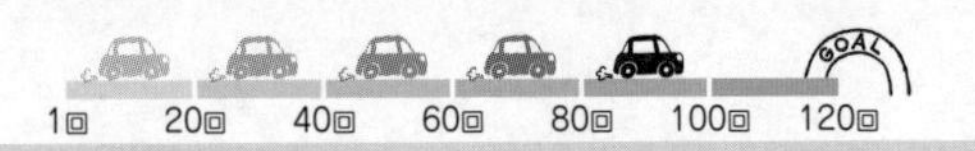

学習日[　　月　　日]

上級レベル 82 変わり方(2)

時間 25分	得点
合格 35点	50点

1 1辺(ぺん)が1cmの正方形をならべて，次のような形をつくっていきます。**あとの問いに答えなさい。**（5点×4）

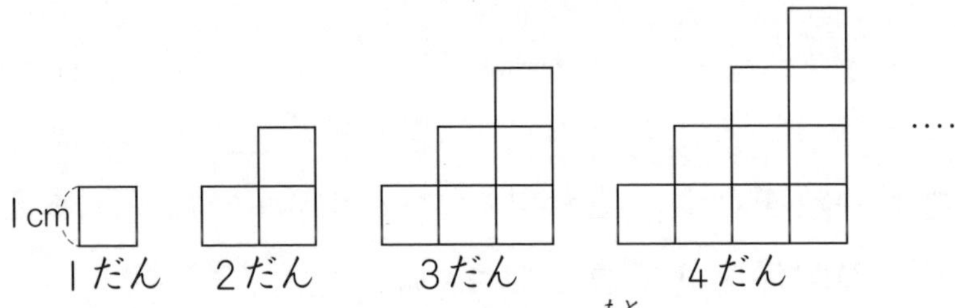

(1) 2だんのときのまわりの長さを求(もと)めなさい。

(　　　　　)

(2) 4だんのときのまわりの長さを求めなさい。

(　　　　　)

(3) だんの数を□だん，まわりの長さを△cmとして，□と△の関係(かんけい)を式で表しなさい。

(　　　　　)

(4) 7だんのときにできる図形の面積(めんせき)を求めなさい。

(　　　　　)

2 おはじきを，次の図のように正三角形の形にならべていきます。**□番目の正三角形をつくるのに使うおはじきの数を△として，あとの問いに答えなさい。**（6点×5）

1番目　2番目　3番目　4番目　……

(1) 次の表は，□と△の関係をまとめたものです。表のア，イにあてはまる数を求めなさい。

□	1	2	3	…	イ	…
△	3	6	ア	…	27	…

ア(　　　　　)　イ(　　　　　)

(2) □と△の関係を式で表しなさい。

(　　　　　)

(3) 14番目の正三角形をつくるのにいるおはじきの数を求めなさい。

(　　　　　)

(4) 99このおはじきを使うのは何番目の正三角形ですか。

(　　　　　)

学習日〔　　月　　日〕

標準レベル 83 分　数 (1)

時間 20分	得点
合格 40点	50点

1 次の□にあてはまることばや数を答えなさい。(4点×5)

(1) 1より小さい分数を□といいます。

(　　　　)

(2) 1と等しいか，1より大きい分数を□といいます。

(　　　　)

(3) $1\frac{1}{2}$ のような分数を□といいます。

(　　　　)

(4) $\frac{11}{4}$ は $\frac{1}{4}$ が□こ集まった数です。

(　　　　)

(5) $1\frac{3}{5}$ は $\frac{1}{5}$ が□こ集まった数です。

(　　　　)

2 次の分数を，真分数，仮分数（かぶんすう），帯分数（たいぶんすう）に分けて，それぞれ記号で答えなさい。(3点×3)

ア $\frac{3}{4}$　イ $\frac{6}{6}$　ウ $\frac{9}{8}$　エ $1\frac{2}{3}$　オ $\frac{11}{12}$　カ $5\frac{8}{9}$　キ $\frac{5}{7}$

真分数 (　　　　)　仮分数 (　　　　)　帯分数 (　　　　)

3 次の分数を帯分数で表しなさい。(3点×3)

(1) $\frac{7}{2}$　(2) $\frac{15}{4}$　(3) $\frac{32}{7}$

(　　　　)　(　　　　)　(　　　　)

4 次の分数を仮分数で表しなさい。(3点×4)

(1) $1\frac{2}{3}$　(2) $3\frac{1}{4}$

(　　　　)　(　　　　)

(3) $5\frac{5}{6}$　(4) $2\frac{4}{7}$

(　　　　)　(　　　　)

学習日〔　　月　　日〕

上級レベル 84 分　数 (1)

時間 25分	得点
合格 35点	50点

1 次の問いに答えなさい。(4点×5)

(1) 15こ集まると1になる分数を求(もと)めなさい。

(　　　　)

(2) 1Lの $\frac{1}{5}$ は，何dLですか。

(　　　　)

(3) 分母が7で，$\frac{11}{7}$ より大きく，2より小さい仮分数(かぶんすう)をすべて答えなさい。

(　　　　)

(4) 次の□にあてはまる数を答えなさい。

$\frac{1}{10}$ を小数で表すと，[①]なので，$\frac{9}{10}$ を小数で表すと，[②]になります。

①(　　　)　②(　　　)

2 次の分数を，仮分数は帯分数(たいぶんすう)に，帯分数は仮分数になおしなさい。(4点×3)

(1) $6\frac{5}{11}$　(2) $\frac{18}{13}$　(3) $1\frac{5}{12}$

(　　　)　(　　　)　(　　　)

3 次の□にあてはまる数を答えなさい。(6点×3)

(1) $\frac{1}{10}$ 時間＝□分

(　　　)

(2) $\frac{3}{5}$ L＝□dL

(　　　)

(3) $\frac{3}{4}$ km＝□m

(　　　)

学習日〔　　月　　日〕

時間 20分	得点
合格 40点	50点

標準レベル 85 分　数 (2)

1 次の□にあてはまる数を求(もと)めなさい。（3点×4）

(1) $\frac{1}{2}=\frac{\square}{6}$　　(2) $\frac{6}{9}=\frac{\square}{3}$

(　　　)　(　　　)

(3) $\frac{8}{10}=\frac{4}{\square}$　　(4) $\frac{5}{12}=\frac{15}{\square}$

(　　　)　(　　　)

2 次のア，イの分数のうち大きいほうを選(えら)んで，記号で答えなさい。（3点×4）

(1) ア $\frac{5}{9}$　イ $\frac{3}{9}$　　(2) ア $\frac{8}{7}$　イ $\frac{8}{3}$

(　　　)　(　　　)

(3) ア $\frac{5}{8}$　イ $1\frac{3}{8}$　　(4) ア $\frac{14}{5}$　イ $2\frac{3}{5}$

(　　　)　(　　　)

3 次の分数を(　)の中の順(じゅん)に書きなさい。（5点×2）

(1) $\frac{7}{3}$, $\frac{1}{3}$, $\frac{9}{3}$ (大きい順)

(　　　)

(2) $\frac{2}{11}$, $\frac{2}{5}$, $\frac{2}{7}$ (小さい順)

(　　　)

4 分母が 12 までの分数について，次の問いに答えなさい。（4点×4）

(1) $\frac{3}{4}$ と同じ大きさの分数をすべて答えなさい。

(　　　)

(2) $\frac{5}{6}$ と $\frac{5}{9}$ の間にあり，分子が5で，$\frac{15}{24}$ と同じ大きさの分数を答えなさい。

(　　　)

(3) $\frac{1}{3}$ と同じ大きさの分数をすべて答えなさい。

(　　　)

(4) $\frac{8}{12}$ と同じ大きさの分数をすべて答えなさい。

(　　　)

学習日〔　　月　　日〕

時間 25分	得点
合格 35点	50点

上級レベル 86 分　数 (2)

1 次の□にあてはまる数を求めなさい。(3点×4)

(1) $\frac{1}{3}=\frac{5}{①}=\frac{②}{24}$

①(　　　) ②(　　　)

(2) $\frac{16}{24}=\frac{①}{6}=\frac{12}{②}$

①(　　　) ②(　　　)

2 次の分数のうち，それぞれいちばん大きい分数を選びなさい。(4点×4)

(1) $3\frac{1}{2}$, $\frac{5}{2}$, $\frac{9}{2}$

(2) $2\frac{3}{7}$, $2\frac{3}{5}$, $2\frac{3}{8}$

(　　　) (　　　)

(3) $\frac{34}{11}$, $3\frac{3}{11}$, $\frac{65}{22}$

(4) $1\frac{2}{3}$, $1\frac{5}{9}$, $1\frac{7}{12}$

(　　　) (　　　)

3 次の分数を(　)の中の順に書きなさい。(5点×2)

(1) $1\frac{3}{15}$, $1\frac{3}{7}$, $1\frac{3}{11}$, $1\frac{3}{13}$ (小さい順)

(　　　)

(2) $\frac{11}{8}$, $1\frac{5}{8}$, $\frac{9}{8}$, $1\frac{3}{16}$ (大きい順)

(　　　)

4 次の問いに答えなさい。(4点×3)

(1) 分母が16までの分数で，$\frac{1}{4}$と同じ大きさのものをすべて答えなさい。

(　　　)

(2) 分母が10で，$\frac{4}{5}$より大きく，1より小さい分数を答えなさい。

(　　　)

(3) 分母が18で，$1\frac{2}{9}$より大きく，$1\frac{3}{9}$より小さい帯分数を答えなさい。

(　　　)

学習日〔　　月　　日〕

標準レベル 87

分数のたし算

時間 20分	得点
合格 40点	/50点

1 次の計算をしなさい。（3点×10）

(1) $\frac{1}{5}+\frac{3}{5}$

(2) $\frac{3}{9}+\frac{5}{9}$

(3) $\frac{5}{3}+\frac{2}{3}$

(4) $\frac{3}{8}+\frac{7}{8}$

(5) $3\frac{4}{7}+\frac{1}{7}$

(6) $1\frac{2}{9}+2\frac{5}{9}$

(7) $4\frac{2}{5}+2\frac{4}{5}$

(8) $2\frac{3}{10}+3\frac{9}{10}$

(9) $\frac{1}{7}+\frac{3}{7}+\frac{5}{7}$

(10) $1\frac{1}{9}+\frac{4}{9}+3\frac{7}{9}$

2 次の問いに答えなさい。（5点×4）

(1) 重さが $\frac{3}{8}$ kg の入れ物に，さとうを $\frac{7}{8}$ kg 入れました。全体の重さは何 kg ですか。

（　　　　）

(2) 工作で，はり金を $\frac{6}{5}$ m 使ったので，残(のこ)りが $\frac{3}{5}$ m になりました。はり金は，はじめに何 m ありましたか。

（　　　　）

(3) $4\frac{2}{9}$ m のテープがあります。今日 $3\frac{8}{9}$ m を買ってくると，あわせて何 m になりますか。

（　　　　）

(4) はなこさんは，これまでに，毛糸のひもを $1\frac{2}{5}$ m あみました。今日 $\frac{4}{5}$ m あんで，明日 $2\frac{3}{5}$ m あむと，全部で何 m になりますか。

（　　　　）

学習日〔　月　日〕

時間 25分	得点
合格 35点	50点

上級レベル 88 分数のたし算

1 次の計算をしなさい。（3点×8）

(1) $\frac{3}{13}+\frac{7}{13}+\frac{11}{13}$

(2) $\frac{4}{5}+\frac{8}{5}+\frac{3}{5}$

(3) $1\frac{1}{6}+2\frac{5}{6}+\frac{11}{6}$

(4) $3\frac{1}{8}+1\frac{7}{8}+5\frac{5}{8}$

(5) $1\frac{1}{11}+\frac{9}{11}+3\frac{5}{11}$

(6) $1\frac{1}{7}+\frac{9}{7}+3\frac{5}{7}$

(7) $1\frac{6}{13}+3\frac{7}{13}+2\frac{1}{13}+1\frac{12}{13}$

(8) $3\frac{9}{17}+2\frac{5}{17}+4\frac{1}{17}+1\frac{6}{17}$

2 次の□にあてはまる分数を答えなさい。（4点×2）

(1) $\frac{1}{6}$ 時間 $+40$ 分 $=$ □ 時間

（　　　）

(2) 40 cm$+\frac{3}{10}$ m$=$ □ m

（　　　）

3 次の問いに答えなさい。（6点×3）

(1) 横の長さが $2\frac{5}{8}$ m ある花だんがあります。この花だんの横の長さを $1\frac{7}{8}$ m のばすと，横の長さは何 m になりますか。

（　　　）

(2) 大，中，小の 3 つの箱に，みかんがそれぞれ，$2\frac{2}{9}$ kg，$1\frac{4}{9}$ kg，$\frac{5}{9}$ kg 入っています。みかん全部の重さは何 kg ですか。

（　　　）

(3) $1\frac{4}{5}$ L 入りの牛にゅうのびんが 2 本と $1\frac{1}{5}$ L 入りの牛にゅうのびんが 1 本あります。牛にゅうは全部で何 L ありますか。

（　　　）

学習日〔　　月　　日〕

標準レベル

89 分数のひき算

時間 20分	得点
合格 40点	50点

1 次の計算をしなさい。(3点×10)

(1) $\frac{3}{7}-\frac{1}{7}$

(2) $\frac{8}{11}-\frac{6}{11}$

(3) $\frac{7}{3}-\frac{2}{3}$

(4) $\frac{14}{9}-\frac{3}{9}$

(5) $2\frac{4}{7}-\frac{3}{7}$

(6) $3\frac{2}{5}-\frac{4}{5}$

(7) $6\frac{1}{4}-3\frac{3}{4}$

(8) $4\frac{5}{12}-1\frac{7}{12}$

(9) $\frac{25}{7}-\frac{5}{7}-2\frac{4}{7}$

(10) $6\frac{4}{9}-2\frac{2}{9}-3\frac{7}{9}$

2 次の問いに答えなさい。(5点×4)

(1) 3 m のテープから $\frac{3}{8}$ m だけ切り取りました。残(のこ)りの長さは何 m になりますか。

(　　　　)

(2) 油が $\frac{7}{5}$ L ありましたが，何 L か使ったので，残りが $\frac{3}{5}$ L になりました。何 L 使いましたか。

(　　　　)

(3) 牛にゅうが $4\frac{3}{5}$ L ありましたが，そのうちの $2\frac{1}{5}$ L を飲みました。残りの牛にゅうは何 L ですか。

(　　　　)

(4) $3\frac{1}{8}$ m のはり金があります。これから，$\frac{3}{8}$ m と $1\frac{5}{8}$ m の長さの 2 本を切り取りました。残ったはり金は何 m ですか。

(　　　　)

学習日〔　月　日〕

上級レベル 90

分数のひき算

時間 25分	得点
合格 35点	50点

1 次の計算をしなさい。（3点×8）

(1) $\frac{10}{11}-\frac{2}{11}-\frac{5}{11}$

(2) $\frac{13}{15}-\frac{1}{15}-\frac{8}{15}$

(3) $4\frac{1}{6}-2\frac{5}{6}-\frac{7}{6}$

(4) $9\frac{7}{8}-3\frac{3}{8}-1\frac{5}{8}$

(5) $7-\frac{9}{5}-3\frac{2}{5}$

(6) $3\frac{6}{7}-\frac{1}{7}-1\frac{5}{7}$

(7) $11\frac{3}{8}-2\frac{5}{8}-1\frac{7}{8}-4\frac{1}{8}$

(8) $12-3\frac{1}{9}-1\frac{5}{9}-3\frac{8}{9}$

2 次の□にあてはまる分数を答えなさい。（4点×2）

(1) $2\frac{1}{3}$ 時間 −40 分＝□時間

（　　　）

(2) $\frac{7}{10}$ km−600 m＝□km

（　　　）

3 次の問いに答えなさい。（6点×3）

(1) 学校から公園までは $2\frac{5}{8}$ km，公園に行くとちゅうにある駅までは $\frac{3}{8}$ km はなれています。公園から駅までは何 km ですか。

（　　　）

(2) 8 m のテープを，きのうは $2\frac{2}{5}$ m，今日は $3\frac{4}{5}$ m 使いました。残(のこ)りのテープは何 m ですか。

（　　　）

(3) $2\frac{1}{4}$ L まで入るびんに，$\frac{3}{4}$ L 入りのコップで 2 はい分入れました。びんにはあと何 L 入りますか。

（　　　）

学習日〔　月　日〕

時間 30分	得点
合格 35点	50点

91 最上級レベル 13

1 次の計算をしなさい。(5点×4)

(1) $5\frac{6}{11}-2\frac{8}{11}+1\frac{5}{11}$　(2) $3\frac{4}{5}+2\frac{3}{5}-4\frac{2}{5}$

(3) $5\frac{2}{7}+\left(3\frac{3}{7}-2\frac{5}{7}\right)$　(4) $4\frac{2}{9}-\left(1\frac{2}{9}+2\frac{5}{9}\right)$

2 たろう君は算数と国語のテストを5回受けました。右のグラフは，その結果をまとめたものです。**次の問いに答えなさい。**(5点×2)

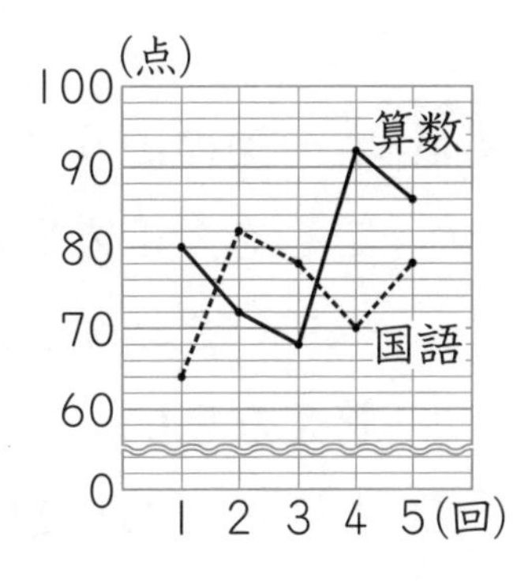

(1) 算数と国語の点数の差がいちばん大きいのは，何回ですか。

(　　　　)

(2) 国語のいちばん高い点数と算数のいちばん低い点数の差を求めなさい。

(　　　　)

3 ある小学校で，4年生120人のピーマンときゅうりの好ききらいを調べたところ，次のようになりました。**あとの問いに答えなさい。**(5点×2)

・ピーマンがきらいな人…52人
・きゅうりが好きな人……31人
・どちらもきらいな人……46人

(1) ピーマンが好きな人の人数を求めなさい。

(　　　　)

(2) 両方とも好きな人の人数を求めなさい。

(　　　　)

4 長さが34 cmのはり金で長方形を作り，右の表のようにまとめました。**次の問いに答えなさい。**(5点×2)

たて(cm)	1	2	3	4	…
横(cm)	16	15	14	13	…

(1) たての長さを□cm，横の長さを△cmとして，□と△の関係を式で表しなさい。

(　　　　)

(2) たての長さが8 cmのときの長方形の面積を求めなさい。

(　　　　)

学習日〔　　月　　日〕

92 最上級レベル 14

時間 30分	得点
合格 35点	50点

1 次の計算をしなさい。(5点×4)

(1) $1\frac{4}{5}+2\frac{2}{5}-1\frac{1}{5}+\frac{3}{5}$　(2) $3\frac{1}{4}-\frac{3}{4}-1\frac{1}{4}+\frac{5}{4}$

(3) $\left(2\frac{5}{7}-\frac{6}{7}\right)+\left(5\frac{1}{7}-2\frac{3}{7}\right)$　(4) $\left(6\frac{1}{9}-1\frac{5}{9}\right)-\left(1\frac{7}{9}+2\frac{4}{9}\right)$

2 子ども会でお花見に参加(さんか)した人数を調べると，次のようになりました。**あとの問いに答えなさい。**(5点×2)

・男 24 人，女 20 人

・子ども 26 人

・男の子ども 14 人

(1) 女の子どもは何人ですか。

(　　　　)

(2) 参加した大人は全部で何人ですか。

(　　　　)

3 30 人のクラスで算数のテストがありました。問題は 3 題あり，1 番が 2 点，2 番が 3 点，3 番が 5 点です。次の表は，その結果(けっか)をまとめたものです。また，3 番ができた人は全部で 22 人いました。**あとの問いに答えなさい。**

(5点×2)

点数(点)	0	2	3	5	7	8	10
人数(人)	1	2	4	6	7	6	4

(1) 3 番だけができた人は何人いますか。

(　　　　)

(2) 1 番ができた人は全部で何人いますか。

(　　　　)

4 右の図のように，白と黒のご石を，正方形の形にならべていきます。**次の問いに答えなさい。**(5点×2)

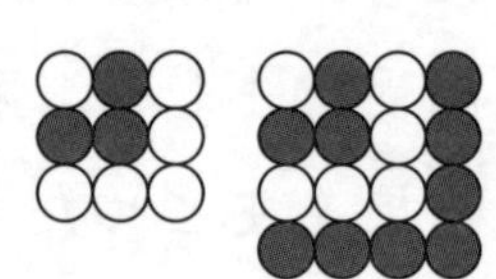

(1) 1 辺(ぺん)のご石の数が 5 このときの正方形でならんでいる白のご石のこ数を求(もと)めなさい。

(　　　　)

(2) 1 辺のご石の数が 8 このとき，白と黒のどちらのご石が何こ多いか求めなさい。

(　　　　)

学習日〔　月　日〕

標準レベル 93

文章題特訓 (1) (和差算)

時間 25分	得点
合格 40点	50点

1 次の問いに答えなさい。(5点×5)

(1) 大小2つの数があります。その2つの数の和は230で，差(さ)は30です。大きいほうの数はいくらですか。

(　　　　)

(2) あるクラスの児童(じどう)の人数は40人です。男子が女子より4人多いとき，このクラスの女子は何人ですか。

(　　　　)

(3) A(エー)さんはB(ビー)さんより900円多くお金を持っています。また，2人の持っているお金の合計は3900円です。Aさんが持っているお金はいくらですか。

(　　　　)

(4) たろう君とお母さんの年れいの和は47才です。お母さんとたろう君の年れいの差は25才です。たろう君は何才ですか。

(　　　　)

(5) 長方形の形をした土地があります。この土地のまわりの長さは420mで，横の長さはたての長さより40m長いそうです。この土地のたての長さは何mですか。

(　　　　)

2 次の問いに答えなさい。(5点×5)

(1) AさんとBさんがあわせて牛にゅうを2L5dL飲みました。AさんはBさんより7dL少なく飲んだそうです。Bさんが飲んだ牛にゅうは何dLですか。

(　　　　)

(2) お姉さんははなこさんより200円多く貯金(ちょきん)があります。2人の貯金の合計は1600円です。はなこさんの貯金はいくらですか。

(　　　　)

(3) ある学校のクラスは合計38人で，男子が女子より6人少ないそうです。このクラスの男子は何人ですか。

(　　　　)

(4) ある日の昼の長さは，夜の長さより3時間20分長かったそうです。この日の昼の長さは何時間何分でしたか。

(　　　　)

(5) ノートと消しゴムを買い，合計で150円はらいました。消しゴムのねだんはノートより30円安かったです。ノートのねだんはいくらでしたか。

(　　　　)

1回 20回 40回 60回 80回 100回 120回 GOAL

学習日〔 月 日〕

上級レベル 94 文章題特訓 (1)（和差算）

時間 30分	得点
合格 35点	50点

1 次の問いに答えなさい。（5点×4）

(1) 姉妹でおこづかいを出しあって，母に2500円のプレゼントを買いました。姉は妹より600円多く出しました。妹が出したお金はいくらでしたか。

（　　　　）

(2) 母と兄弟2人が，それぞれ体重をはかりました。兄は弟よりも5kg重く，母は兄よりも24kg重いことがわかりました。また，3人の体重の合計は130kgでした。これについて，次の問いに答えなさい。

① 母は弟よりも何kg重いですか。

（　　　　）

② 母の体重を求(もと)めなさい。

（　　　　）

(3) 長さ8mのひもを切って，A(エー)，B(ビー)，C(シー)の3本に分けました。AはBより96cm長く，CはAより56cm長くなりました。Cのひもの長さを求めなさい。

（　　　　）

2 次の問いに答えなさい。（6点×5）

(1) A，B，Cの3つの組があります。A組の生徒(せいと)はB組の生徒より3人少なく，C組の生徒はB組の生徒より2人多いそうです。3組の生徒の合計が122人であるとき，A組の生徒の人数を求めなさい。

（　　　　）

(2) A，B，Cの3つの数があります。AからBをひいた差(さ)は22，AからCをひいた差は23，BとCの和は99です。次の問いに答えなさい。

① BとCの差はいくらですか。

（　　　　）

② Aはいくらですか。

（　　　　）

(3) A，B，Cの3つの数があります。AからBをひいた差は15，AからCをひいた差は19，BとCの和は16です。A，B，Cの和を求めなさい。

（　　　　）

(4) 60cmのひもから2cmずつ長さのちがう4本のひもを切り分けます。いちばん長いひもの長さを求めなさい。

（　　　　）

学習日〔　　月　　日〕

標準レベル 95 文章題特訓 (2) (植木算)

時間 25分	得点
合格 40点	50点

1 次の問いに答えなさい。(5点×5)

(1) 長さ 100 m の道のかた側(がわ)に，はしからはしまで 5 m おきに木を植えるには何本の木が必要(ひつよう)ですか。

(　　　　)

(2) 40 m はなれた 2 本の木があります。この木の間に 5 m おきにつつじを植えるとき，何本のつつじが必要ですか。

(　　　　)

(3) まわりの長さが 60 m の池のまわりに 4 m おきに木を植えるには何本の木が必要ですか。

(　　　　)

(4) 長さ 300 m の道の両側に，はしからはしまで 50 m おきに木を植えたいと思います。木は何本用意すればよいですか。

(　　　　)

(5) 2 本の木の間に 10 本のつつじが 5 m おきに植えてあります。この 2 本の木は何 m はなれていますか。

(　　　　)

2 次の問いに答えなさい。(5点×5)

(1) 道のかた側に，はしからはしまで 10 m おきに木を植えると，18 本必要でした。この道の長さは何 m ですか。

(　　　　)

(2) まわりの長さが 240 m の円の形をした池があります。この池のまわりに同じ間かくで 15 本の木を植えました。何 m おきに木を植えましたか。

(　　　　)

(3) 長さ 154 m の道のかた側に，両はしをのぞいて木を植えると，木が 10 本必要でした。何 m おきに木を植えましたか。

(　　　　)

(4) まわりの長さが 240 m の土地があります。この土地のまわりには，同じ間かくで松(まつ)の木が 12 本植えてあります。これについて，次の問いに答えなさい。

① 松の木の間かくは何 m ですか。

(　　　　)

② 松の木の間に，つつじを同じ間かくで 4 本ずつ植えるとすると，つつじは何mおきに植えたらよいですか。

(　　　　)

学習日〔　　月　　日〕

上級レベル 96 文章題特訓 (2) (植木算)

時間 30分	得点
合格 35点	50点

1 次の問いに答えなさい。(6点×5)

(1) 長さ180mの道のかた側に，はしからはしまで木を植えると，木が13本必要でした。木と木の間かくは何mですか。

(　　　　)

(2) 丸い池のまわりに，8mおきに木を植えると，木は13本必要でした。この池のまわりの長さを求めなさい。

(　　　　)

(3) 道のかた側に，両はしをのぞいて15mおきに木を植えると，木が17本必要でした。この道の長さを求めなさい。

(　　　　)

(4) 長さが17cmのテープを，のりしろをどこも3cmにして，何本かまっすぐにつないだところ，全体の長さが199cmになりました。つないだテープの本数を求めなさい。

(　　　　)

(5) 次の図のようなリングを5こつないだときの全体の長さを求めなさい。

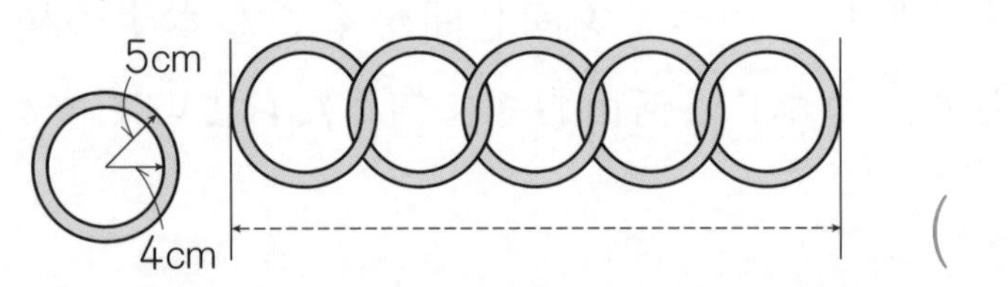

(　　　　)

2 次の問いに答えなさい。(5点×4)

(1) A地点から630mはなれたB地点まで木を植えました。A地点から20mおきに植えたところ，最後の木はB地点の30m手前のところになりました。次の問いに答えなさい。

① 木は何本ありますか。

(　　　　)

② 最後の木をちょうどB地点のところに植えるには，何mおきに植えるとよいですか。

(　　　　)

(2) 右の図のように，1辺の長さが24cmの正方形のまわりに，頂点から4cmおきに点を打っていきます。点は全部で何こ打つことになりますか。

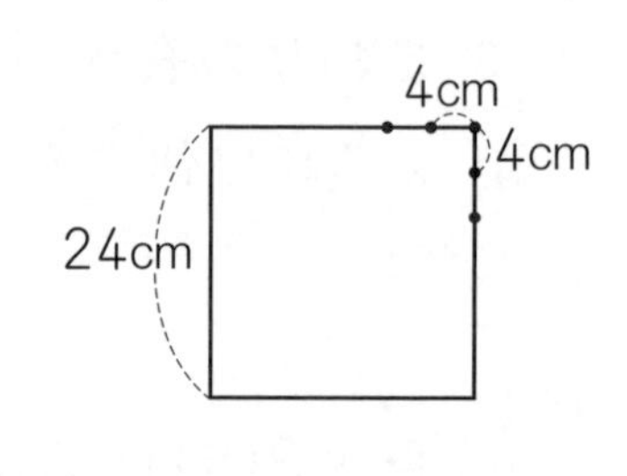

(　　　　)

(3) まわりの長さが200mの池のまわりに8mおきにさくらの木を植え，さくらの木とさくらの木の間に2mおきにくいを打ちます。くいは全部で何本必要ですか。

(　　　　)

学習日〔　　月　　日〕

時間 25分	得点
合格 40点	50点

標準レベル 97 文章題特訓 (3) (周期算)

1 次の問いに答えなさい。(5点×4)

(1) 黒石と白石が次のように 50 こならんでいます。これについて，次の問いに答えなさい。

○●●○○○●●○○○●●○○○……

① 最後(さいご)の石は，黒と白のどちらですか。

(　　　　　)

② 黒石は全部で何こありますか。

(　　　　　)

(2) A(エー)，B(ビー) 2 種類(しゅるい)の文字を，次のように全部で 40 こならべました。A は全部で何こありますか。

AABBBAABBBAABBBA……

(　　　　　)

(3) 1，2，3 の 3 種類の数字を，次のようにならべました。左から 26 番目の数字は何ですか。

1223122312231 22……

(　　　　　)

2 次の問いに答えなさい。(6点×3)

(1) 白と黒のご石を，次のように 35 こならべました。最後のご石は白，黒のどちらですか。

●○○●●○●○○●●○●○○●●○●○○……

(　　　　　)

(2) 1，2，3 の 3 種類の数字を，次のようにならべました。左から 77 番目の数字を求めなさい。

2311323113231132311323113……

(　　　　　)

(3) 白と黒のご石を，次のように全部で 60 こならべました。●は○よりも何こ多いですか。

●○○●○●●●○○●○●●●……

(　　　　　)

3 マッチぼうを使って，右の図のようにならべていきます。

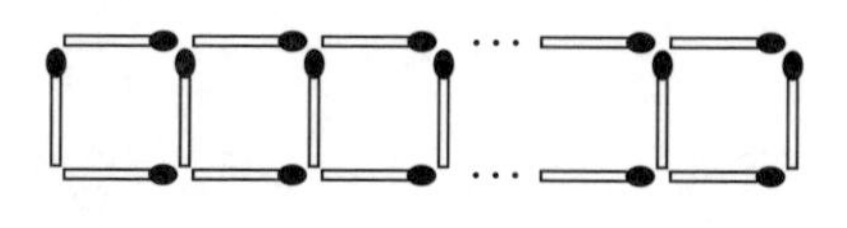

これについて，次の問いに答えなさい。(6点×2)

(1) 正方形が 8 こできたとき，使ったマッチぼうは全部で何本ですか。

(　　　　　)

(2) 正方形を 20 こつくるためには全部で何本のマッチぼうがいりますか。

(　　　　　)

学習日〔　月　日〕

上級レベル 98 文章題特訓 (3)（周期算）

時間 30分	得点
合格 35点	50点

1 次のように，○，×，△のしるしがならんでいます。**これについて，あとの問いに答えなさい。**（6点×3）

○×△×△△○×△×△△○×△×△△○×△×△……

(1) はじめから32番目のしるしは何ですか。

（　　　　）

(2) はじめから100番目のしるしは何ですか。

（　　　　）

(3) はじめから100番目のしるしまでに，△は何こありますか。

（　　　　）

2 次のように，A（エー），B（ビー），C（シー）の文字があわせて130こならんでいます。**これについて，あとの問いに答えなさい。**（6点×2）

ABCBABCBABCBABCBAB……

(1) はじめから119番目の文字は何ですか。

（　　　　）

(2) Bは全部で何こありますか。

（　　　　）

3 1，2，3，4の4つの数字を，次のように全部で185こならべました。**これについて，あとの問いに答えなさい。**（5点×2）

231342231342231342231342231342……

(1) はじめの2から39番目の数字までの和を求（もと）めなさい。

（　　　　）

(2) はじめの2から順（じゅん）に何番目かの数字まで加（くわ）えたところ，その和が156になりました。何番目の数字まで加えましたか。

（　　　　）

4 1本の長さが3cmのはり金をならべて，右の図のような図形を作ります。**これについて，次の問いに答えなさい。**（5点×2）

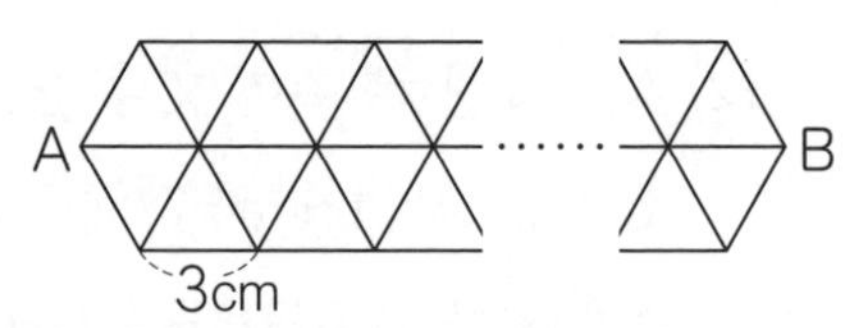

(1) ABの長さが30cmの図形を作ると，1辺（ぺん）の長さが3cmの正三角形が何こできますか。

（　　　　）

(2) 250本のはり金を使ったときのABの長さを求めなさい。

（　　　　）

学習日〔　月　日〕

標準レベル 99

文章題特訓（4）（方陣算）

時間 25分	得点
合格 40点	50点

1 次の問いに答えなさい。（5点×5）

(1) おはじきをすきまなくならべて，1辺(へん)が7この正方形をつくりました。次の問いに答えなさい。

① おはじきの数は全部で何こありますか。

（　　　）

② 外側(そとがわ)のまわりにならんだおはじきの数は何こですか。

（　　　）

(2) 5円玉を正方形になるようにならべたら，1辺が5こになりました。たて，横ともあと1列ずつふやすには，5円玉があと何こいりますか。

（　　　）

(3) おはじきを正方形にすきまなくならべたら，1辺が6こになりました。外側にもう1列ふやすには，おはじきがあと何こいりますか。

（　　　）

(4) 100円こう貨(か)を正方形にすきまなくならべると，4こあまったので，たて，横とも1列ずつふやすと7こたりませんでした。100円こう貨は全部で何こありますか。

（　　　）

2 ご石を1辺が10この正方形になるように，すきまなくならべました。**次の問いに答えなさい。**（5点×4）

(1) ご石の数は全部で何こありますか。

（　　　）

(2) 外側のまわりの数は何こですか。

（　　　）

(3) たて，横を1列ずつふやすには，あと何こいりますか。

（　　　）

(4) 外側のまわりに1列ふやすには，あと何こいりますか。

（　　　）

3 何こかのおはじきを正方形にならべたら20こあまりました。そこで，たても横も1列ずつふやしたら15こ足りなくなりました。**おはじきは何こありますか。**（5点）

（　　　）

学習日［　　月　　日］

上級レベル 100

文章題特訓 (4)（方陣算）

時間 30分	得点
合格 35点	50点

1 おはじきを正三角形の形にすきまなくならべます。**次の問いに答えなさい。**（5点×2）

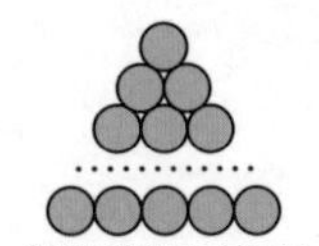

(1) 1辺(へん)に10このおはじきをならべると，おはじきの数は全部で何こになりますか。

（　　　　）

(2) いちばん外側(そとがわ)のひとまわりに24このおはじきをならべると，おはじきの数は全部で何こになりますか。

（　　　　）

2 おはじきを直角二等辺三角形(ちょっかくにとうへんさんかくけい)の形にすきまなくならべます。**次の問いに答えなさい。**（5点×2）

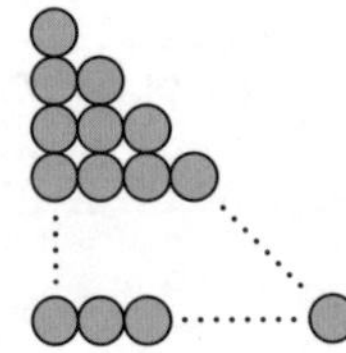

(1) 1番下のだんに8このおはじきがならんでいるとき，おはじきは全部で何こありますか。

（　　　　）

(2) いちばん外側のひとまわりに15このおはじきがならんでいるとき，おはじきは全部で何こありますか。

（　　　　）

3 右の図のように，白と黒のご石をこうごに使って，正方形をつくります。**いちばん外側の正方形の1辺にご石が14こならんだとき，次の問いに答えなさい。**（6点×2）

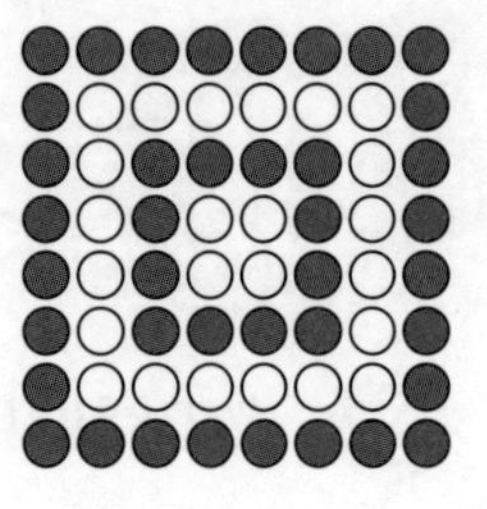

(1) いちばん外側のご石は何色で，何こになりますか。

（　　　　）

(2) 白のご石は何こ使いましたか。

（　　　　）

4 ご石をたてに7こずつ，横に12こずつすきまなくならべた長方形をつくりました。**次の問いに答えなさい。**（6点×3）

(1) 全部で何このご石をならべましたか。

（　　　　）

(2) いちばん外側のひとまわりにならんでいるご石の数は何こですか。

（　　　　）

(3) この長方形の外側にもうひとまわりご石をならべるには，あと何このご石がいりますか。

（　　　　）

学習日〔　　月　　日〕

標準レベル 101 文章題特訓 (5) (日暦算)

時間 25分	得点
合格 40点	50点

1 次の問いに答えなさい。(5点×5)

(1) 3月1日から7月1日までは何日ありますか。

(　　　　)

(2) ある年の4月1日が火曜日です。次の問いに答えなさい。

① この年の8月5日は何曜日になりますか。

(　　　　)

② この年の9月の最初(さいしょ)の日曜日は9月何日になりますか。

(　　　　)

(3) 次のア～エの年から，うるう年にあたるものを選(えら)んで，記号で答えなさい。

ア 2007年　イ 2010年　ウ 2013年　エ 2016年

(　　　　)

(4) 2014年4月1日は火曜日です。来年の4月1日は何曜日になりますか。

(　　　　)

2 2014年4月21日は月曜日です。これについて，次の問いに答えなさい。(5点×3)

(1) 4月21日から5月5日までは何日ありますか。

(　　　　)

(2) 5月5日は何曜日ですか。

(　　　　)

(3) 2015年4月21日は何曜日ですか。

(　　　　)

3 2015年7月7日は火曜日です。これについて，次の問いに答えなさい。(5点×2)

(1) 2015年7月7日から2016年7月7日までは何日ありますか。

(　　　　)

(2) 2016年7月7日は何曜日ですか。

(　　　　)

学習日〔　　月　　日〕

上級レベル 102

文章題特訓 (5) (日暦算)

時間 30分	得点
合格 35点	50点

1 右の図は，ある年の8月のカレンダーで，下の部分がやぶれていて見えません。**次の問いに答えなさい。** (6点×4)

8月

日	月	火	水	木	金	土
①	2	3	4	5	6	7
⑧	9	10	11	12	13	14

(1) この月の最後(さいご)の日は何曜日ですか。

(　　　　)

(2) この月の日曜日は何回ありますか。

(　　　　)

(3) 8月1日から50日目は，何月何日の何曜日になりますか。

(　　　　)

(4) この年の12月31日は何曜日ですか。

(　　　　)

2 ある年の5月5日は土曜日です。**よく年の1月15日は何曜日になりますか。** (6点)

(　　　　)

3 たろう君のたん生日は，4月29日から数えて41日目です。**次の問いに答えなさい。** (5点×2)

(1) たろう君のたん生日は何月何日ですか。

(　　　　)

(2) ある年の4月29日は金曜日でした。この年のたろう君のたん生日は何曜日ですか。

(　　　　)

4 たかえさんが生まれた年はうるう年で，1月1日は日曜日でした。**次の問いに答えなさい。** (5点×2)

(1) たかえさんが生まれた次の年の1月1日は何曜日ですか。

(　　　　)

(2) たかえさんが生まれた年の最後の日曜日は，12月何日ですか。

(　　　　)

学習日〔　月　日〕

標準レベル 103

文章題特訓 (6)（年れい算）

時間 25分	得点
合格 40点	50点

1 次の問いに答えなさい。(6点×6)

(1) 今，たろう君は 10 才で，お母さんは 38 才です。お母さんの年れいがたろう君の年れいの 2 倍になるのは何年後ですか。

（　　　）

(2) 今，やすお君は 7 才で，お父さんは 43 才です。お父さんの年れいがやすお君の年れいの 4 倍になるのは何年後ですか。

（　　　）

(3) 今，お父さんは 65 才で，子どもは 29 才です。お父さんの年れいが子どもの年れいの 4 倍だったのは何年前ですか。

（　　　）

(4) たろう君の 12 年後の年れいは，2 年前の年れいの 3 倍です。たろう君の今の年れいは何才ですか。

（　　　）

(5) 今，はるこさんは 11 才，弟は 7 才です。17 年後に 2 人の年れいの和がお母さんの年れいと等しくなります。お母さんの今の年れいは何才ですか。

（　　　）

(6) 姉と妹の年れいの差(さ)は 6 才です。10 年後の 2 人の年れいの和は 42 才になります。姉の今の年れいは何才ですか。

（　　　）

2 次の問いに答えなさい。(7点×2)

(1) 今，兄があめを 13 こ，弟が 5 こ持っています。2 人が同じ数ずつあめを買ったところ，兄のあめの数が弟のあめの数の 2 倍になりました。あめを何こずつ買ったか求(もと)めなさい。

（　　　）

(2) はなこさんはおはじきを 50 こ，妹は 20 こ持っています。2 人が同じ数ずつ弟にあげると，はなこさんのおはじきの数が妹の 3 倍になりました。おはじきを何こずつあげたか求めなさい。

（　　　）

学習日〔　　月　　日〕

上級レベル 104 文章題特訓 (6)（年れい算）

時間 30分	得点
合格 35点	50点

1 次の問いに答えなさい。（6点×5）

(1) 今，お母さんと子どもの年れいの和は48才ですが，4年前には，お母さんの年れいは子どもの年れいの4倍でした。子どもの今の年れいを求(もと)めなさい。

（　　　　）

(2) お父さんと子どもの年れいの和は50才です。3年後のお父さんの年れいは，子どもの年れいのちょうど3倍になります。お父さんの今の年れいを求めなさい。

（　　　　）

(3) 今，はなこさんとお父さんの年れいの和は56才です。今から3年前には，はなこさんの年れいはお父さんの4分の1でした。はなこさんの年れいがお父さんの年れいの3分の1になるのは何年後ですか。

（　　　　）

(4) はるこさんのお父さんは，はるこさんより30才年上です。また，今から4年後に，お父さんの年れいは，はるこさんの年れいの3倍になります。はるこさんの今の年れいは何才ですか。

（　　　　）

(5) 今，お父さんは41才で，2人の子どもの年れいは10才と6才です。お父さんの年れいが2人の子どもの年れいの和と等しくなるのは何年後ですか。

（　　　　）

2 A(エー)さんとB(ビー)さんが持っているお金の合計は1640円です。AさんがBさんに180円をわたすと，2人の持っているお金が等しくなります。次の問いに答えなさい。（5点×2）

(1) AさんはBさんよりもいくら多く持っていますか。

（　　　　）

(2) Aさんが持っているお金はいくらですか。

（　　　　）

3 今，兄と弟の年れいの和は25才です。弟の年れいが，今の年れいの3倍になるとき，2人の年れいの和は65才になります。次の問いに答えなさい。（5点×2）

(1) 弟の年れいが今の3倍になるのは何年後ですか。

（　　　　）

(2) 兄の今の年れいは何才ですか。

（　　　　）

学習日〔　月　日〕

標準レベル 105 文章題特訓（7）（条件整理）

時間 25分	得点
合格 40点	50点

1 次の問いに答えなさい。（4点×3）

(1) A，B，C，D（エー　ビー　シー　ディー）の4本のテープの長さをくらべると，AはDより長く，BはCより短く，DはCより長くなっていました。4本のテープのうち，いちばん短いテープはどれですか。

（　　　　）

(2) 次の式のA，B，C，D，E（イー）の5つの文字は，0，1，2，3，4のどれかを表しています。このとき，CとEが表している数を求（もと）めなさい。

B×B=A　　D+C=D　　D−E=B

C（　　　）　E（　　　）

2 右の図のようなます目に，1から9までの数字を1つずつ入れて，たて，横，ななめのどの数字の和もすべて等しくなるようにします。次の問いに答えなさい。（4点×2）

2		6
	ア	
	イ	

(1) アとイに入る数字の和を求めなさい。

（　　　　）

(2) イに入る数字を求めなさい。

（　　　　）

3 次の問いに答えなさい。（5点×6）

(1) 右の計算で，A，Bにあてはまる数をそれぞれ求めなさい。

```
    A 9 B
  ×   C 4
  ───────
    □3□8
  □7□1
  ───────
  2 0 2 9 8
```

A（　　　）　B（　　　）

(2) 右の計算で，A，Bにあてはまる数をそれぞれ求めなさい。

```
    4 □ □
  ×   1 7
  ───────
  2 9 4 A
  4 □ □
  ───────
  □ B 5 □
```

A（　　　）　B（　　　）

(3) A，B，C，Dの4人の体重をはかったところ，AはDより軽く，BはCより重く，CはDより重くなっていました。4人のうち，体重がいちばん重い人はだれですか。

（　　　　）

(4) 右の図で，たて，横，ななめの和がすべて等しいとき，イにあてはまる数字を求めなさい。

6	ア	14
20	イ	4
ウ	8	エ

（　　　　）

学習日〔　月　日〕

上級レベル 106 文章題特訓(7)(条件整理)

時間 30分	得点
合格 35点	50点

1 次の問いに答えなさい。(5点×4)

(1) A, B, C, D, E, F, G は 1, 2, 3, 4, 5, 6, 7 のそれぞれちがういずれかの整数を表しています。次のア～エのじょうけんが成り立つとき，A はいくつですか。

ア E×A=A　イ B×G=C

ウ D+B=F　エ D÷G=G

(　　　　)

(2) 右の図で，たて，横の 4 つの数の和がすべて等しくなるように 1～16 の整数を 1 つずつ入れるとき，ア，イにあてはまる数を求めなさい。

4		5	
14		ア	2
15	イ		3
1		8	13

ア(　　　　)　イ(　　　　)

(3) 右の□に 0～9 の数字をあてはめて計算が成り立つようにします。このとき，アにあてはまる数を求めなさい。

```
      2 8 7
  ×     □□
  ---------
      □□1
  □□□□
  ---------
  1 8 0 ア 1
```

(　　　　)

2 次の問いに答えなさい。(6点×5)

(1) A, B, C, D, E, F, G は 1～9 のそれぞれちがういずれかの整数を表し，次のア～エが成り立っています。このとき，A はいくつですか。

ア A+B=G　イ B+D=E　ウ B×C=G　エ E×E=F

(　　　　)

(2) 右の□に 0～9 の数字をあてはめて計算が成り立つようにします。このとき，アにあてはまる数を求めなさい。

```
    □□7□□
    □1 0□9
     □0 0 6
  +      □9
  ----------
  2ア□□□1
```

(　　　　)

(3) 右の計算で，A, B, C, D, E, F, G, H は 0～9 のそれぞれちがういずれかの整数を表します。A, B にあてはまる数をそれぞれ求めなさい。

```
     A B
   × A B
   -----
     C D B
   E B F
   -------
   A G H B
```

A(　　　　)　B(　　　　)

(4) 1, 3, 5, 7, 9, 11, 13, 15 の 8 この数字があります。このうちの 7 この和から残りの 1 こをひいたところ，42 になりました。ひいた数を求めなさい。

(　　　　)

学習日〔　月　日〕

標準レベル 107 文章題特訓（8）（推理）

時間 25分	得点
合格 40点	50点

1 A，B，Cの３本のマジックがあり，色は赤，青，黄の３色です。Aは黄ではなく，青はAではありません。また，黄はCではありません。**このとき，それぞれのマジックの色を答えなさい。**（10点）

（A　　，B　　，C　　）

2 A，B，Cの３人は，それぞれ自分のぼうしと自分のかばんは持たないように，別々に交かんしました。Bのぼうしをかぶった人はAのかばんを持ちました。**Cのかばんを持っているのはだれですか。**（10点）

（　　）

3 A，B，C，D，Eの５人でゲームをしました。**次のア～ウのことから，A，B，C，D，Eの順位を上からならべなさい。**ただし同じ順位はないものとします。（10点）

ア　Aは３位でした。

イ　BはAより順位が下でした。

ウ　CはDより順位が２番上でした。

（　　）

4 A，B，C，Dの４人が100ｍ競走をしました。そのときの結果について，次のことがわかっています。**このとき，１位から４位までを順に答えなさい。**（10点）

ア　BのすぐあとにDがゴールしました。

イ　Aは１位でも４位でもありませんでした。

ウ　Cより先にゴールした人が２人以上いました。

（１位　　，２位　　，３位　　，４位　　）

5 A，B，C，D，Eの５人が，次のように横一列にならびました。**このとき，左から３番目にならんでいる人を答えなさい。**（10点）

ア　AはBより左にならんでいます。

イ　EはAより左にならんでいます。

ウ　CとEはとなりあっていません。

エ　Dは，A，C，Eのだれともとなりあっていません。

（　　）

学習日〔　　月　　日〕

時間 30分	得点
合格 35点	50点

上級レベル 108 文章題特訓 (8) (推理)

1 Aさん，Bさん，Cさん，Dさん，Eさんの5人が100mの徒競走をしました。その結果について，Aさん，Bさん，Dさんは次のように話していました。**4位になった人はだれですか。** (10点)

Aさん「私の順位は，Cさんの次だった。」

Bさん「私は，Dさんより速かった。」

Dさん「Cさんよりおそく，Eさんより速かった。」

(　　　　　)

2 身長のちがうA，B，C，Dの4人が，次のような発言をしました。**この4人のうち1人はうそを言い，ほかの3人は正しいことを言っているとき，4人を身長の高い順にならべなさい。** (10点)

A「私はいちばんせが高い。」

B「私はAより低く，Dより高い。」

C「私よりせが高い人は2人いる。」

D「私はいちばんせが低い。」

(　　　　　)

3 A，B，C，D，E，Fの6人が円いテーブルにつきました。その席順について全員が発言していますが，全員がうそをついています。**このとき，Aさんの正面はだれですか。** (15点)

A「私のとなりはDさんです。」

B「私の正面はCさんではありません。」

C「私とAさんの間にはだれかいます。」

D「私はCさんのとなりです。」

E「私の左どなりはAさんです。」

F「私とCさんははなれています。」

(　　　　　)

4 3人の子どもA，B，Cがいます。このうち女の子は1人しかいません。次の会話の中で正しいことを言っているのは1人だけで，あとの2人はまちがっていることを言っています。**このとき，女の子はA，B，Cのうちだれですか。** (15点)

A「私が女の子です。」

B「Aは男の子です。」

B「私が女の子です。」

C「Bは男の子です。」

C「私が女の子です。」

(　　　　　)

学習日〔　月　日〕

標準レベル 109

文章題特訓 (9)（ならべ方）

時間 25分	得点
合格 40点	50点

1 **次の問いに答えなさい。**（6点×4）

(1) 0，1，2，3の数字が書いてある4まいのカードがあります。次の問いに答えなさい。

① このうち3まいのカードをならべて3けたの整数をつくるとき，いちばん大きい整数を求(もと)めなさい。

（　　　　）

② このうち2まいのカードをならべて2けたの整数をつくると，全部で何こできますか。

（　　　　）

(2) 0，1の数字を使って，3けたの整数をつくると，全部で何こできますか。

（　　　　）

(3) 白のご石が2こと黒のご石が1こあります。この3このご石を横に1列にならべると，全部で何通りのならべ方がありますか。

（　　　　）

2 0，1，2，3の数字が書いてある4まいのカードがあります。このうち3まいのカードをならべて，3けたの整数をつくります。**次の問いに答えなさい。**（6点×2）

(1) 小さいほうから数えて3番目の整数はいくつですか。

（　　　　）

(2) 200より大きい整数は何こできますか。

（　　　　）

3 お父さん，お母さん，たろう君の3人が，横1列にならびます。**次の問いに答えなさい。**（7点×2）

(1) お母さんが右はしになるならび方は何通りありますか。

（　　　　）

(2) 3人のならび方は全部で何通りありますか。

（　　　　）

1回 20回 40回 60回 80回 100回 120回 GOAL

学習日〔　　月　　日〕

上級レベル 110 文章題特訓 (9) (ならべ方)

時間 30分	得点
合格 35点	50点

1 A, A, B, C の 4 まいのカードがあります。この 4 まいのカードを横 1 列にならべます。**次の問いに答えなさい。** (5点×2)

(1) A のカードが両はしになるならべ方は何通りありますか。

(　　　　)

(2) A のカードがとなりあっているならべ方は何通りありますか。

(　　　　)

2 1, 1, 2, 2 の数字が書いてある 4 まいのカードがあります。**次の問いに答えなさい。** (6点×3)

(1) 2 まいのカードをならべてできる 2 けたの整数は、全部で何こありますか。

(　　　　)

(2) 3 まいのカードをならべて、3 けたの整数をつくるとき、小さいほうから 3 番目の整数は何ですか。

(　　　　)

(3) 3 まいのカードをならべてできる 3 けたの整数は全部で何こありますか。

(　　　　)

3 白いご石が 2 こと黒いご石が 3 こあります。この 5 このご石を横 1 列にならべます。**次の問いに答えなさい。** (5点×2)

(1) 白いご石がとなりどうしになるならべ方は何通りありますか。

(　　　　)

(2) 全部で何通りのならべ方がありますか。

(　　　　)

4 **次の問いに答えなさい。** (6点×2)

(1) 右の図のように、同じ大きさの正方形が 3 まいならんでいます。これと同じ大きさの正方形を、辺(へん)と辺とがぴったりと重なるようにもう 1 まいならべるとき、ならべ方は何通りありますか。ただし、うら返したり、回転したりして同じ図形になるならべ方は同じものとします。

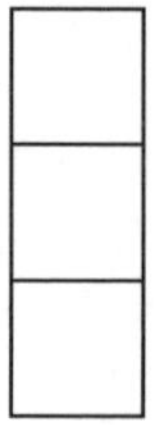

(　　　　)

(2) 右の図のように、1 辺が 1 cm の正方形を 15 こならべました。この中に正方形は全部で何こありますか。

(　　　　)

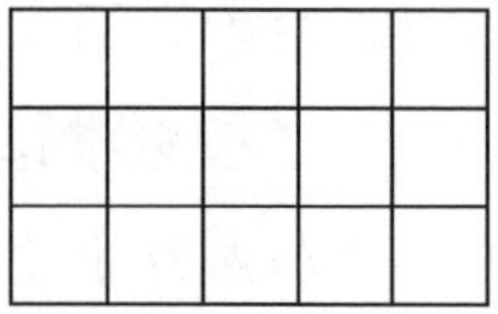

学習日〔　月　日〕

111 最上級レベル 15

時間 30分	得点
合格 35点	50点

1 **次の問いに答えなさい。**（6点×2）

(1) A（エー）地点に1本木を植え，そこから同じ間かくでまっすぐに木を植えていったところ，21本目の木が植えられた地点はA地点から330mはなれたところになりました。植えた木の間かくは何mですか。

（　　　　）

(2) 西れき2014年1月1日は水曜日でした。2014年からあとで，最初（さいしょ）に1月1日が水曜日になるのは何年ですか。

（　　　　）

2 A，B（ビー），C（シー）の3種類（しゅるい）の文字を，あるきまりにしたがって，下のようにならべました。**次の問いに答えなさい。**（6点×2）

BCAABBCAABBCAABBC……

(1) 左から50番目の文字は何ですか。

（　　　　）

(2) 左から30番目のAは，全体では左から何番目ですか。

（　　　　）

3 **次の問いに答えなさい。**（6点×2）

(1) お父さんは，今40才で，それぞれ10才，6才，2才の3人の子どもがいます。お父さんの年れいが子ども3人の年れいの和と等しくなるのは何年後ですか。

（　　　　）

(2) 右の図の6つの○に，1から6までの数を1つずつ入れて，辺（へん）にならんだ3つの数の和が同じになるようにするとき，アにあてはまる数字を求（もと）めなさい。

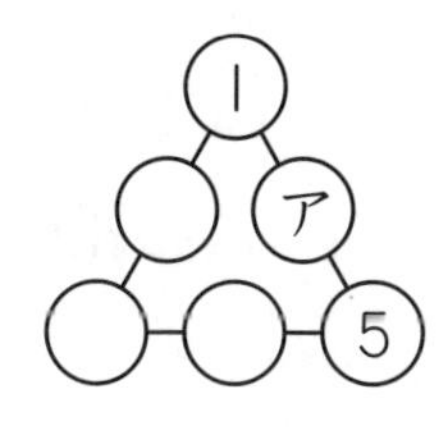

（　　　　）

4 右の図は，たて1cm，横2cmの長方形を6こならべたものです。**次の問いに答えなさい。**（7点×2）

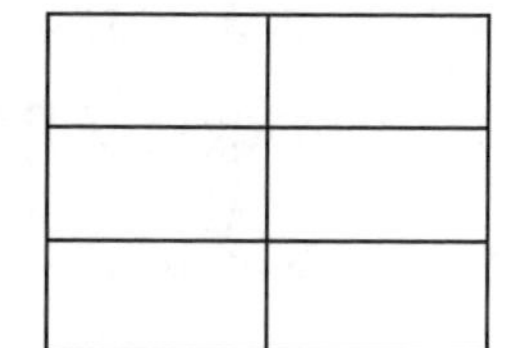

(1) この図形の中に，正方形は全部で何こありますか。

（　　　　）

(2) まわりの長さが10cmの長方形は全部で何こありますか。

（　　　　）

学習日〔　　月　　日〕

112 最上級レベル 16

時間 30分	得点
合格 35点	50点

1 たて 325 cm，横 155 cm の長方形のかべに，横の長さが 25 cm の長方形の紙を，たてに 8 まい，横に 5 まいずつはりました。紙と紙の間，紙とかべのはしの間は，すべて同じ間かくです。**この紙のたての長さを求めなさい。**（6点）

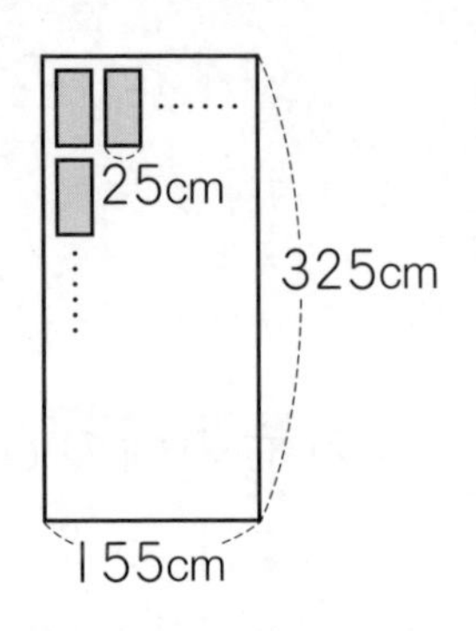

（　　　　　）

2 いくつかのご石を使って，右の図のような 3 列の正方形の形になるようにならべました。いちばん外側のまわりのご石の数は 48 こあります。**次の問いに答えなさい。**（6点×2）

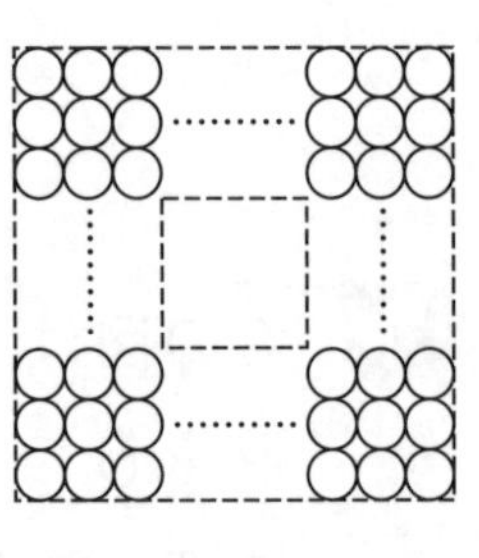

(1) いちばん外側の 1 辺にならんでいるご石の数は何こですか。

（　　　　　）

(2) ご石は全部で何こありますか。

3 今，父は 39 才，母は 33 才で，3 人の子どもの年れいは 10 才，7 才，3 才です。**父母の年れいの和が，子どもの年れいの和の 2 倍になるのは何年後になりますか。**（6点）

（　　　　　）

4 右の図は，正三角形を 9 こならべた図形です。**次の問いに答えなさい。**（6点×2）

(1) 正三角形は何こありますか。

（　　　　　）

(2) ひし形は何こありますか。

（　　　　　）

5 次の図の①～⑫の中には，1 g と 3 g のものが 1 つずつあり，ほかはすべて 2 g です。**次の問いに答えなさい。**（7点×2）

ア　イ　ウ　エ　オ

ア：④①②③ ＞ ⑧⑤⑥⑦
イ：⑧⑤⑥⑦ ＞ ⑫⑨⑩⑪
ウ：①② ＜ ③④
エ：⑨⑩ ＞ ⑪⑫
オ：③⑫ ＞ ④⑪

(1) アとイから，2 g であることがわかるものを全部答えなさい。

（　　　　　）

(2) 3 g のものは何番か答えなさい。

（　　　　　）

学習日〔　　月　　日〕

113 仕上げテスト 1

時間 30分	得点
合格 35点	50点

1 次の計算をしなさい。（4点×4）

(1) $(3+5\times7-8)\div6$　　(2) $4+2\frac{4}{9}-5\frac{8}{9}$

(3) $(200-0.2)\div(15\div5)$　　(4) $3.14\times13+3.14\times27$

2 次の問いに答えなさい。（4点×3）

(1) 四捨五入で上から2けたのがい数にしたとき，5000になる整数はいくつからいくつまでですか。

（　　　　　　）

(2) 222人の児童が大型バス2台と，小型バス3台に分かれて遠足に出かけます。大型バスは小型バスよりも1台につき16人多く乗れます。大型バス1台に何人乗ればよいですか。

（　　　　　　）

(3) 長さが12 cmのテープを11本つないで長さが120 cmのテープにします。1つののりしろを何cmにすればよいですか。

（　　　　　　）

3 次の問いに答えなさい。（3点×4）

(1) 長方形の紙のはしを右の図のように折り曲げました。このとき，ア，イの角の大きさを求めなさい。

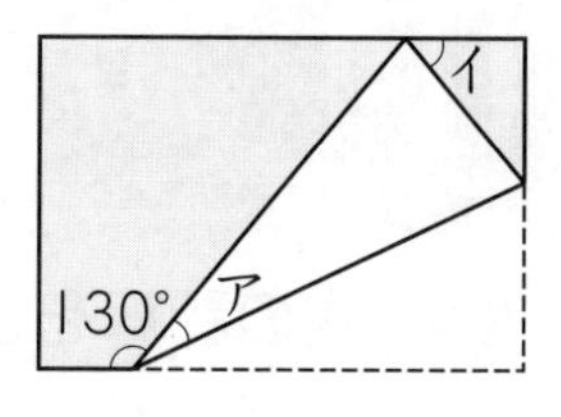

ア（　　　）イ（　　　）

(2) 右の図で，アの面積はイの面積の2倍です。次の問いに答えなさい。

① アの面積を求めなさい。

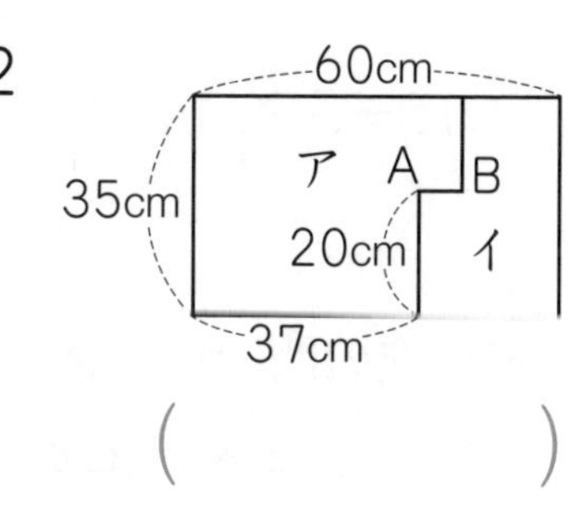

（　　　　　　）

② ABの長さを求めなさい。

（　　　　　　）

4 右の図は，さいころの展開図です。これについて，次の問いに答えなさい。（5点×2）

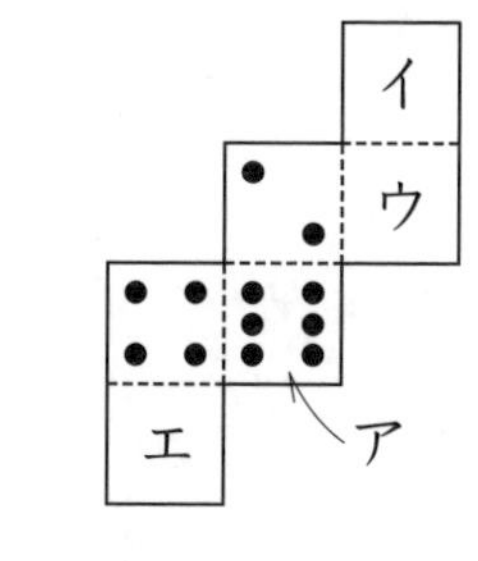

(1) アの面と垂直になっている面の目の数をあわせるといくつになりますか。

（　　　　　　）

(2) 展開図のイ〜エの目の数はそれぞれいくつですか。

（イ　　　，ウ　　　，エ　　　）

学習日〔　　月　　日〕

114 仕上げテスト②

時間 30分	得点
合格 35点	50点

1 次の計算をしなさい。（3点×4）

(1) 238×695

(2) $(15-14\div7+2)\div5$

(3) $6-3\frac{8}{11}+2\frac{7}{11}$

(4) $5\div3+4\div3$

2 次の問いに答えなさい。（4点×3）

(1) 四捨五入(ししゃごにゅう)で上から3けたのがい数にしたとき，20000になる整数で，いちばん大きい整数はいくつですか。

（　　　　）

(2) バナナ3本とりんご1こを買い，200円はらいました。りんご1このねだんはバナナ1本のねだんより100円高かったそうです。りんご1このねだんはいくらでしたか。

（　　　　）

(3) 長さが15cmのテープ13本を，つなぎ目がどこも1.5cmになるようにしてつなぎあわせて1本のテープにします。このとき，テープの長さは何cmになりますか。

（　　　　）

3 次の問いに答えなさい。（4点×4）

(1) 右の図は1組の三角じょうぎを組み合わせたものです。このとき，ア，イの角の大きさを求(もと)めなさい。

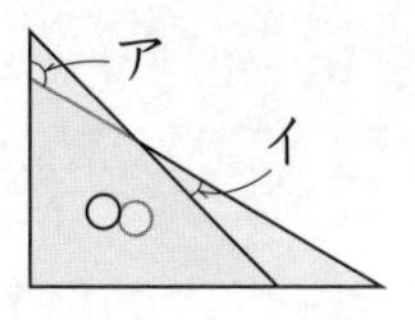

ア（　　　　）　イ（　　　　）

(2) 右の図は，ある小学校のしき地と校しゃの配置図(はいちず)です。これについて，次の問いに答えなさい。

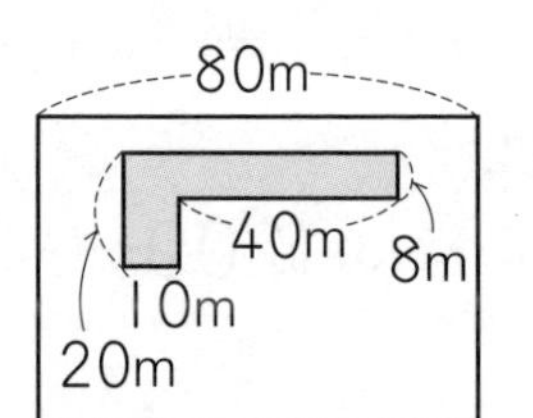

① 校しゃの面積(めんせき)は何m²ありますか。

（　　　　）

② しき地全体の面積が校しゃの面積の12倍のとき，しき地のたての長さは何mですか。

（　　　　）

4 右の図のように直方体の箱にひもをかけました。2か所の結(むす)び目には，それぞれ15cmのひもを使いました。次の問いに答えなさい。

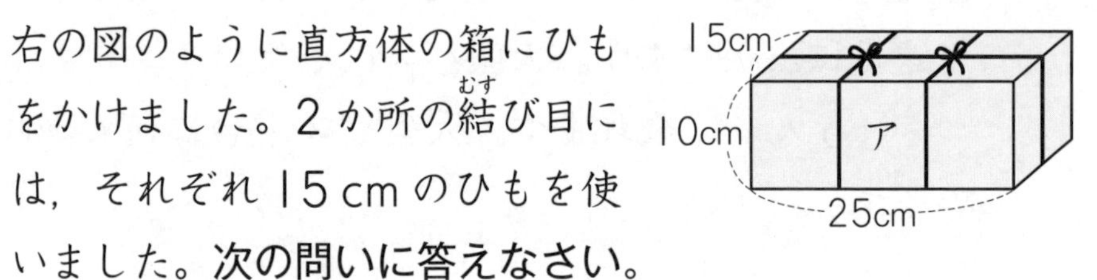

（5点×2）

(1) アの面と垂直(すいちょく)な辺(へん)は何本ありますか。

（　　　　）

(2) このとき使ったひもの長さは全部で何cmですか。

（　　　　）

学習日〔　　月　　日〕

115 仕上げテスト③

時間 30分	得点
合格 35点	50点

次の計算をしなさい。(4点×4)

(1) 305997+94016　　(2) 29−0.7×30

(3) $7-3\frac{5}{13}-\frac{9}{13}$　　(4) 5.3×24−18×5.3

次の問いに答えなさい。(4点×3)

(1) 1本85円のえん筆9本と1さつ115円のノートを9さつ買って2000円はらいました。おつりはいくらになりますか。

(　　　　)

(2) 1つのテープを，同じ長さずつ13人で分けたところ，1人分が0.75 mで，15 cm残(のこ)りました。はじめのテープの長さを求(もと)めなさい。

(　　　　)

(3) ご石を正方形の形にならべて1辺(ぺん)のこ数を変えていきます。右の図は1辺を4こにしたときの図です。使ったご石が156こになるのは，1辺のご石の数が何このときですか。

(　　　　)

次の問いに答えなさい。(4点×3)

(1) 時計の長いはりが20分間にまわる角度を求めなさい。

(　　　　)

(2) 右の図のように，面積(めんせき)が56cm²と72 cm²の2つの長方形が重なっています。重なった部分の面積は20 cm²です。次の問いに答えなさい。

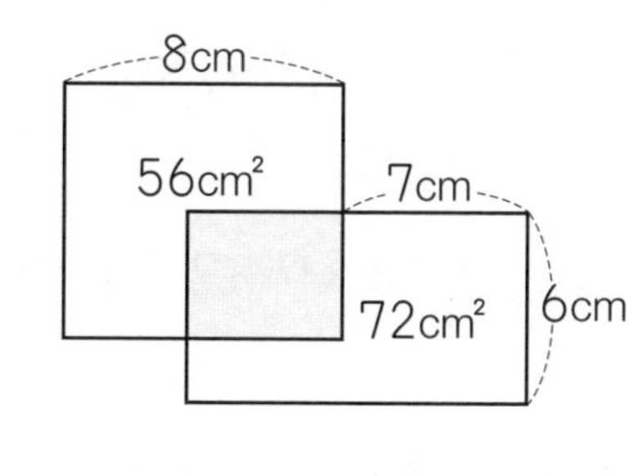

① 重なっている部分のまわりの長さを求めなさい。

(　　　　)

② 図形全体のまわりの長さを求めなさい。

(　　　　)

4 右の図は，立方体の展開図(てんかいず)です。次の問いに答えなさい。(5点×2)

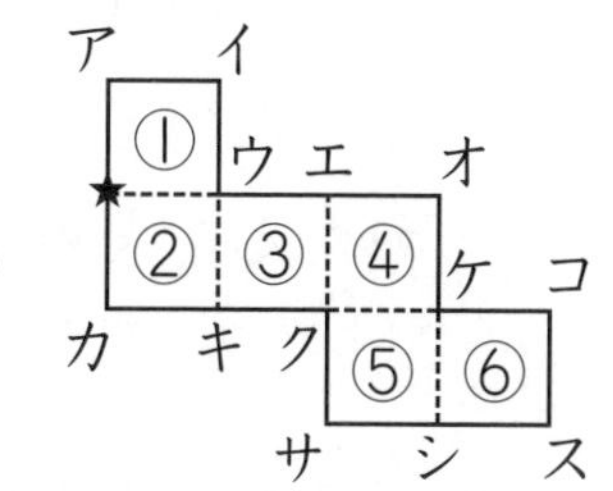

(1) 組み立てたとき，★と重なる頂点(ちょうてん)はどれですか。

(　　　　)

(2) 組み立てたとき，①の面と平行になる面はどれですか。

(　　　　)

学習日〔　　月　　日〕

時間 30分	得点
合格 35点	50点

116 仕上げテスト ④

1 次の計算をしなさい。(4点×4)

(1) $(6-12\div4)\times3$　　(2) $4.2+1.8\div3-1.5$

(3) $3.14\times9+3.14\times11$　　(4) $5+3\frac{2}{11}-4\frac{7}{11}$

2 次の問いに答えなさい。(4点×3)

(1) 2つの整数A(エー)とB(ビー)を十の位(くらい)までのがい数で表すと，600と500になります。AとBが最(もっと)も大きいときの差(さ)を求(もと)めなさい。

(　　　　)

(2) えん筆を8本，1こ80円の消しゴムを3こ，260円の下じきを1まい買ったところ，店の人が60円安くしてくれたので合計が1000円になりました。えん筆1本のねだんを求めなさい。

(　　　　)

(3) 児童数(じどうすう)40人のクラスで算数のテストをしました。問題は2問です。1番ができた人が28人，2番ができた人が25人，2問ともできなかった人が2人いました。1番だけできた人数を求めなさい。

(　　　　)

3 次の問いに答えなさい。(4点×3)

(1) 右の図で，直線Aと直線Bはそれぞれ平行です。アの角の大きさを求めなさい。

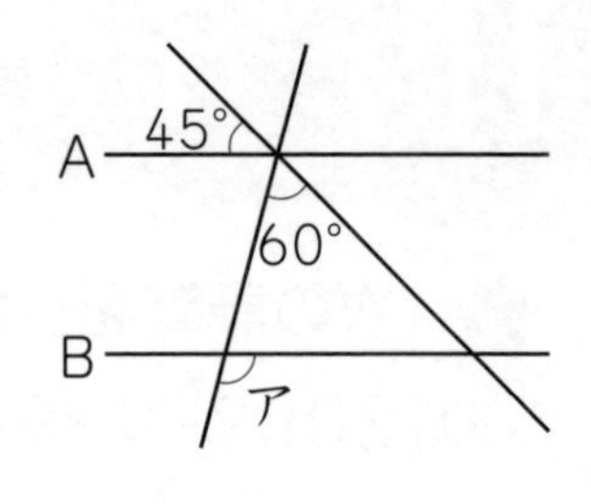

(　　　　)

(2) 右の図は長方形を組み合わせた図です。次の問いに答えなさい。

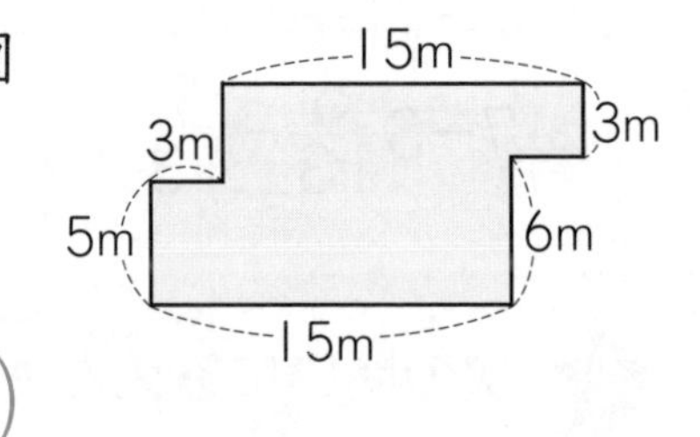

① この図形の面積(めんせき)を求めなさい。

(　　　　)

② この図形と面積が同じで，たてが8mの長方形の横の長さを求めなさい。

(　　　　)

4 右の図は，ある立体の展開図(てんかいず)を表しています。**次の問いに答えなさい。** (5点×2)

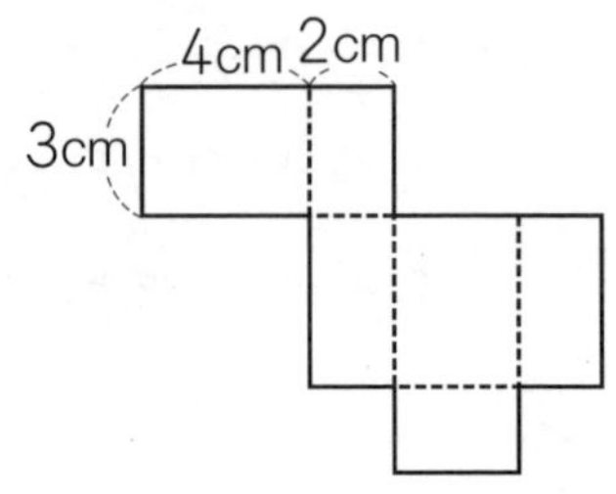

(1) この展開図を組み立ててできる立体の名まえを答えなさい。

(　　　　)

(2) この展開図を組み立ててできる立体の辺(へん)の長さの合計を求めなさい。

(　　　　)

117 仕上げテスト ⑤

学習日〔　月　日〕

時間 30分	得点
合格 35点	/50点

次の計算をしなさい。(4点×4)

(1) $40639022-3600873$　　(2) $284\times503-405\div27$

(3) $17.6\div55-0.12$　　(4) $6\frac{1}{7}-4\frac{6}{7}+0.25\times8$

次の問いに答えなさい。(4点×3)

(1) 0の点から1mmごとに1，2，3，……と目もりをつけることにします。350万を表す目もりは，0の点から何kmはなれていますか。

(　　　　)

(2) 赤と青の2本のロープがあります。赤のロープは青のロープの4倍の長さで，長さのちがいは240cmです。赤のロープの長さを求(もと)めなさい。

(　　　　)

(3) 3種類(しゅるい)の文字A(エー)，B(ビー)，C(シー)を次のようにならべました。

A，C，B，B，A，A，C，B，B，A，A，C，B，B，……

左から数えて46番目の文字を求めなさい。

(　　　　)

次の問いに答えなさい。(4点×3)

(1) 右の図で，三角形ABCと三角形CDF(ディーエフ)は正三角形，四角形ACDE(イー)は正方形です。アの角の大きさを求めなさい。

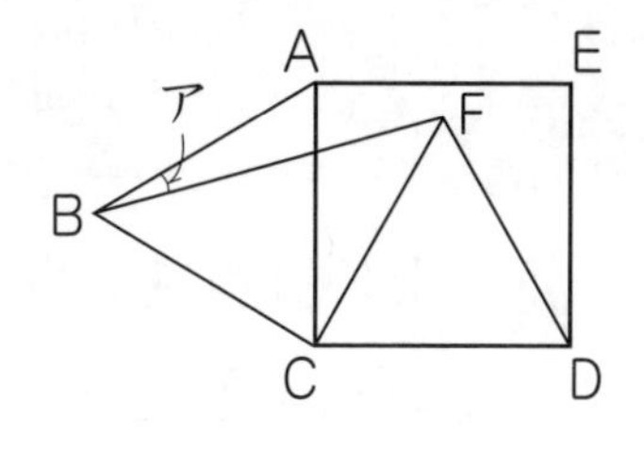

(　　　　)

(2) 右の図は正方形と長方形を組み合わせたものです。色のついた部分の面(めん)積(せき)を求めなさい。

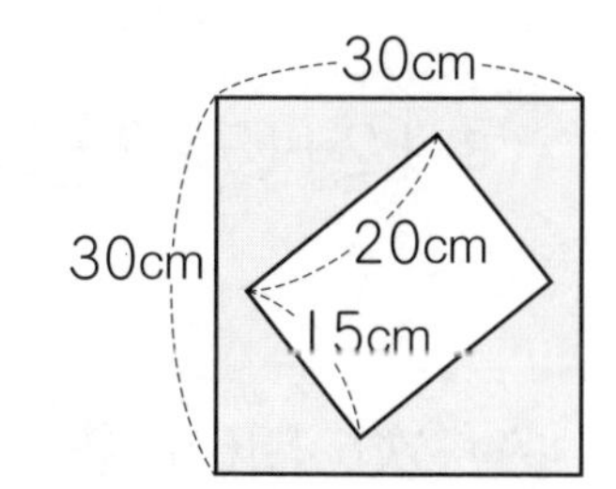

(　　　　)

(3) 右の図は2つの長方形を組み合わせたものです。この図形と面積が同じ正方形の1辺(ぺん)の長さを求めなさい。

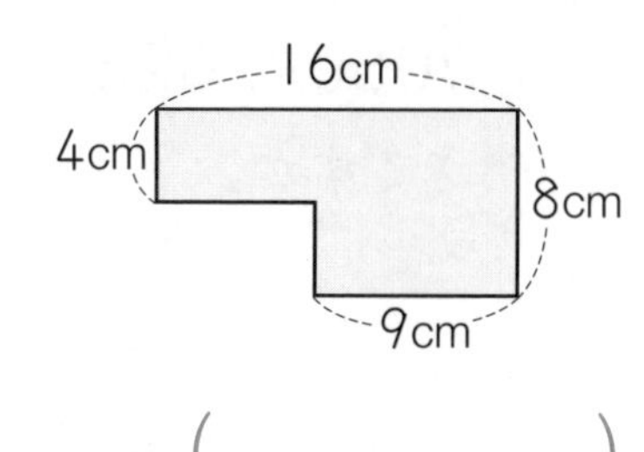

(　　　　)

ねん土と240cmの竹ひごをすべて使って，右の図のような直方体の形をつくりました。次の問いに答えなさい。(5点×2)

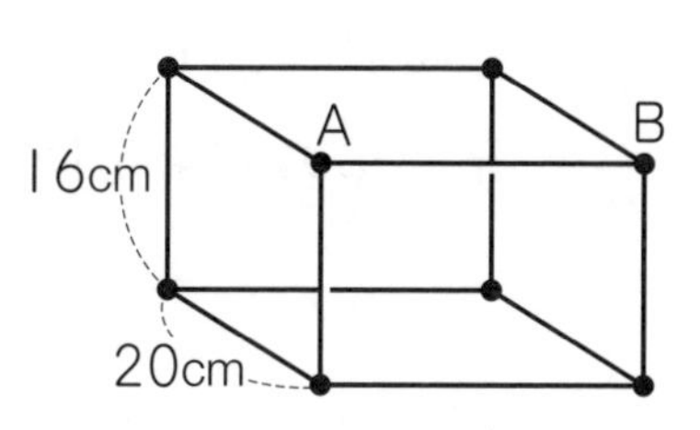

(1) 竹ひごを何本に分けましたか。

(　　　　)

(2) 図のABの長さを求めなさい。

(　　　　)

学習日〔　　月　　日〕

118 仕上げテスト ⑥

時間 30分	得点
合格 35点	/50点

1 次の計算をしなさい。（4点×4）

(1) $4041273+873686$　　(2) $100.42-32.6$

(3) $12+(7\times9-6)\div3$　　(4) $0.125\times8+2\frac{1}{4}-\frac{3}{4}$

2 次の問いに答えなさい。（4点×3）

(1) 7050720260060 で，左の 7 は右の 7 の何倍の大きさですか。

（　　　　　）

(2) 兄は弟より 6000 円多く貯金しています。来月から，兄は毎月 750 円，弟は毎月 1500 円貯金をしていきます。兄と弟の貯金が同じになるのは何か月後ですか。

（　　　　　）

(3) 長さ 30 m の道の両側に木を植えます。道のはしからはしまで，木と木の間が同じ長さになるように植えようとすると，木が 12 本必要です。木と木の間かくを求めなさい。

（　　　　　）

3 次の問いに答えなさい。（4点×3）

(1) 右の図で，アの角の大きさを求めなさい。

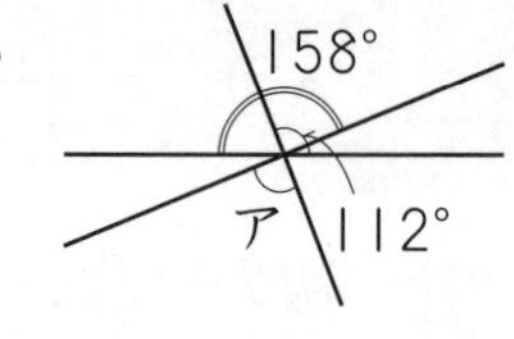

（　　　　　）

(2) たてが 90 cm，横が 24 cm の長方形があります。

① この長方形の面積を求めなさい。

（　　　　　）

② この長方形の面積を変えないで，たての長さを 54 cm にしたときの横の長さを求めなさい。

（　　　　　）

4 右の図は，立方体の展開図です。**これについて，次の問いに答えなさい。**（5点×2）

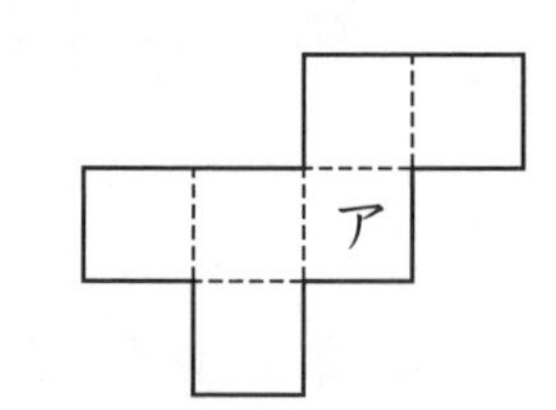

(1) この展開図を組み立てた立方体で，アの面と垂直になる辺は何本ありますか。

（　　　　　）

(2) この立方体を 27 こ組み合わせて，右の図のような立方体を作り，表面に色をぬりました。このとき，もとの小さな立方体のうち，2 つの面に色がついているものは何こありますか。

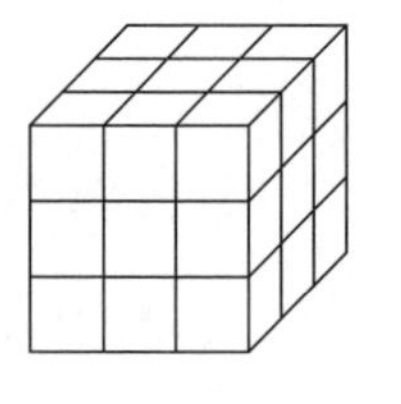

（　　　　　）

学習日〔　　月　　日〕

時間 30分	得点
合格 35点	50点

119 仕上げテスト ⑦

1 次の計算をしなさい。（4点×4）

(1) 5049×280　　(2) 99.15×4×2.5

(3) 5×25+72÷12　　(4) $2\frac{5}{8}-3\frac{7}{8}+3\frac{3}{8}$

2 次の問いに答えなさい。（4点×3）

(1) 1こ935円の品物を4895こ買うときの代金を上から2けたのがい数にして見積(みつ)もりなさい。

（　　　　）

(2) ボールを買いに行きました。はじめは180円のボールを買って，70円残(のこ)るはずでしたが，別(べつ)のボールを買ったので50円しか残りませんでした。何円のボールを買いましたか。

（　　　　）

(3) お父さんから1350円もらいました。兄と弟で，兄が弟の2倍になるように分けました。兄の金がくを求めなさい。

（　　　　）

3 次の問いに答えなさい。（4点×3）

(1) 右の図は，1組の三角じょうぎを重ねたものです。角アの大きさを求めなさい。

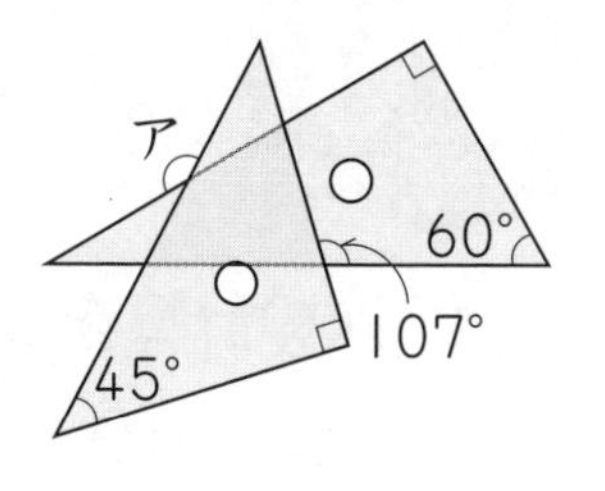

（　　　　）

(2) 右の図のような形の土地があります。次の問いに答えなさい。

① この土地の面積(めんせき)は何aですか。

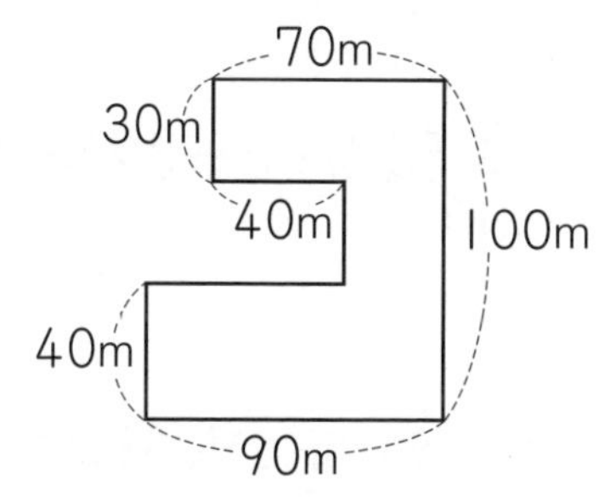

（　　　　）

② この土地を面積を変(か)えずに，たての長さが80mの長方形の土地にしたときの横の長さを求めなさい。

（　　　　）

4 2このさいころを重ねて，右の図のようにつくえの上に置(お)きました。次の問いに答えなさい。（5点×2）

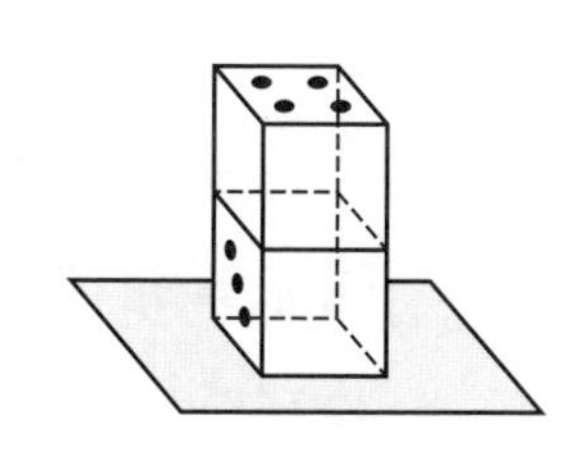

(1) 3の反対側(はんたいがわ)の目はいくつですか。

(2) 表に見えている目の数の合計を求めなさい。

学習日〔　　月　　日〕

120 仕上げテスト 8

時間 30分	得点
合格 35点	50点

1 次の計算をしなさい。（4点×4）

(1) $16.8 \div (0.08+3.92)$　　(2) $3.21 \times 1.7 + 3.21 \times 0.3$

(3) $525 \div 6 - 225 \div 6$　　(4) $1 - \frac{12}{13} + \frac{7}{13}$

2 次の問いに答えなさい。（4点×3）

(1) 0から9までの10この数字を1回ずつ使って，10けたの数をつくったとき，12億(おく)にいちばん近い数を答えなさい。

（　　　　　　　　）

(2) えん筆12本を筆箱に入れると180gで，えん筆7本を同じ筆箱に入れると120gになります。筆箱の重さを求(もと)めなさい。

（　　　　　　　　）

(3) 今，子どもは12才で，母は39才です。母の年れいが子どもの年れいの2倍になるのは何年後ですか。

（　　　　　　　　）

3 次の問いに答えなさい。（4点×3）

(1) 右の図は，1組の三角じょうぎを重ねたものです。角アの大きさを求めなさい。

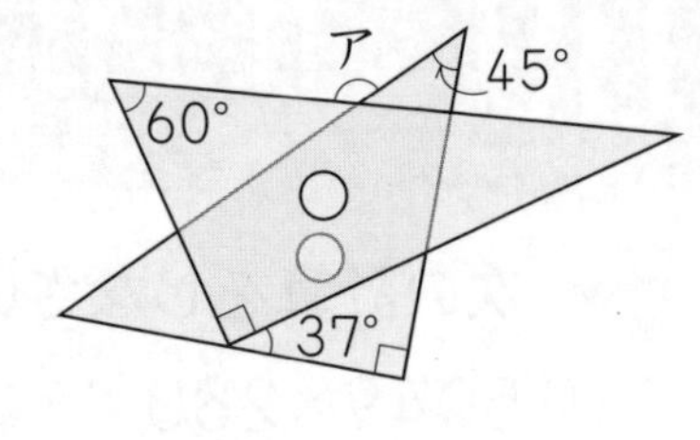

（　　　　　　　　）

(2) 右の図のような長方形があります。次の問いに答えなさい。

① この長方形の面積(めんせき)を求めなさい。

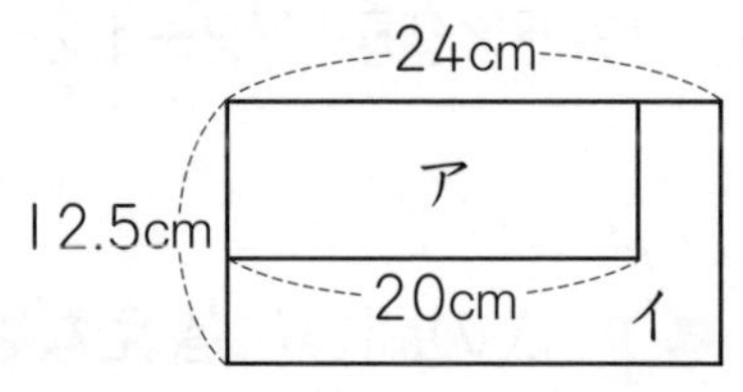

（　　　　　　　　）

② この長方形をアとイの部分の面積が同じになるように分けたとき，アの長方形のたての長さを求めなさい。

（　　　　　　　　）

4 右の直方体で，頂点(ちょうてん)アをもとにして，カの点の位置(いち)を(横20，たて0，高さ10)と表すことにします。次の問いに答えなさい。（5点×2）

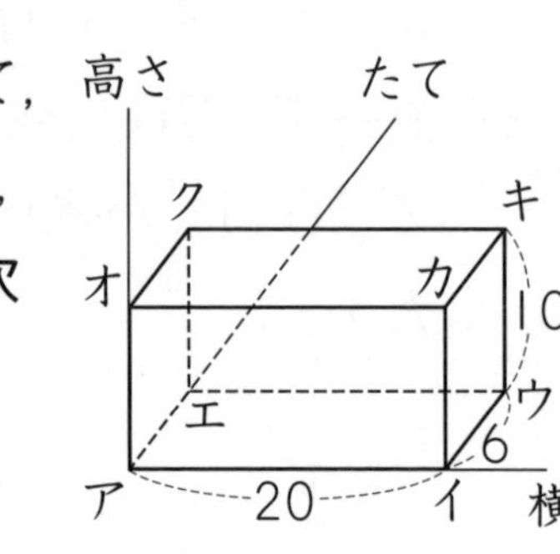

(1) 頂点エの位置を表しなさい。

（　　　　　　　　）

(2) 頂点キの位置を表しなさい。

（　　　　　　　　）

標準レベル 1 大きな数 (1)

解答

❶ (1)一億六千三百九十四万七千二百五十八
(2)二億百七十三万百六十二

❷ (1)百万　(2)一億　(3) 3

❸ (順に) 一兆，五十三，八十七，六千五十四，二千

❹ (1) 1276002364
(2) 5320000360591 71

❺ (1)二百一兆五千六億八千七百万
(2)千二百兆六十一億四百五十六

❻ (1) 702140000
(2) 12094500000000

解説

❶ 大きな数を読むときは，右から 4 けたごとに区切るとわかりやすく読める。区切った位は，右から万，億，兆の位になる。

(1) 1|6394|7258
　億　万
一億六千三百九十四万七千二百五十八

(2) 2|0173|0162
　億　万
二億百七十三万百六十二

❷ 536|8379|2504　右から 4 けたごとに区切る。
　億　万

❸ 53|0087|6054|2000
　兆　億　万
五十三兆八十七億六千五十四万二千になる。

❺ (1) 201|5006|8700|0000
　兆　億　万
(2) 1200|0061|0000|0456
　兆　億　万

❻ (1) 7 億 214 万を数字で書く。
(2) 12 兆 945 億を数字で書く。

上級レベル 2 大きな数 (1)

解答

❶ (1)八千四十三億五千八百万四千三十
(2)九千四百兆六億六千九百四万五百八
(3) 62345170005
(4) 293180520072050З
(5) 43036500000000
(6) 1345489008720000

❷ (1)一兆
(2)十億
(3) 8
(4)百三十五兆八千九百四十六億二千八百五十七万千六百七十

❸ (1)(順に) 10000，10000
(2)(順に) 25，600，4900

解説

❶ (2) 9400|0006|6904|0508
　兆　億　万
(5)一兆が 43 こで 43 兆，一億が 365 こで 365 億になる。
(6)一兆が 1345 こで 1345 兆，一億が 4890 こで 4890 億，一万が 872 こで 872 万になる。

❷ (1)(2)(3) 135|8946|2857|167
　兆　億　万
のように区切るとわかりやすい。
(4) 10 倍した数は，135|8946|2857|1670 で，位が 1 つ上がる。
　兆　億　万

❸ (1)一万の 10000 倍が一億，一億の 10000 倍が一兆になる。
(2) 250600490 を 10 倍した数は，
二十五億六百万四千九百で，一億が 25 こ，一万が 600 こ，一が 4900 こ集まった数である。

標準レベル 3 大きな数 (2)

解答

❶ (1) 230 億　(2) 1 兆 2300 億
(3) 9 兆 3000 億　(4) 5 兆 2000 億
(5) 9999999999　(6) 10000000000
(7)和 43 億，差 13 億

❷ (1) 320 億　(2) 8320 億　(3) 2600 億
(4) 14 兆 5600 億　(5) 3000 万
(6) 3 兆 2000 億　(7) 3 億 6000 万
(8) 1 兆 2800 億

❸ (1) 999999999　(2) 1000000000

❹ (1)和 43 億，差 11 億
(2)和 82 兆，差 58 兆

解説

❶ (1)ある数を 10 倍すると，位が 1 つ上がるので，230 億になる。
(2)ある数を 100 倍すると，位が 2 つ上がるので，1 兆 2300 億になる。
(3)ある数を 10 分の 1 にすると，位が 1 つ下がるので，9 兆 3000 億になる。
(4)ある数を 100 分の 1 にすると，位が 2 つ下がるので，5 兆 2000 億になる。

❷ 10，100 をかけるということは，それぞれ，10 倍，100 倍するということである。また，10，100 でわるということは，それぞれ，10 分の 1，100 分の 1 にするということである。
(4) 100 倍して位が 2 つ上がるので，14 兆 5600 億になる。
(8) 100 でわって位が 2 つ下がるので，1 兆 2800 億になる。

❹ (1)差は，27−16=11 なので，11 億になる。
(2)和は，70+12=82 なので，82 兆になる。

上級レベル 4 大きな数 (2)

解答

❶ (1) 40億 (2) 7200億 (3) 10000倍

❷ (1) 6こ (2) 2502000367
(3) 1000分の1

❸ (1) 1兆5100億 (2) 1兆3420億
(3) 7兆2000億 (4) 970億
(5) 1兆 (6) 83兆600億

❹ (1)七千六百九十三兆四千八百五億三千万
(2)千万

解説

❶ (1) 100倍すると，位が2つ上がるので，40億になる。
(2) 1000分の1にすると，位が3つ下がるので，7200億になる。
(3)左の5は右の5から，位が4つ上がっているので，10000倍になる。

❷ (1)数字で表すと，250200036700になるので，0は6こある。
(2)位が2つ下がるので，2502000367になる。
(3)右の2は左の2から，位が3つ下がっているので，1000分の1になる。

❸ (1)位が1つ上がるので，1兆5100億になる。
(2)位が2つ上がるので，1兆3420億になる。
(3)位が1つ下がるので，7兆2000億になる。
(4)位が2つ下がるので，970億になる。
(5) 7200+2800=10000 なので，1兆になる。
(6) 1兆−9400億=600億 なので，83兆600億になる。

❹ (1) 10倍した数は，7693|4805|3000|0000になる。
兆 億 万
七千六百九十三兆四千八百五億三千万

標準レベル 5 がい数 (1)

解答

❶ (1) 2890 (2) 7800 (3) 5000
(4) 81000 (5) 60000 (6) 1600000

❷ (1) 20000 (2) 34000 (3) 870000
(4) 1460000

❸ (1) 87000 (2) 2960000 (3) 35500
(4) 640000

❹ 約34000人

解説

❶ がい数にするときは，何の位まで，または何の位を四捨五入するのかに注意する。
(1)一の位を四捨五入する。一の位は3だから，切り捨てて2890になる。
(3)百の位を四捨五入する。百の位は6だから，切り上げて5000になる。
(6)一万の位を四捨五入する。一万の位は4だから，切り捨てて1600000になる。

❷ 上から○けたのがい数で表すときは，1つ下の位の数を四捨五入する。
(1)上から1けただから，上から2けた目の数を四捨五入する。上から2けた目の数は4だから，切り捨てて20000である。
(3)上から2けただから，上から3けた目の数を四捨五入する。上から3けた目の数は5だから，切り上げて870000である。

❸ がい数の計算をするときは，求める位のがい数にしてから計算する。
(1) 48000+39000=87000
(4) 650000−10000=640000

❹ 千の位までのがい数にしてから計算する。
15000+19000=34000(人)

上級レベル 6 がい数 (1)

解答

❶ (1) 15000000 (2) 244000 (3) 96000
(4) 12500000
(5) 65ページ以上72ページ以下

❷ (1) 522000 (2) 1240000
(3) 47000000
(4)約15万人 (5)(左から) 650，749

解説

❶ (1)十万の位は5だから，切り上げて15000000になる。
(4)上から4けた目の数を四捨五入する。上から4けた目の数は7だから，切り上げて12500000になる。
(5) 8日目までに読んだページ数は，8×8=64(ページ)なので，9日目に読んだページは，いちばん少なくて1ページ，多くて8ページと考えられる。これより，少なくて65ページ，多くて72ページと考えられる。

❷ (3)上から2けたのがい数にしてから計算する。
12000000+35000000=47000000
(4) 285427は，約290000，143005は，約140000なので，その差は，
約290000−140000=150000(人)である。
(5)

> はんいの表し方
> ・○以上…○と等しいかそれより大きい数(○も入る)
> ・以下…○と等しいかそれより小さい数(○も入る)
> ・○未満…○より小さい数(○は入らない)

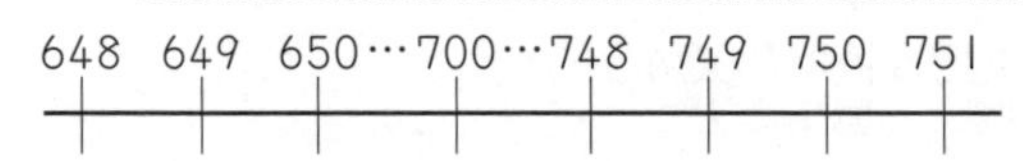

十の位を四捨五入して700になるのは，上の数直線から，650以上749以下の整数になる。

標準レベル 7 がい数(2)

解答

❶ (1) 1000人
(2) A駅 48000人
B駅 68000人
C駅 74000人
D駅 40000人
(3) 右の図

❷ (1) およそ48000円
(2) できる。
(3) およそ9000000円
(4) 428499人

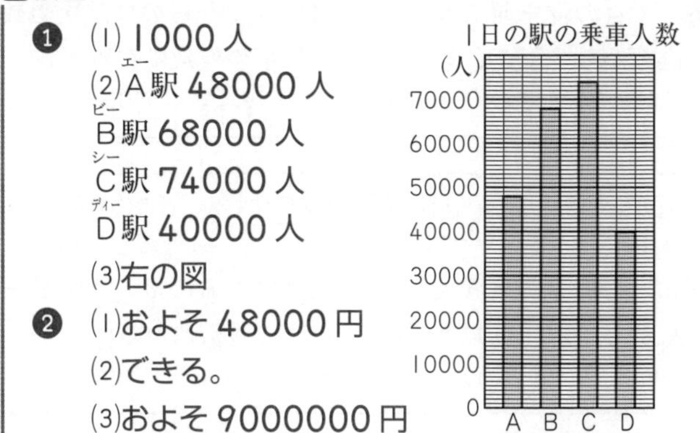

解説

❶ (1) 10000人が10目もりになっているので，1目もりは，1000人になる。
(2) 百の位(くらい)を四捨五入(ししゃごにゅう)する。
①百の位は2なので，切り捨(す)てて48000人になる。
②百の位は4なので，切り捨てて68000人になる。
③百の位は5なので，切り上げて74000人になる。
④百の位は8なので，切り上げて40000人になる。
(3) 1目もりが1000人なので，A駅は40000人とあと8目もりのところまで，B駅は60000人とあと8目もりのところまで，C駅は70000人とあと4目もりのところまで，D駅は40000人の目もりのところまでになる。

❷ (1) それぞれのねだんを千の位までのがい数で表す。百の位を四捨五入するので，れいぞうこのねだんは，87000円，オーブンレンジのねだんは，39000円になる。これから，ねだんのちがいは，およそ，87000−39000=48000(円) になる。
(2) 十の位を切り捨てて，それぞれの代金を百の位までのがい数で表すと，りんごは200円，おかしは200円，肉は600円になる。これらの合計は，200+200+600=1000(円) なので，福引きはできると考えられる。
(3) 1こ345円の品物28640こ分の代金を求(もと)めるので，式は345×28640となる。これを上から1けたのがい数にしてから計算する。
およその代金は，300×30000=9000000(円) になる。
(4) 上から3けたのがい数で表すので，百の位で四捨五入して428000になる整数のはんいを調べる。次の数直線から，四捨五入して上から3けたのがい数にしたとき，428000人になる人口のはんいは，427500人以上428499人以下になる。

上級レベル 8 がい数(2)

❶ (1) およそ13000人　(2) 100人
(3) 百の位
(4) A市 28cm5mm　B市 19cm1mm
C市 27cm3mm　D市 31cm5mm

❷ (1) およそ67000mL　(2) およそ3000円
(3) およそ40cm

❸ (1) 50以上149以下　(2) 100こ

解説

❶ (1) 上から2けたのがい数で表すと，B市は19000人，D市は32000人になるので，その差は，およそ，32000−19000=13000(人) になる。
(2) 1cm=10mmを1000人の長さにするので，1mmは100人を表す長さになる。
(3) 1目もりが100人なので，百の位までのがい数で表す。
(4) 百の位までのがい数で表すと，A市は28500人，B市は19100人，C市は27300人，D市は31500人になるので，①は28cm5mm，②は19cm1mm，③は27cm3mm，④は31cm5mmになる。

❷ (1) 1日180mLずつ365日飲むので，180×365となる。これを，上から2けたのがい数にして計算すると，およそ，180×370=66600(mL)
(2) 1人分の費用(ひよう)は，298000÷148になるので，これを上から1けたのがい数にして計算する。すると，およそ，300000÷100=3000(円) になる。
(3) 118m=11800cmなので，たろう君の歩はばは，11800÷304(cm) になり，これを上から2けたのがい数にして計算する。すると，およそ，12000÷300=40(cm) になる。

❸ (1) 十の位を四捨五入して100になるのは，次の数直線から，50以上149以下の整数になる。

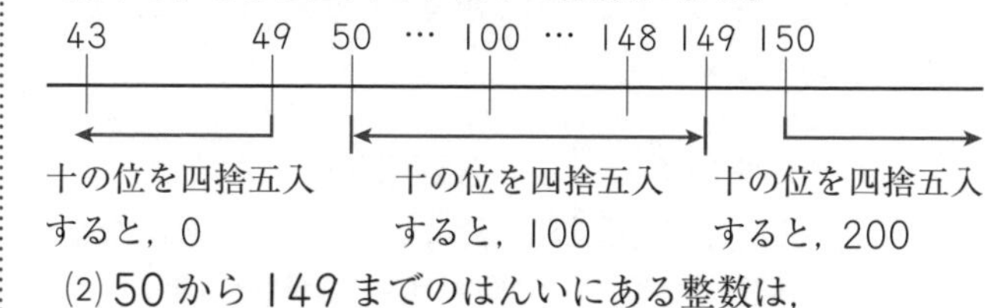

(2) 50から149までのはんいにある整数は，149−49=100(こ) ある。50もふくめて数えるので，149−50=99(こ) としないように注意する。

9 最上級レベル 1

解答

1 (1) 10こ (2) 7 (3)ア
(4) 879億 (5) 2兆3200億

2 (1) 37500以上 38499以下
(2) 85以上95未満

3 (1)およそ15000人 (2) 1000人
(3) 4 cm3 mm

解説

1 (1) 123兆60億2000万を数字で書くと，123006020000000となるので，使われている0の数は，10こになる。

(2) 49兆2765億÷100=4927億6500万 になるので，一億の位の数は7になる。

(3)ア 123億×100=1兆2300億，
イ 1兆2300億÷100=123億 になるので，アの方が大きくなる。

(4) 1000でわると位が3つ下がるので，879億になる。

(5) 10000をかけると位が4つ上がるので，2兆3200億になる。

2 (1)百の位を四捨五入して38000になるのは，次の数直線から，37500以上38499以下の整数になる。

37498 37499 37500 … 38000 … 38448 38499 38500

百の位を四捨五入すると，37000　百の位を四捨五入すると，38000　百の位を四捨五入すると，39000

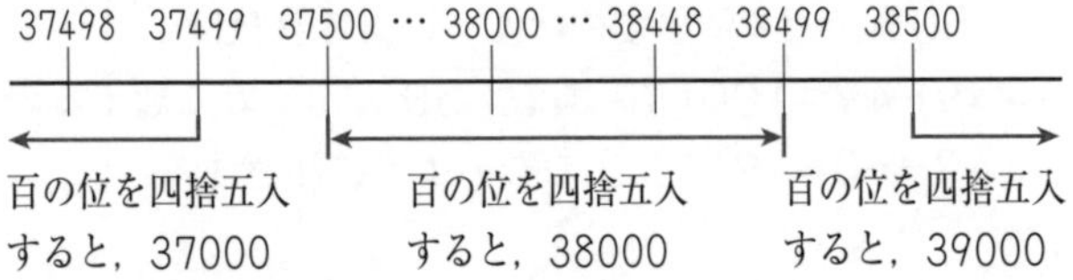

(2)一の位を四捨五入して90になるのは，次の数直線から，85以上95未満の整数になる。

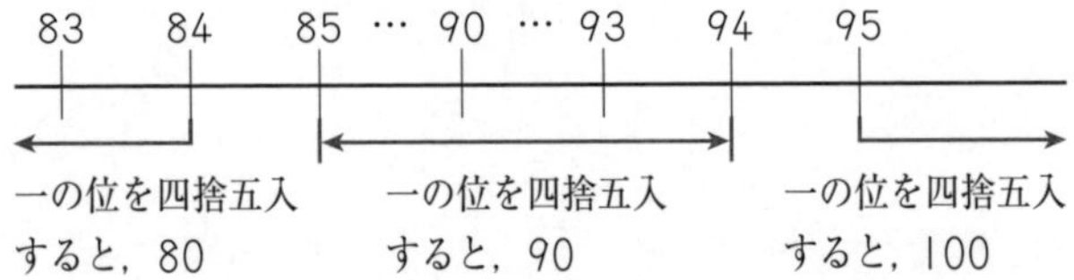

83 84 85 … 90 … 93 94 95

一の位を四捨五入すると，80　一の位を四捨五入すると，90　一の位を四捨五入すると，100

3 (1) 5月3日から5月5日までの3日間の入館者の人数を，百の位までのがい数で表すと，3日は4300人，4日は5200人，5日は5500人になるので，合計は，およそ，4300+5200+5500=15000(人)になる。

(2) 5月5日の入館者の人数はおよそ5500人なので，そのグラフが5 cm 5 mm=55 mm になったことから，1 mmが100人になるので，1 cmは1000人を表している。

(3) 3日の入場者を百の位までのがい数で表すと4300人になり，(2)より1 cmは1000人を表すので，3日の入館者の人数はぼうグラフでは，4 cm 3 mmになる。

10 最上級レベル 2

解答

1 (1) 1298765430 (2) 100倍 (3)イ
(4) 48兆 (5) 2億3900万

2 (1) 3500以上4499以下
(2) 99

3 (1)およそ24400人 (2) 10000人
(3) 7 cm4 mm

解説

1 (1) 13億より小さい数では，1298765430，13億より大きい数では，1302456789になる。1298765430の方が13億に近い数になる。
ある数にいちばん近い数を求めるときは，その数より小さい数と大きい数をくらべる。

(2) 2870億の7は十億の位，28億7千万の7は千万の位なので，100倍になる。

(3)ア 500億×25=1兆2500億
イ 1億×10000=1兆 になるので，イの方が小さくなる。

(4) 1000をかけると位が3つ上がるので，48兆になる。

(5) 10000でわると位が4つ下がるので，2億3900万になる。

2 (1)百の位を四捨五入して4000になるのは，次の数直線から，3500以上4499以下の整数になる。

3498 3499 3500 … 4000 … 4498 4499 4500

百の位を四捨五入すると，3000　百の位を四捨五入すると，4000　百の位を四捨五入すると，5000

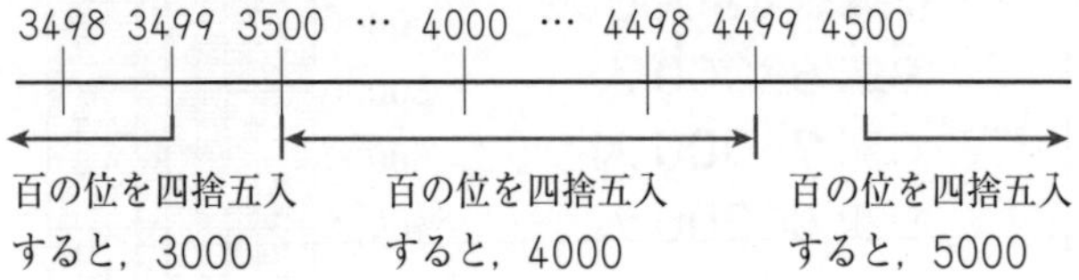

(2)十の位を四捨五入して3000になるのは，次の数直線から，2950以上3049以下の整数になる。

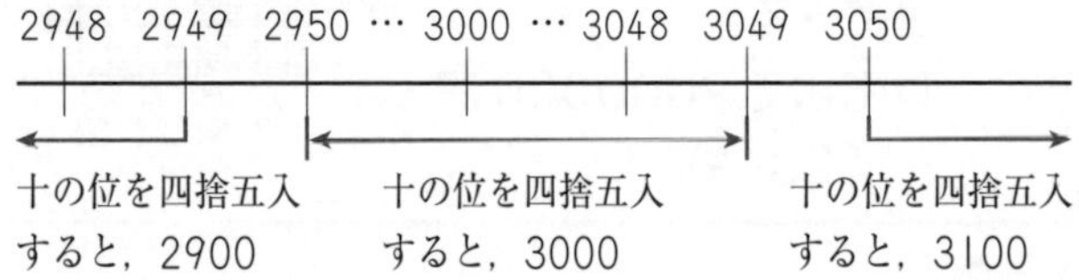

2948 2949 2950 … 3000 … 3048 3049 3050

十の位を四捨五入すると，2900　十の位を四捨五入すると，3000　十の位を四捨五入すると，3100

これから，3049−2950=99 になる。

3 (1) 3つの市の人口を，上から3けたのがい数で表すと，A市は74300人，B市は49900人，C市は68200人になるので，A市とB市の差は，およそ，74300−49900=24400(人) になる。

(2) A，B，Cの3つの市の中で，人口がいちばん多いA市の人口を一万の位までのがい数で表すと，7万人になるので，1 cmを10000人にすると10 cm以内でぼうグラフをかくことができる。

(3) 1 cmを10000人とするので，1 mmが1000人を表すことになる。だから，百の位で四捨五入した人口でぼうグラフをつくる。A市の人口は，およそ，74000人になるので，7 cm 4 mmになる。

標準レベル 11 大きな数のかけ算

解答

❶ (1) 59602 (2) 154106 (3) 314898
(4) 29376

❷ (1) 256728 (2) 55808 (3) 444411
(4) 207163 (5) 912950 (6) 656980

❸ (1) 8760 時間 (2) 35000 こ
(3) 104125 こ (4) 63072 m
(5) 1187975 円

解説

❶ 大きな数のかけ算の筆算も，一の位(くらい)から順(じゅん)に計算する。0 をかける計算はしなくてもかまわない。

```
(2)   2657    (3)   5079    (4)    32
    ×   58        ×   62        × 918
     21256         10158          256
    13285         30474           32
    154106        314898        288
                                29376
```

❷

```
(1)    563    (4)    509    (6)   2140
     × 456         × 407        × 307
      3378          3563        14980
     2815         2036         6420
    2252          207163       656980
    256728
```

❸ (1) 1 日は 24 時間なので，365 日では，
24×365=8760(時間) になる。
(2) 1 日に 140 こ売れるので，250 日では，
140×250=35000(こ) になる。
(3) 1 箱に 245 こ入るので，425 箱では，
245×425=104125(こ) になる。
(4) 1 時間に 3942 m 歩くので，16 時間では，
3942×16=63072(m) になる。
(5) 1 こが 3895 円なので，305 こでは，
3895×305=1187975(円) になる。

上級レベル 12 大きな数のかけ算

解答

❶ (1) 455364 (2) 196091 (3) 156156
(4) 815100 (5) 2433600 (6) 14883000

❷ (1) 90678 (2) 2918400
(3) 34932300
(4) 6528600000

❸ (1) 9675000 円 (2) 208250km
(3) 10279500 円 (4) 2372500 こ
(5) 1530000 円

解説

❶

```
(1)    973    (3)    308    (5)    4800
     × 468         × 507         ×  507
      7784          2156         33600
     5838         1540          24000
    3892          156156        2433600
    455364
```

❷ かける順番を変えたり，終わりに 0 が続(つづ)くときは，0 を省(はぶ)いて計算して，最後に省いた 0 をつける。

```
(1)  2159    (2)   608       (4)   60450
   ×   42        × 48|00         × 108|000
     4318         4864            48360
    8636         2432            6045
    90678        29184|00        6528600|000
```

❸ (1) 1 日に売れる商品の代金は，1 こ 645 円が 125 こなので，645×125=80625(円) になる。だから，120 日間では，80625×120=9675000(円)
(2) 245 時間では，850×245=208250(km) になる。
(3) 1 こが 1500 円なので，6853 こでは，
1500×6853=10279500(円) になる。
(5) 1 年は 12 か月なので，8 年は 12×8=96(か月) になる。だから，8 年と 6 か月は 96+6=102(か月) になる。毎月 15000 円を貯金(ちょきん)するので，102 か月では，15000×102=1530000(円) になる。

標準レベル 13 わり算の筆算 (1)

解答

❶ (1) 13 (2) 18 (3) 123 (4) 117
(5) 609 (6) 693 (7) 29 あまり 2
(8) 12 あまり 2 (9) 65 あまり 4
(10) 124 あまり 5
(11) 989 あまり 5 (12) 1625 あまり 2

❷ (1) 24 まい (2) 44 日 (3) 840 円
(4) 32 つくることができて，2 本あまる。
(5) 133 列ならべることができて，3 まいあまる。

解説

❶ わり算では，商をたてる位をまちがえないようにする。

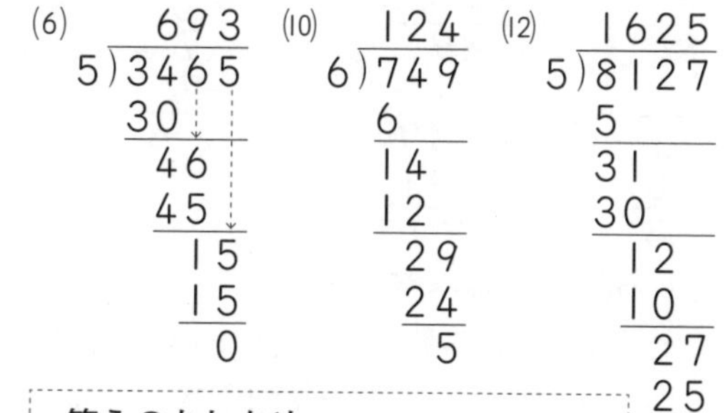

答えのたしかめ
わる数×商+あまり=わられる数

❷ (2) 1 日に 8 ページ読むので，読み終わる日数は，
352÷8=44(日) になる。
(3) 8 箱で 6720 円なので，1 箱分の代金は，
6720÷8=840(円) になる。
(4) 1 つに 4 本ずつ使うので，130 を 4 でわる。
130÷4=32 あまり 2 となるので，作品は 32 つくることができて，竹ひごが 2 本あまることになる。
(5) 1 列に 9 まいずつならべるので，ならべる列の数は，
1200÷9=133 あまり 3 から，133 列ならべることができて，タイルは 3 まいあまることになる。

上級レベル 14 わり算の筆算 (1)

解答

1 (1) 150 あまり 2　(2) 99 あまり 8
(3) 109 あまり 4　(4) 91 あまり 1
(5) 107 あまり 5　(6) 82 あまり 5

2 (1) 613 あまり 3　(2) 999 あまり 6
(3) 710 あまり 6　(4) 597 あまり 1

3 (1) 526　(2) 42 日目　(3) 95 円

4 (1) 148 きゃく　(2) 23 きゃく

解説

2 答えのたしかめもやっておく。

```
(1)     613     (2)     999     (3)     710
     6)3681          9)8997          7)4976
       36              81              49
        8              89               7
        6              81               7
        21              87              6
        18              81
         3               6
```

3 (1)**「わられる数=わる数×商+あまり」**
まちがった計算から，ある数 =9×409+1=3682 となるから，正しい計算は，3682÷7=526 になる。
(2) 250 ページを 1 日 6 ページずつ読むので，6 でわると，250÷6=41 あまり 4 となる。41 日とあまりの 4 ページを読む 1 日をあわせて，読み終わるのは 42 日目になる。
(3)えん筆の代金は，65×5=325(円) だから，ノート 8 さつの代金は，えん筆の代金とあまったお金をひいた，2000−325−915=760(円) になる。これが 8 さつ分だから，1 さつのねだんは，760÷8=95(円)

4 (2) 621÷5=124 あまり 1 だから，5 人ずつすわると，124 きゃくとあまりの 1 人がすわるいすが 1 きゃく必要(ひつよう)なので，125 きゃく使う。よって，だれもすわっていないいすは，148−125=23(きゃく)

標準レベル 15 わり算の筆算 (2)

解答

1 (1) 21　(2) 12　(3) 7　(4) 14 あまり 30
(5) 17 あまり 10　(6) 6 あまり 60
(7) 4　(8) 5　(9) 3　(10) 7 あまり 11
(11) 2 あまり 30　(12) 4 あまり 3

2 (1) 16 まい　(2) 7 本　(3) 8 箱
(4) 8 本買えて，40 円あまる。
(5) 5 人に配ることができて，10 さつあまる。

解説

1 わられる数とわる数が，終わりに 0 が続いているときのわり算では，終わりにある 0 を同じこ数だけ省(はぶ)いて計算する。商はそのままで，あまりがあるときは，あまりの終わりに，省いた 0 のこ数分だけ 0 をつけ加える。

```
(1)    21      (4)    14      (6)     6
   30)630         40)590         90)600
      6              4              54
      3             19              60
      3             16
      0              30

(10)    7      (11)    2      (12)    4
    12)95          32)94          24)99
       84             64             96
       11             30              3
```

2 (1) 320 まいを 20 等分するので，1 人分は 320÷20=16(まい) になる。
(2) 1 本 70 円なので，490÷70=7(本) になる。
(3) 96 こを 12 こずつにわけていくので，箱の数は 96÷12=8(箱) になる。
(4) 600÷70=8 あまり 40 となるので，8 本買えて 40 円あまることになる。
(5) 75÷13=5 あまり 10 となるので，5 人に配ることができて，10 さつあまる。

上級レベル 16 わり算の筆算 (2)

解答

1 (1) 3 あまり 2　(2) 4 あまり 7
(3) 2 あまり 2　(4) 4 あまり 5
(5) 5 あまり 7　(6) 5 あまり 3

2 (1) 11 あまり 40　(2) 5 あまり 30
(3) 13 あまり 40　(4) 8 あまり 50

3 (1) 20　(2) 8 問　(3) 6 こ

4 (1) 24 人　(2) 3 こ

解説

```
1 (2)    4     (4)    4     (5)    5
     18)79        11)49        15)82
        72           44           75
         7            5            7

2 (1)   11     (2)    5     (3)   13
     80)920       70)380       50)690
        8            35           5
        12            30          19
         8                        15
        40                        40
```

3 (1)まちがった計算から，ある数=80×7+40=600 となるから，正しい計算は，600÷30=20 になる。
(2)じっさいにといた問題は，100−4=96(問) なので，96 問を 12 日間でといたことになる。だから，1 日では，96÷12=8(問) ずつといたことになる。
(3)えん筆の代金は，65×12=780(円) だから，おかしの代金は，えん筆の代金とあまったお金をひいた，900−780−30=90(円) になる。おかし 1 このねだんは 15 円だから，おかしのこ数は，90÷15=6(こ)

4 (1)みかん 96 こが，4 こずつでちょうど配れたので，配った人数は，96÷4=24(人) になる。
(2)配ったりんごの数は，80−8=72(こ) になる。だから，24 人に配ると，1 人分のこ数は，72÷24=3(こ) になる。

標準レベル 17 わり算の筆算 (3)

解答

❶ (1) 7　(2) 6　(3) 14　(4) 11
(5) 8 あまり 3　(6) 6 あまり 7
(7) 15 あまり 4　(8) 20 あまり 6
(9) 23 あまり 12　(10) 20　(11) 30　(12) 50

❷ (1) 7 本　(2) 22 日　(3) 13 本
(4) 23 箱できて，3 こあまる。
(5) 26 人に配ることができて，11 まいあまる。

解説

❶ (1)
```
      7
16)112
   112
     0
```
(5)
```
      8
14)115
   112
     3
```
(7)
```
     15
12)184
   12
    64
    60
     4
```
(9)
```
     23
16)380
   32
    60
    48
    12
```
(11)
```
       30
150)4500
    45
     0
```
(12)
```
       50
170)8500
    85
     0
```

❷ (1) 1 人分の本数は，175÷25=7(本) になる。
(2) 1 日 12 ページを読むので，264 ページを読み終わるのにかかる日数は，264÷12=22(日) になる。
(3) 4 m 42 cm は 442 cm だから，34 cm ずつ切りとると，34 cm のテープは，442÷34=13(本) できる。
(4) 1 箱に，24 こずつつめていくので，555÷24=23 あまり 3 から，箱は 23 箱できて，トマトは 3 こあまる。
(5) 375 まいを，1 人に 14 まいずつ配るので，375÷14=26 あまり 11 から，26 人に配ることができて，色紙は 11 まいあまる。

上級レベル 18 わり算の筆算 (3)

解答

❶ (1) 6 あまり 11　(2) 8 あまり 8
(3) 17 あまり 29　(4) 10 あまり 17
(5) 7 あまり 18　(6) 22 あまり 14

❷ (1) 57　(2) 257　(3) 85 あまり 3
(4) 64 あまり 122

❸ (1) 55　(2) 19 回　(3) 12 本

❹ (1) 8 まい　(2) 45 まい

解説

❶ (2)
```
      8
37)304
   296
     8
```
(4)
```
     10
52)537
   52
    17
```
(6)
```
     22
29)652
   58
    72
    58
    14
```

❷ (1)
```
      57
54)3078
   270
    378
    378
      0
```
(3)
```
      85
26)2213
   208
    133
    130
      3
```
(4)
```
       64
135)8762
    810
     662
     540
     122
```

❸ (2) 運ぶ回数は，650÷35=18 あまり 20 から，18+1=19(回) になる。
(3) ノート 8 さつの代金は，120×8=960(円) なので，えん筆の代金は，2000−960−260=780(円) となる。えん筆 1 本は 65 円だから，えん筆の本数は，780÷65=12(本) になる。

❹ (1) 295 まいを 34 学級に配るので，1 学級には，295÷34=8 あまり 23 から，8 まいずつ配ることができて，ぞうきんは 23 まいあまる。
(2) 2 まいずつ多く配ると，1 学級に 10 まいずつ配ることになる。全部で，10×34=340(まい) いるので，あと，340−295=45(まい) 用意すればよい。

標準レベル 19 わり算の筆算 (4)

解答

❶ (1) 8 倍　(2) 5 倍　(3) 21 倍　(4) 20 倍
(5) 26 倍

❷ (1) 270 g　(2) 61 円　(3) 102 cm
(4) 415 人　(5) 600m

解説

❶ ある量が，もとにする量の何倍になっているかを求めるときには，わり算を使う。

ある量÷もとにする量=○(倍)

(1) もとにする量は 4 m なので，32÷4=8(倍) になる。
(2) もとにする量は 9 才なので，45÷9=5(倍) になる。
(3) もとにする量は 7 まいなので，147÷7=21(倍) になる。
(4) もとにする量は 9 cm，白いテープ 12 本分の長さは，15×12=180(cm) なので，180÷9=20(倍) になる。
(5) もとにする量は 152 箱なので，3952÷152=26(倍) になる。

❷ ある量が 1 つ分の量の何倍かになっているとき，1 つ分の量を求めるには，わり算を使う。

ある量÷○倍=1つ分の量

(1) 事典の重さは，教科書の重さの 3 つ分ということになる。教科書の重さは，810÷3=270(g) になる。
(3) 赤いひもの長さは，白いひもの長さの 9 つ分ということになる。9 m 18 cm=918 cm だから，白いひもの長さは，918÷9=102(cm) になる。
(4) 東小学校の児童数は，西小学校の児童数の 3 つ分ということになる。西小学校の児童数は，1245÷3=415(人) になる。
(5) 4.8 km=4800 m である。これが，学校までの道のりの 8 つ分だから，学校までの道のりは，4800÷8=600(m) になる。

上級レベル 20 わり算の筆算 (4)

解答

1 (1) 6倍 (2) 20こ (3) 1238人
(4) 110こ (5) 4 kg

2 (1) 25まい (2) 9 kg (3) 105円
(4) 45こ (5) 52さつ

解説

1 何倍かを求(もと)めるとき，(ある量(りょう))÷(もとにする量) の計算でもとにする量をまちがえないようにする。

(1) 13まいがもとにする量になるので，赤い色紙の数は黒い色紙の数の 78÷13=6(倍) になっている。

(2)みかんの数の21倍が420になるので，みかんの数は，420÷21=20(こ) になる。

(3) 33426÷27=1238(人) になる。

(4)ガムの数は，80÷4=20(こ) になる。また，チョコレートの数は，80÷8=10(こ) なので，全部をあわせたこ数は，80+20+10=110(こ) になる。

(5)中の荷物の重さは，48÷6=8(kg) になる。これが小の荷物の重さの2倍になっているので，小の荷物の重さは，8÷2=4(kg) になる。

2 (1)黒い色紙は，350÷7=50(まい) これが白い色紙の数の2倍なので，白い色紙は，50÷2=25(まい)

(2)お父さんの体重はたろう君の体重の2倍なので，36×2=72(kg) になる。これが弟の体重の8倍になるので，弟の体重は，72÷8=9(kg) になる。

(3)消しゴムのねだんは，315÷9=35(円) えん筆のねだんは消しゴムのねだんの3倍だから，えん筆のねだんは，35×3=105(円) になる。

(4)みかんのこ数はりんごの3倍なので，みかんのこ数は，60×3=180(こ) になる。これが，なしの4倍になるので，なしのこ数は，180÷4=45(こ) になる。

(5)童話の本は，1248÷6=208(さつ) になる。だから，外国の物語の本は，208÷4=52(さつ) になる。

21 最上級レベル③

解答

1 (1) 255200 (2) 2227736
(3) 2262345 (4) 428 (5) 8
(6) 217あまり2

2 (1) 527 (2) 98

3 (1) 150 cm (2) 750 cm

4 (1) 18ページ (2) 22日

解説

1

(1)
```
      928
    × 275
     4640
    6496
   1856
   255200
```

(2)
```
     5683
   ×  392
    11366
   51147
  17049
  2227736
```

(3)
```
     3209
   ×  705
    16045
  22463
  2262345
```

(4)
```
     428
  2)856
    8
     5
     4
     16
     16
      0
```

(5)
```
       8
  58)464
     464
       0
```

(6)
```
      217
  29)6295
     58
      49
      29
      205
      203
        2
```

2 (1)わられる数は，(わる数)×(商)+(あまり) だから，□は，19×27+14=527 になる。
(2) 2800×35=98000(g)→98 kg

3 (1) 6 m は 600 cm なので，600÷4=150(cm)
(2) 150 cm の5倍なので，150×5=750(cm)

4 (1)本のページは3さつ全部で，180×3=540(ページ) ある。これを30日間で読むので，1日に読むページ数は，540÷30=18(ページ) になる。
(2) 540ページを，毎日25ページずつ読むので，読み終わる日数は，540÷25=21あまり15 から，21+1=22(日) になる。

22 最上級レベル④

解答

1 (1) 1140000 (2) 1008183
(3) 16297500 (4) 261
(5) 35あまり8 (6) 260あまり20

2 (1) 140 (2) 30

3 (1)① 105 km ② 24日目 (2) 22人
(3) 15か月

解説

1

(2)
```
      7359
    ×  137
     51513
    22077
    7359
   1008183
```

(3)
```
      2050
    × 7950
     1025
    1845
   1435
   16297500
```

(5)
```
       35
  23)813
     69
     123
     115
       8
```

(6)
```
      260
  27)7040
     54
     164
     162
      20
```

2 (2) 75 km は 75000 m なので，
75000÷2500=30(m)

3 (1)① 3500 m ずつ30日間走るので，走ったきょりの合計は，3500×30=105000(m)→105 km
② 84 km=84000 m
84000÷3500=24(日目)

(2)何人かに分けた金がくは，10000円からあまりの100円をひいた9900円になる。だから，分けた人数は，9900÷450=22(人) になる。

(3) 4500円のゲームソフト3つの代金は，4500×3=13500(円) になる。毎月900円ずつ貯(ちょ)金(きん)して13500円になったので，貯金したのは，13500÷900=15(か月) になる。

標準レベル 23 小数のしくみ

解答

❶ (1)(順に) 9，0.7，0.04，0.005，9.745
(2)(順に) 4，0.8，0.09，0.002，4.892

❷ (1) 3.924 km (2) 5.325 km
(3) 2.896 kg (4) 8.125 kg

❸ (1) 0.8 (2) 0.435 (3) 0.064
(4) 0.67 (5) 0.23

❹ (1) 4.34，4.41，4.5，4.55
(2) 0，0.005，0.05，0.055，1.05

解説

❶ (1) 1000 m=1 km なので，100 m=0.1 km，10 m=0.01 km，1 m=0.001 km になる。これから，9745 m=9.745 km になる。
(2) 1000 g=1 kg なので，100 g=0.1 kg，10 g=0.01 kg，1 g=0.001 kg になる。これから，4892 g=4.892 kg になる。

❷ (2) 325 m は 0.325 km なので，5 km 325 m は，5.325 km になる。
(4) 125 g は 0.125 kg なので，8 kg 125 g は，8.125 kg になる。

❸ (1) 10 倍すると，小数点が右へ 1 つうつるので，0.8 になる。
(2) 10 分の 1 にすると，小数点が左へ 1 つうつるので，0.435 になる。
(3) 100 分の 1 にすると，小数点が左へ 2 つうつるので，0.064 になる。
(4) 0.1 が 6 こで 0.6，0.01 が 7 こで 0.07 になる。
(5) 0.001 が 100 こで 0.1 なので，230 こでは，0.23 となる。

上級レベル 24 小数のしくみ

解答

❶ (1) 9.56 m (2) 305 cm (3) 13.456 km
(4) 9105 m (5) 18.5 L (6) 5.8 L
(7) 0.285 kg (8) 3058 g

❷ (1) 69.05 (2) 0.043769

❸ (1) 4.839 (2) 51.025 (3) 0.345 (4) 9.39
(5) 0.006，0.02，0.25，1.003，1.035

解説

❶ (1) 56 cm は 0.56 m なので，9.56 m になる。
(2) 3 m は 300 cm，0.05 m は 5 cm なので，3.05 m は，305 cm になる。
(3) 10000 m は 10 km なので，13456 m は，13.456 km になる。
(5) 10 dL は 1 L なので，100 dL は 10 L になる。これから，185 dL は，18.5 L になる。
(6) 8 dL は 0.8 L なので，5.8 L になる。
(7) 200 g は 0.2 kg なので，285 g は 0.285 kg になる。

❷ (1) 100 倍すると，小数点が右へ 2 つうつるので，0.6905 を 100 倍すると，69.05 になる。
(2) 100 分の 1 にすると，小数点が左へ 2 つうつるので，4.3769 の 100 分の 1 は，0.043769 になる。

❸ (2) 0.001 が 20 こ で 0.02，0.001 が 5 こ で 0.005 なので，51.025 になる。
(3) 0.001 が 300 こで 0.3，40 こで 0.04，5 こで 0.005 になるので，0.345 になる。
(4) 9.3 から 0.01 ずつ大きい数をならべると，9.3，9.31，9.32，9.33，……，9.38，9.39，9.4 となるので，9.4 より 0.01 小さい数は 9.39 になる。
(5)整数の部分，小数第一位，小数第二位，…の数字を順(じゅん)番(ばん)にくらべていくとよい。

標準レベル 25 小数のたし算

解答

❶ (1) 9.31 (2) 8.99 (3) 13.28
(4) 13.538 (5) 11.963 (6) 11.761
(7) 2.398 (8) 8.655 (9) 15.778
(10) 4.004 (11) 9.259 (12) 6.301
(13) 2 (14) 2.662 (15) 11.704

❷ (1) 4.45 kg (2) 11.02 L (3) 6.59 m
(4) 7.85 L (5) 3.25 km

解説

❶ 小数のたし算の筆算では，小数点をたてにそろえて，整数のときと同じように計算する。最(さい)後(ご)に小数点をうつことをわすれないようにする。

(1) $\begin{array}{r} 3.7 \\ +5.61 \\ \hline 9.31 \end{array}$ (3) $\begin{array}{r} 4.98 \\ +8.3 \\ \hline 13.28 \end{array}$ (4) $\begin{array}{r} 8.1 \\ +5.438 \\ \hline 13.538 \end{array}$

(7) $\begin{array}{r} 0.858 \\ +1.54 \\ \hline 2.398 \end{array}$ (9) $\begin{array}{r} 8.73 \\ +7.048 \\ \hline 15.778 \end{array}$ (10) $\begin{array}{r} 0.576 \\ +3.428 \\ \hline 4.004 \end{array}$

(11) $\begin{array}{r} 6.473 \\ +2.786 \\ \hline 9.259 \end{array}$ (13) $\begin{array}{r} 0.526 \\ +1.474 \\ \hline 2.000 \end{array}$ (15) $\begin{array}{r} 5.476 \\ +6.228 \\ \hline 11.704 \end{array}$

❷ (1) 1.25 kg と 3.2 kg をあわせた重さなので，1.25+3.2=4.45(kg) になる。
(2) 8.24 L と 2.78 L をあわせた量(りょう)なので，8.24+2.78=11.02(L) になる。
(3) 3.64 m と 2.95 m をあわせた長さなので，3.64+2.95=6.59(m) になる。
(4) 2.45 L と 54 dL をあわせた量で，54 dL は 5.4 L なので，2.45+5.4=7.85(L) になる。
(5) 800 m は 0.8 km なので，0.8+2.45=3.25(km) になる。

上級レベル 26 小数のたし算

解答

1 (1) 1.88 (2) 7.069 (3) 7.95 (4) 8.841 (5) 4.455 (6) 10 (7) 10.2 (8) 7.96 (9) 3.446 (10) 10.146

2 (1) 3.53 L (2) 6.45 m (3) 5.75 kg (4) 4.25 L (5) 90分

解説

1 たす数が3つ以上のときは，左から順(じゅん)にたしていく。

(2)
$$\begin{array}{r} 4.63 \\ +\,2.439 \\ \hline 7.069 \end{array}$$
(4)
$$\begin{array}{r} 8.659 \\ +\,0.182 \\ \hline 8.841 \end{array}$$
(6)
$$\begin{array}{r} 7.183 \\ +\,2.817 \\ \hline 10.000 \end{array}$$

(7) 8.04+1.2=9.24　9.24+0.96=10.2

(8) 1.2+2.79=3.99　3.99+3.97=7.96

(9) 0.034+2.36=2.394　2.394+1.052=3.446

(10) 1.052+9.06=10.112　10.112+0.034=10.146

3つの数のたし算の筆算は次のようになる。

(7)
$$\begin{array}{r} 8.04 \\ 1.2 \\ +\,0.96 \\ \hline 10.20 \end{array}$$
(8)
$$\begin{array}{r} 1.2 \\ 2.79 \\ +\,3.97 \\ \hline 7.96 \end{array}$$
(10)
$$\begin{array}{r} 1.052 \\ 9.06 \\ +\,0.034 \\ \hline 10.146 \end{array}$$

2 (1) 18 dL=1.8 L なので，ボトルの水は，1.73+1.8=3.53(L) になる。

(2) 90 cm=0.9 m なので，全部あわせた長さは，3.8+1.75+0.9=6.45(m) になる。

(3) 全部あわせた重さは，1.2+3.6+0.95=5.75(kg) になる。

(4) 24 dL=2.4 L なので，はじめにあったジュースは，0.65+1.2+2.4=4.25(L) になる。

(5) 1時間=60分なので，0.1時間=6分 になる。0.2時間=12分，0.5時間=30分 だから，全部でかかった時間は，12+30+48=90(分) になる。

標準レベル 27 小数のひき算

解答

1 (1) 1.802 (2) 4.048 (3) 1.72 (4) 2.117 (5) 3.386 (6) 1.534 (7) 1.883 (8) 0.554 (9) 2.233 (10) 0.937 (11) 6.632 (12) 3.25 (13) 8.05 (14) 11.223 (15) 8.35

2 (1) 0.55 L (2) 2.55 m (3) 7.2 km (4) 4.8 L (5) 1.05 kg

解説

1 小数のひき算の筆算も，たし算と同じように，小数点をたてにそろえて，整数のときと同じように計算する。最後(さいご)に小数点をうつことをわすれないようにする。

(1)
$$\begin{array}{r} 4.265 \\ -\,2.463 \\ \hline 1.802 \end{array}$$
(3)
$$\begin{array}{r} 2.741 \\ -\,1.021 \\ \hline 1.720 \end{array}$$
(5)
$$\begin{array}{r} 4.916 \\ -\,1.53 \\ \hline 3.386 \end{array}$$

(7)
$$\begin{array}{r} 4.050 \\ -\,2.167 \\ \hline 1.883 \end{array}$$
(9)
$$\begin{array}{r} 2.800 \\ -\,0.567 \\ \hline 2.233 \end{array}$$
(11)
$$\begin{array}{r} 9.000 \\ -\,2.368 \\ \hline 6.632 \end{array}$$

(13)
$$\begin{array}{r} 12.32 \\ -\;\;4.27 \\ \hline 8.05 \end{array}$$
(14)
$$\begin{array}{r} 16.543 \\ -\;\;5.32 \\ \hline 11.223 \end{array}$$
(15)
$$\begin{array}{r} 22.00 \\ -\,13.65 \\ \hline 8.35 \end{array}$$

2 (1) 残(のこ)っている水は，1.8 L から 1.25 L をひいた残りだから，1.8−1.25=0.55(L) になる。

(2) 残っている竹ひごは，3.4 m から 0.85 m をひいた残りだから，3.4−0.85=2.55(m) になる。

(3) 公園からの道のりは，12 km から 4.8 km をひいた残りだから，12−4.8=7.2(km) になる。

(4) 今日使った灯油(とうゆ)は，最初(さいしょ)にあった量(りょう)から残っている量をひいたものなので，17.5−12.7=4.8(L) になる。

(5) 400 g=0.4 kg なので，最初のさとうと入れ物をあわせた重さは，0.4+0.8=1.2(kg) になる。それから，0.15 kg を使ったので，1.2−0.15=1.05(kg) になる。

上級レベル 28 小数のひき算

解答

1 (1) 0.711 (2) 7.72 (3) 2.699 (4) 2.073 (5) 8.37 (6) 45.17 (7) 15.96 (8) 5.18 (9) 15.901 (10) 0.216

2 (1) 10.07 L (2) 1.25 m (3) 0.5 m (4) 9.5 dL (5) 111.23 kg

解説

1 (1)
$$\begin{array}{r} 5.700 \\ -\,4.989 \\ \hline 0.711 \end{array}$$
(2)
$$\begin{array}{r} 8.00 \\ -\,0.28 \\ \hline 7.72 \end{array}$$
(4)
$$\begin{array}{r} 3.000 \\ -\,0.927 \\ \hline 2.073 \end{array}$$

(5) 13.5−0.5=13　13−4.63=8.37

(6) 49.6−2.8=46.8　46.8−1.63=45.17

(7) 22.5+2.64=25.14　25.14−9.18=15.96

(8) 7.84−3.89=3.95　3.95+1.23=5.18

(9) 3.621−0.34=3.281　3.281+13.9=17.181
17.181−1.28=15.901

2 (1) 残っているペンキは 18 L からかべといすをぬった量をひいたものなので，18−5.85−2.08=10.07(L) になる。

(2) 3.45 m は 345 cm なので，残っているはり金の長さは，345−30−75−115=125 (cm) となる。よって，125 cm=1.25 m になる。

(3) 2.8+3.5=6.3(m) なので，6.3 m から 5.8 m をひいた長さがつなぎ目の長さになるので，6.3−5.8=0.5(m) になる。

(4) 6 dL は 0.6 L なので，残っている牛にゅうは，3.6−1.25−0.8−0.6=0.95(L) となる。よって，0.95 L=9.5 dL になる。

(5) B(ビー)さんの体重は 37.15+1.25=38.4(kg)，C(シー)さんの体重は 37.15−1.47=35.68(kg) なので，3人の合計は，37.15+38.4+35.68=111.23(kg) になる。

標準レベル 29 小数のかけ算

解答

❶ (1) 37.8　(2) 21.6　(3) 37.8
(4) 16.8　(5) 145.8　(6) 157.5
(7) 2.08　(8) 8.82　(9) 20.48
(10) 8.14　(11) 2.428　(12) 74.032
(13) 147.89　(14) 3525.6　(15) 204.384

❷ (1) 24.5 kg　(2) 42 kg　(3) 15.75 L
(4) 192 g　(5) 89.6 L

解説

❶ 小数×整数の筆算は，整数のかけ算と同じように計算して，その積に，かけられる数にそろえて小数点をうつ。小数点をうつ位置に注意する。

```
(5)    2.7   (9)  2.56   (10)  2.035
     × 5 4      ×    8       ×     4
     1 0 8      2 0.4 8        8.1 4 0
   1 3 5
   1 4 5.8

(12)  9.2 5 4   (13)    6.4 3   (15)     4.2 5 8
   ×        8        ×    2 3         ×      4 8
    7 4.0 3 2          1 9 2 9         3 4 0 6 4
                     1 2 8 6         1 7 0 3 2
                     1 4 7.8 9       2 0 4.3 8 4
```

❷ (1) 3.5 kg が 7 本あるので，3.5×7=24.5(kg)
(2) 1 ふくろ 1.2 kg なので，35 ふくろでは，1.2×35=42(kg) になる。
(3) 1 本に 0.35 L 入っているので，45 本では，0.35×45=15.75(L) になる。
(4) 1 こ 3.6 g のコイン 12 まいの重さは，3.6×12=43.2(g) になる。また，1 こ 6.2 g のコイン 24 まいの重さは，6.2×24=148.8(g) なので，全部あわせた重さは，43.2+148.8=192(g) になる。
(5) 64 dL=6.4 L なので，14 日間では，6.4×14=89.6(L) になる。

上級レベル 30 小数のかけ算

解答

❶ (1) 344.3　(2) 305.08　(3) 144.855
(4) 23.876　(5) 43.08　(6) 55.863
(7) 381.024　(8) 45.301　(9) 107.688
(10) 300.288

❷ (1) 1496 円　(2) 12 L　(3) 18.04 L
(4) 45.9 kg　(5) 17.9 m

解説

❶ 小数点をうつ位置をまちがえないようにする。

```
(2)     5.2 6   (3)       5.3 6 5   (6)   6.2 0 7
      ×   5 8         ×       2 7       ×       9
      4 2 0 8         3 7 5 5 5         5 5.8 6 3
    2 6 3 0         1 0 7 3 0
    3 0 5.0 8       1 4 4.8 5 5

(7)      7.0 5 6   (9)      2.5 6 4   (10)     6.2 5 6
       ×     5 4          ×     4 2          ×     4 8
       2 8 2 2 4            5 1 2 8          5 0 0 4 8
     3 5 2 8 0          1 0 2 5 6          2 5 0 2 4
     3 8 1.0 2 4        1 0 7.6 8 8        3 0 0.2 8 8
```

❷ (2) 1.8 L の灯油が入ったよう器 8 こ分の灯油の量は，1.8×8=14.4(L)，24 dL=2.4 L なので，使った灯油は，14.4−2.4=12(L) になる。
(3) 15 dL=1.5 L になる。12 人で分けたジュースの量は，1.5×12=18(L) なので，はじめにあったジュースは，18+0.04=18.04(L) になる。
(4) 800 g=0.8 kg なので，1 箱のみかんと箱をあわせた重さは，1.75+0.8=2.55(kg) になる。18 箱の全部の重さは，2.55×18=45.9(kg) になる。
(5) 2.5 m のひも 8 本分の長さは，2.5×8=20(m) になる。また，結び目は 7 つできて，それぞれに 30 cm 使うことになるので，結び目に使う長さは全部で 30×7=210(cm)=2.1(m) になる。よって，全体の長さは，20−2.1=17.9(m)になる。

標準レベル 31 小数のわり算 (1)

解答

❶ (1) 0.8　(2) 1.6　(3) 3.8　(4) 8.5
(5) 5.9　(6) 1.7　(7) 6.34　(8) 9.82
(9) 0.218　(10) 0.208

❷ (1) 0.7 L　(2) 14.3 cm　(3) 0.96 kg
(4) 1.45 kg　(5) 650 m

解説

❶ 小数÷整数の筆算は，整数のわり算と同じように計算して，その商に，わられる数の小数点にそろえて小数点をうつ。小数点をうつ位置に注意する。

```
(1)   0.8    (2)   1.6    (3)    3.8
   8)6.4        6)9.6        9)34.2
     6 4          6            2 7
       0          3 6            7 2
                  3 6            7 2
                    0              0

(6)       1.7   (8)    9.8 2   (10)    0.2 0 8
    42)71.4        3)29.4 6       17)3.5 3 6
       42            27              3 4
       29 4           2 4              1 3 6
       29 4           2 4              1 3 6
          0             6                  0
                        6
                        0
```

❷ (1) 3.5 L を 5 等分するので，1 人分は，3.5÷5=0.7(L) になる。
(2) 1 辺の長さは，57.2÷4=14.3(cm) になる。
(3) 1 L の重さは，34.56÷36=0.96(kg) になる。
(4) 50.75 kg を 35 等分するので，50.75÷35=1.45(kg) になる。
(5) 池のまわり 1 周分の長さは，8.45÷13=0.65(km) になる。0.65 km=650 m になる。

上級レベル 32 小数のわり算 (1)

解答

1 (1) 3.4 (2) 4.6 (3) 6.49 (4) 3.64
(5) 0.134 (6) 0.103 (7) 4.6 (8) 2.3
(9) 0.263 (10) 0.143

2 (1) 52.5 L (2) 7 本 (3) 7.9 g
(4) 8.6 cm (5) 5.7

解説

1 商の小数点の位置に注意する。

```
(2)      4.6      (4)     3.64     (5)      0.134
   13)59.8           6)21.84          21)2.814
      52                18                2 1
       78                38                 71
       78                36                 63
        0                 24                 84
                          24                 84
                           0                  0

(6)     0.103     (9)     0.263    (10)     0.143
   49)5.047         28)7.364          36)5.148
      4 9              5 6               3 6
       147             1 76              1 54
       147             1 68              1 44
         0                84                108
                          84                108
                           0                  0
```

2 (1) 434.7 km 走るのに使ったガソリンは，
434.7÷23=18.9(L) なので，はじめに入っていたガソリンは，18.9+33.6=52.5(L) になる。
(3) 186.4−123.5−15.5=47.4(g) がえん筆 6 本分の重さになる。これから，えん筆 1 本の重さは，
47.4÷6=7.9(g) となる。
(4)長方形のまわりの長さは，17.2×2=34.4(cm)
よって，正方形の 1 辺の長さは，34.4÷4=8.6(cm)
(5)ある数は，205.2÷6=34.2 なので，正しい答えは，
34.2÷6=5.7 になる。

標準レベル 33 小数のわり算 (2)

解答

1 (1) 7.1 あまり 0.2 (2) 2.0 あまり 0.3
(3) 3.8 あまり 0.1 (4) 2.8 あまり 0.6

2 (1) 0.815 (2) 6.784 (3) 0.024 (4) 2.15

3 (1) 1.1 (2) 0.8

4 (1) 10 ふくろできて，3.5 kg あまる。
(2) 6 人に分けることができて，1.2 L あまる。
(3) 2.95 kg (4) 1.75 m (5)約 0.6 L

解説

1 小数÷整数の計算であまりを求めるとき，あまりの小数点は，わられる数の小数点にあわせてうつ。

```
(1)    7.1      (2)    2.0      (4)     2.8
   9)64.1          7)14.3         15)42.6
     63              14              30
      1 1             0.3            12 6
        9                            12 0
      0.2                             0.6
```

2 わり算でわり進むときは，わられる数のいちばん下の位のあとに 0 をつけて，下の位へわり算を続けていく。

```
(1)    0.815    (3)     0.024    (4)     2.15
   8)6.520        15)0.360         16)34.40
     6 4              30              32
       12              60              2 4
        8              60              1 6
        40              0                80
        40                               80
         0                                0
```

4 (1) 63.5÷6=10 あまり 3.5 から，10 ふくろできて，3.5 kg あまる。
(2) 25.2÷4=6 あまり 1.2 から，6 人に分けることができて，1.2 L あまる。
(3) 35.4÷12=2.95(kg)
(4) 43.75÷25=1.75(m)
(5) 4.7÷8=0.5875 なので，約 0.6 L になる。

上級レベル 34 小数のわり算 (2)

解答

1 (1) 0.26 あまり 0.01 (2) 0.26 あまり 0.04
(3) 2.08 あまり 0.02 (4) 4.67 あまり 0.01

2 (1) 5.25 (2) 0.24 (3) 0.0428 (4) 0.195

3 (1) 3.93 (2) 1.12

4 (1) 9 日間飲むことができて，1.3 L あまる。
(2) 10 本できて，0.5 m あまる。
(3) 0.45 L (4) 2.5 m (5)約 4.3 kg

解説

```
1 (1)   0.26    (3)    2.08    (4)    4.67
     6)1.57        6)12.50        7)32.70
       1 2           12             28
         37            50            4 7
         36            48            4 2
       0.01          0.02              50
                                       49
                                     0.01

2 (2)    0.24   (3)    0.0428   (4)    0.195
     25)6.00       50)2.1400       12)2.340
        5 0           2 00            1 2
        1 00            140           1 14
        1 00            100           1 08
           0             400             60
                         400             60
                           0              0
```

3 (1) 27.5÷7=3.928… (2) 12.3÷11=1.118…

4 (1) 28.3÷3=9 あまり 1.3 から，9 日間飲むことができて，1.3 L あまる。
(2) 1.5×3=4.5(m) 25−4.5=20.5(m) から 2 m を切り取るので，20.5÷2=10 あまり 0.5 から，10 本できて，0.5 m あまる。
(3) 7.6−0.4=7.2(L) を 16 人で分けたので，1 人分は，7.2÷16=0.45(L)
(5) 73.4÷17=4.31…から，約 4.3 kg になる。

標準レベル 35 小数のわり算 (3)

解答

❶ (1) 0.8 倍　(2) 0.4 倍
(3) 3.5 倍　(4) 2.45 倍
❷ (順に) 100, 10, 10, 380
❸ (1)① 4 倍　② 0.46 倍　③ 345 m
(2) 1.35 倍
(3) 56 kg

解説

❶ ある大きさが，もとにする大きさの何倍にあたるかを小数で表すことがある。
(ある大きさ)÷(もとにする大きさ)=○(倍)
(1) 9 がもとにする数になる。
7.2÷9=0.8(倍)
(2) 40 がもとにする数になる。
16÷40=0.4(倍)
(3) 15 がもとにする数になる。
52.5÷15=3.5(倍)
(4) 35 がもとにする数になる。
85.75÷35=2.45(倍)

❷ 15200=152×100
40=4×10
100÷10=10
38×10=380

❸ 「～は○の何倍ですか。」というときは，○がもとにする大きさになる。
「□は○の△倍です。」というときは，□=○×△ となる。
(1)①ひでき君の家から公園までの道のりがもとにする道のりになるので，
500÷125=4(倍) になる。
②なおき君の家から公園までの道のりがもとにする道のりになるので，
230÷500=0.46(倍) になる。
③ 230 m の 1.5 倍になるので，
230×1.5=345(m)
(2)横の長さがもとにする長さになるので，
10.8÷8=1.35(倍) になる。
(3)お父さんの体重は，35 kg の 1.6 倍なので，
35×1.6=56(kg)

上級レベル 36 小数のわり算 (3)

解答

❶ (1) 1.75 倍　(2) 162 こ　(3) 876 人
(4) 36 ぴき　(5) 0.0138
❷ (1) 108 こ　(2) 9.45 kg　(3) 63 円
(4) 45.3 cm　(5) 2.565

解説

❶ もとにする大きさをまちがえないように注意する。
(1)白いひもの長さがもとにする長さになるので，
赤いひもは白いひもの，
3.5÷2=1.75(倍) になる。
(2)みかんの数は，りんご 45 この 3.6 倍なので，
45×3.6=162(こ)
(3) B 小学校の児童数(じどうすう)は，584 人の 1.5 倍になるので，
584×1.5=876(人)
(4)さるの数はりす 6 ぴきの 3.5 倍なので，
6×3.5=21(ぴき)
うさぎの数はりす 6 ぴきの 1.5 倍なので，
6×1.5=9(ひき)
これから，全部をあわせた数は，
6+21+9=36(ぴき) になる。
(5) 9.66÷700=(966÷100)÷(7×100)
=966÷100÷7÷100
=(966÷7)÷100÷100
=138÷10000
=0.0138

❷ (1)中の荷物は，20 この 3.6 倍なので，
20×3.6=72(こ)
小の荷物の数は中の荷物の 1.5 倍なので，
72×1.5=108(こ) になる。
(2)お父さんの体重は，けんた君の 1.8 倍なので，
35×1.8=63(kg)
また，妹の体重は，お父さんの 0.15 倍なので，
63×0.15=9.45(kg) になる。
(3)ボールペン 1 本のねだんは，45 円の 2.8 倍なので，
45×2.8=126(円)
えん筆 1 本のねだんは，ボールペン 1 本のねだんの 0.5 倍なので，
126×0.5=63(円) になる。
(4)上から 3 けたのがい数で表すときは，上から 4 けた目まで計算して四捨五入(ししゃごにゅう)する。
634 cm を 14 等分するので，634÷14=45.28…
から，上から 3 けたのがい数で求めるので，商は
$\frac{1}{100}$ の位(くらい)で四捨五入して 45.3 cm になる。
(5) 28.5×0.09=(285÷10)×(9÷100)
=285÷10×9÷100
=(285×9)÷10÷100
=2565÷1000
=2.565

37 最上級レベル 5

解答

1 (1) 2.67 (2) 1000 (3) 0.305

2 (1) 6.32 (2) 91.56 (3) 8607.84
(4) 1.8 (5) 1.56 あまり 0.11
(6) 53.307

3 (1) 57.136 (2) 30.3 m (3) 131.25 kg
(4) 1.7 倍

解説

1 (1) 0.1 が 25 こで 2.5，0.01 が 17 こで 0.17 なので，2.5+0.17=2.67 になる。
(2) 位が 3 けた上がるので 1000 倍になる。
(3) 1000g=1 kg なので，300 g は 0.3 kg，5 g は 0.005 kg になる。

2 小数第 3 位まで求めるときは，小数第 4 位まで計算して四捨五入する。
(1) 4.38+8.24=12.62
12.62−6.3=6.32

(2)
```
     0.3 2 7
   ×   2 8 0
   2 6 1 6
   6 5 4
   9 1.5 6
```
(3)
```
         9.4 8
       × 9 0 8
         7 5 8 4
     8 5 3 2
     8 6 0 7.8 4
```
(4)
```
          1.8
  43 ) 77.4
       43
       344
       344
         0
```
(5)
```
           1.56
  36 ) 56.27
       36
       202
       180
        227
        216
        0.11
```
(6)
```
          53.3069
  13 ) 692.9900
       65
        42
        39
         39
         39
           90
           78
           120
           117
             3
```

3 (1) 57 より小さい数でいちばん近いのは 56.731，57 より大きい数でいちばん近いのは 57.136
よって，56.731 と 57.136 では，57.136 の方が 57 に近い数になる。
(2) 40 cm=0.4 m なので，B は 30.5+0.4=30.9 (m) になる。60 cm=0.6 m なので，C は 30.9−0.6=30.3 (m) 投げたことになる。
(3) 5 m の長さのぼうの重さは，1.75×5=8.75 (kg) なので，15 本分の重さは，8.75×15=131.25 (kg) になる。
(4) 青いテープの長さは，白いテープの 0.6 倍なので，20×0.6=12 (m) これから，赤いテープの長さは青いテープの 20.4÷12=1.7 (倍) になる。

38 最上級レベル 6

解答

1 (1) 5 (2) 3247 (3) 5.03

2 (1) 46.2 (2) 8662.5 (3) 102.918
(4) 0.247 (5) 27.77 あまり 0.12
(6) 0.332

3 (1) 1.34 cm (2) 11.211
(3) およそ 612.5 m
(4) 3.08 kg

解説

1 (1) 10 倍すると小数点は右へ 1 けた，100 倍すると右へ 2 けたうつる。
0.35 の 10 倍は 3.5，0.015 の 100 倍は 1.5 なので，3.5+1.5=5
(2) 0.001 が 1000 こ集まると 1 になるので，3.247 は 0.001 が 3247 こ集まった数になる。
(3) 100 cm=1 m なので，3 cm=0.03 m になる。

2 (6) 上から〜けたのがい数で表すとき，最初から続く 0 はけた数に入れないことに注意しよう。
0.3323 を上から 3 けたのがい数で表すと，0.332 になる。
(1) 49.7−3.9=45.8　45.8+5=50.8
50.8−4.6=46.2

(2)
```
       6 9.3
     × 1 2 5
     3 4 6 5
   1 3 8 6
   6 9 3
   8 6 6 2.5
```
(3)
```
     3.0 2 7
   ×     3 4
   1 2 1 0 8
   9 0 8 1
 1 0 2.9 1 8
```
(4)
```
        0.247
  18 ) 4.446
       36
        84
        72
        126
        126
          0
```
(5)
```
          27.77
  17 ) 472.21
       34
       132
       119
        132
        119
         131
         119
         0.12
```
(6)
```
          0.3323
  23 ) 7.6440
       69
        74
        69
         54
         46
          80
          69
          11
```

3 (1) 13.4 m を 10 等分した 1 つ分の長さは 1.34 m なので，それをさらに 100 等分した 1 つ分の長さは 0.0134 m になる。よって，0.0134 m=1.34 cm になる。
(2) ある数は，11.913−3.78=8.133 なので，正しい答えは，8.133+3.078=11.211 となる。
(3) 2.5 の 245 倍なので，ビルの高さは，およそ，2.5×245=612.5 (m) になる。
(4) A のぼう 1 m の重さは，4.62÷3=1.54 (kg) なので，4 m の重さは，1.54×4=6.16 (kg) になる。これが B のぼう 2 m の重さと同じなので，B のぼう 1 m の重さは，6.16÷2=3.08 (kg) になる。

標準レベル 39 角の大きさ

解答

❶ (1) 2 直角　(2) 3 直角　(3) 5 直角
❷ (1) 40°　(2) 130°　(3) 340°
❸ ア 60°　イ 30°　ウ 45°　エ 45°
❹ (1)① 240°　② 225°
(2)ア 50°　イ 130°
❺ (1) 30°　(2) 30°

解説

❶ **90° を 1 直角とすると，180°=2 直角，360°=4 直角 となる。**
(1) 180° なので，2 直角になる。
(2) 270° は 90° が 3 つ分なので，3 直角になる。
(3) 90° が 5 つ分なので，5 直角になる。

❷ 分度器（ぶんどき）で角の大きさをはかるときは，辺（へん）を重ねた 0° のところから角の大きさの数字を数えていく。

❸ 1 組の三角じょうぎは，それぞれ，3 つの角が 30°，60°，90° と 45°，45°，90° の直角三角形である。角の大きさとその位置（いち）を覚（おぼ）えておく。

❹ **2 つの直線が交わってできる角では，向かい合った角の大きさは等しくなる。**
右の図で，ア＝ウ，イ＝エ
(2)ア　向かい合う 50° の角と同じ大きさになる。
イ　向かい合う 130° の角と同じ大きさになる。

❺ (1)時計の長いはりは，1 時間(60 分)に 360° まわるので，1 分間では，360°÷60=6° まわる。だから，5 分間では，6°×5=30° まわる。
(2)時計の短いはりは，12 時間で 360° まわるので，1 時間では，360°÷12=30° まわることになる。

上級レベル 40 角の大きさ

解答

❶ (1) 120°　(2) 210°　(3) 150°
(4) 135°
❷ 210°
❸ (1) 250°　(2) 58°　(3) 65°
(4) 80°
❹ ア 75°　イ 135°

解説

❶ (1) 60°+ア=180° なので，
ア=180°−60°=120°
(2)ア=180°+30°=210°
(3)右の図より，ア=180°−30°=150°

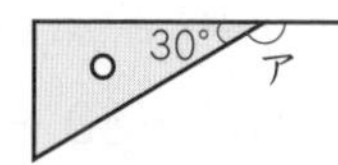

(4)右の図より，ア=180°−45°=135°

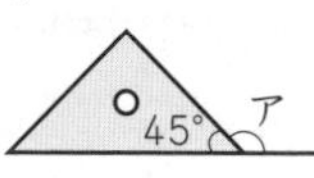

❷ 時計の長いはりが 5 分間にまわる角度は 30° なので，30°×7=210° になる。

❸ (1)ア=360°−110°=250°
(2)ア=360°−302°=58°
(3)向かい合う角の大きさは等しいので，
ア=180°−60°−55°=65° になる。

❹ 角アは，30° と 45° が合わさっているので，
ア=30°+45°=75° になる。
角イは，90° と 45° が合わさっているので，
イ=90°+45°=135° になる。

三角じょうぎの角の大きさ

標準レベル 41 垂直と平行

解答

❶ 垂直（すいちょく） ウ，平行 イ
❷ (1)直線エと直線カ　(2)直線オ
❸ (1)辺エウ　(2)辺アイ，辺エウ
❹ (1) ウ，オ，キ　(2) 120°
(3) 60°　(4) 180°

解説

❶ 直角に交わる 2 本の直線は，**垂直**であるという。
1 本の直線に垂直な 2 本の直線は，**平行**であるという。
平行な 2 つの直線は決して交わらない。
直角に交わっているのは**ウ**。交わらないのは**イ**。**エ**のように交わっていないように見えても，線をのばすと交わるものは平行ではない。

❷ (1)交わっていない 2 つの直線を見つける。
(2)ウと垂直に交わっている直線を見つける。

❸ (1)辺エウは辺アイと交わらないので平行である。
(2)辺アイと辺エウの 2 つある。

❹ 平行な直線とほかの直線が交わってつくる角の大きさの関係は，次のようになる。
○の角の大きさはそれぞれ等しく，
●の角の大きさもそれぞれ等しい。
また，●+○=180° である。
(1)ア=オ=ウ=キ になる。
(2) 180°−60=120° になる。
(3)イ=エ=カ=60° になる。
(4)オ =120°，カ =60° なので，
120°+60°=180° になる。

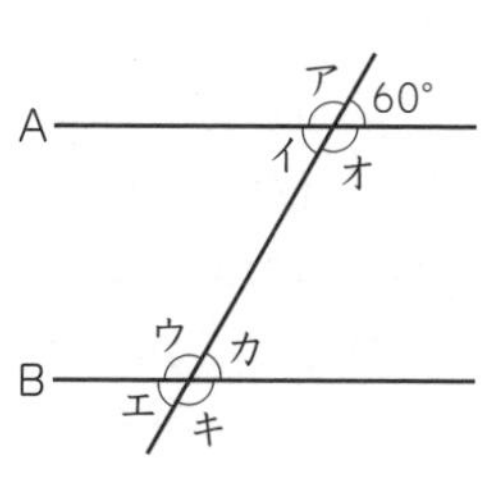

上級レベル 42 垂直と平行

解答

1 (1)辺アキ，辺カオ
(2)辺キウ，辺オエ，辺アイ
(3)辺カオ

2 ア 75°　イ 250°

3 ア 140°　イ 140°　ウ 40°

4 (1)キ，ク，ケ　(2)イ，コ　(3) 70°

解説

1 (1)交わらない辺を見つける。辺アキと辺カオの２つの辺が辺イウと平行になる。辺ウエは平行ではないことに注意する。
(2)直角に交わる辺を見つける。辺キウ，辺オエ，辺アイの３つが垂直になる。

2 右の図より，アと○は等しいので，ア=180°−105°=75°
△と 70° は等しいので，
イ=180°+70°=250°

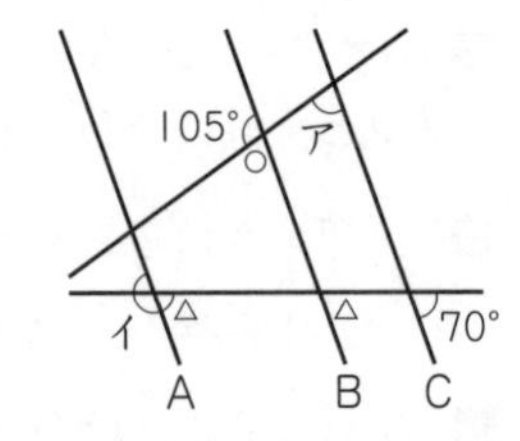

3 右の図より，
ア=180°−40°=140°，イはアと等しくなるので，140°
ウは 40° になる。

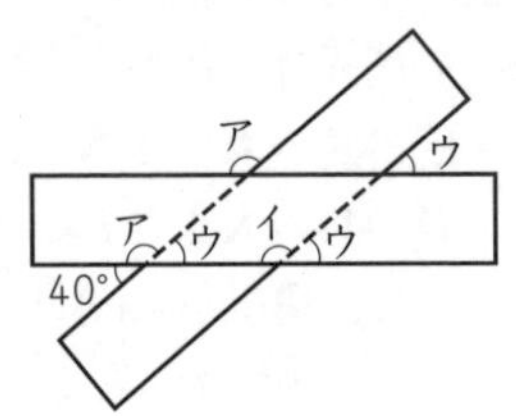

4 平行な線と角の関係がつかめるようにする。
右の図のように，アと○，ウと△は等しくなる。
(1)図より，キ，ク，ケの３つ。
(2)図より，イ，コの２つ。
(3)アが 110° のとき，イは 70°，
イ=コ なので，70° になる。

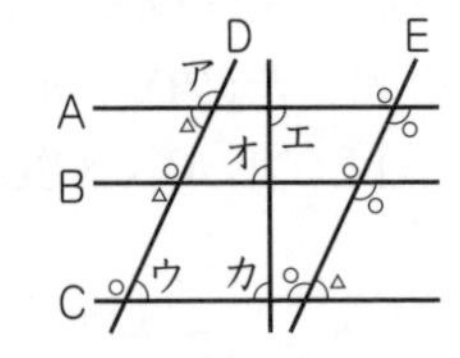

標準レベル 43 角度の計算 (1)

解答

1 (1) 25°　(2) 285°　(3) 80°
(4) 120°

2 ① 360°　② 6°　③ 30°　④ 0.5°

3 (1) 150°　(2) 135°

4 (1) 135°　(2) 135°　(3) 15°
(4) 15°　(5) 120°　(6) 45°

解説

1 (1) 90°−65°=25°
(2) 75° の向かい合う角の大きさも 75° なので，
360°−75°=285° になる。
(3)アと向かい合う角の大きさもアと等しいので，
180°−60°−40°=80° になる。
(4) 65°+55°=120° は，アと向かい合う角になっているので，120° になる。

2 ①長いはりは，１時間で１周するので，360°
②①から，長いはりは，１分間に 360°÷60=6° まわることになる。
③短いはりは，１時間に 360°÷12=30° まわる。
④③より，30°÷60=0.5° まわることになる。

3 (1) 30°×5=150°
(2)短いはりは，１と２のまん中にきているので，短いはりと２の目もりのつくる角の大きさは 15°
これから，15°+120°=135° になる。

4 (1) 180°−45°=135°
(2) 180°−45°=135°
(3) 45°−30°=15°
(4) 60°−45°=15°
(5) 180°−60°=120°
(6) 90°−45°=45°

上級レベル 44 角度の計算 (1)

解答

1 (1) 89°　(2) 71°　(3) 104°　(4) 30°

2 (1) 75°　(2) 105°　(3) 10°　(4) 140°
(5) 105°　(6) 105°

解説

1 (1) 180°−138°=42° なので，ア=42°+47°=89°
(2) 215°−180°=35° なので，ア=106°−35°=71°
(3)アと向かい合う角の大きさもアと等しいので，
ア=180°−28°−48°=104°
(4)ア=360°−281°−27°−22°=30°

2 三角形の３つの角の和は 180° になる。
角ア＋角イ＋角ウ＝180°

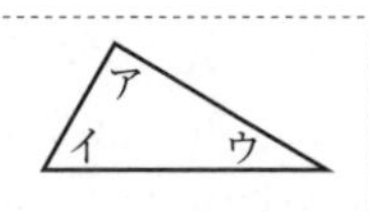

(1)●=45°，△=30° なので，○=105°
ア=180°−105°=75°

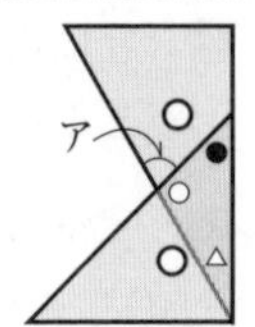

(2)●=30°，△=45° なので，
ア=180°−30°−45°=105°

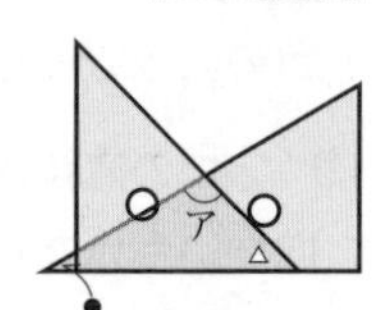

(3)●=45° なので，△=85°
○=35° になるので，
ア=90°−35°−45°
=10°

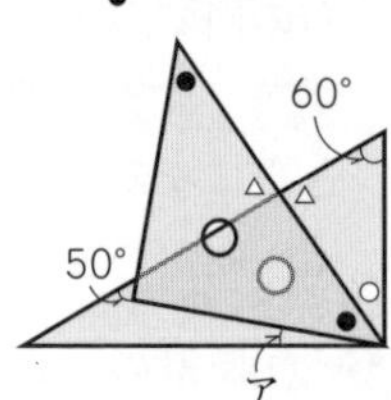

(4)● =85° なので，
△=180°−85°=95°
○=180°−95°−45°=40°
になるので，
ア=180°−40°=140°

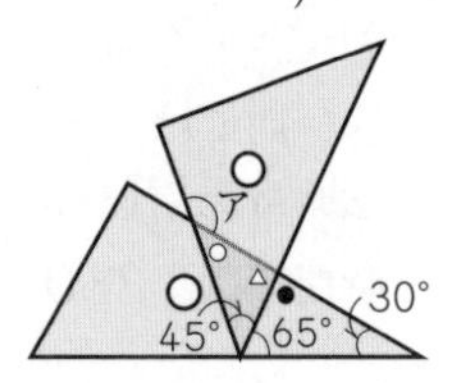

標準レベル 45 角度の計算 (2)

解答

❶ (1) 125° (2) 55° (3) 75° (4) 50°
❷ (1) 105° (2) 40°
❸ (1) 60° (2) 70°

解説

❶ (1)右の図で，A（エー）とB（ビー）は平行なので，ア=○ になる。また，C（シー）とD（ディー）も平行なので，○=125° である。

(2)右の図で，AとBは平行なので，25°+ア=80° になる。アは，80°−25°=55° である。

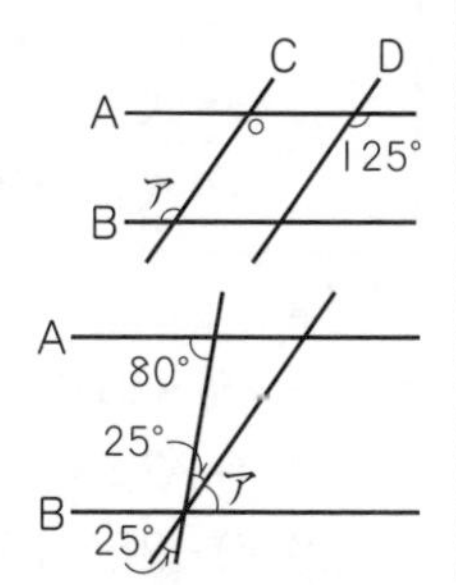

(3)右の図より，○=180°−50°−25°=105° なので，アは，180°−105°=75° である。

(4)右の図より，AとBは平行なので，ア+25°=75° になる。アは，75°−25°=50° である。

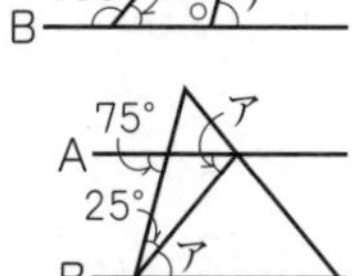

❷ (1)角ACB=30° なので，アは，180°−45°−30°=105° になる。

(2)AとBは平行，三角形CDE（イー）は正三角形なので，右の図で，○=20°+60°=80° になる。アは，180°−60°−80°=40° である。

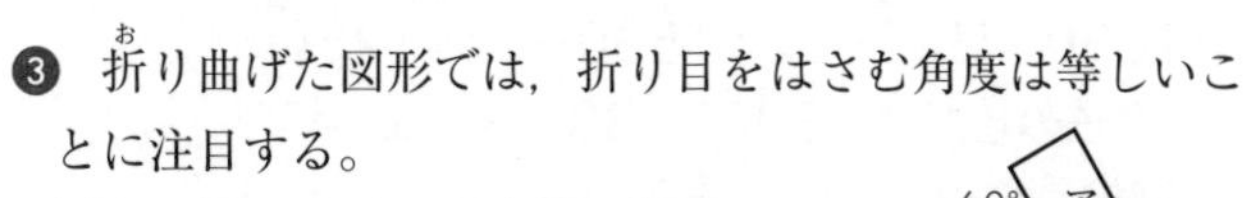

❸ 折（お）り曲げた図形では，折り目をはさむ角度は等しいことに注目する。

(1)右の図より，アは60° である。

(2)右の図で，折り目をはさむ○と55° は等しくなる。これから，アは，180°−55°−55°=70° になる。

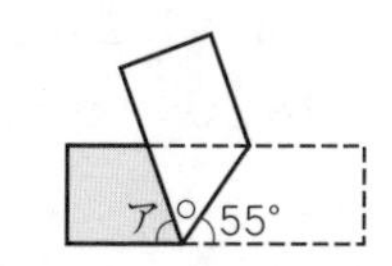

上級レベル 46 角度の計算 (2)

解答

❶ (1) 70° (2) 113° (3) 55° (4) 85°
❷ (1) 125° (2) 150°
❸ (1) 57° (2) 50° (3) 30° (4) 56°

解説

❶ 三角形の3つの角の和は180°

(1)右の図で，○=180°−115°=65° なので，アは，180°−45°−65°=70° である。

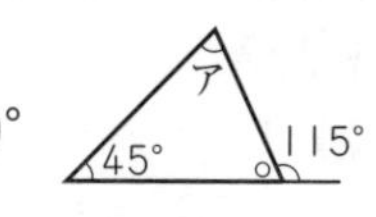

右の図で，
角A+角B=角C
となる。
これを使うと，
アは，115°−45°=70° で求（もと）められる。

(2)右の図で，○=180°−43°−30°=107° なので，●=180°−107°=73° である。これから，△=180°−40°−73°=67° なので，アは，180°−67°=113° になる。

(3)右の図で，○=180°−35°−60°=85° になるので，アは，180°−40°−85°=55° である。

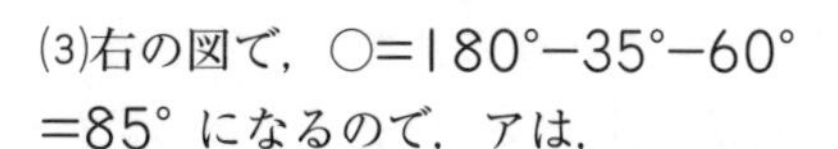

(4)右の図で，○=180°−45°−80°=55° になるので，アは，180°−40°−55°=85° である。

❷ (1)右の図で，○=180°−35°−60°=85° なので，●=180°−85°=95° になる。すると，△=180°−95°−30°=55° とわかる。これから，アは，180°−55°=125° である。

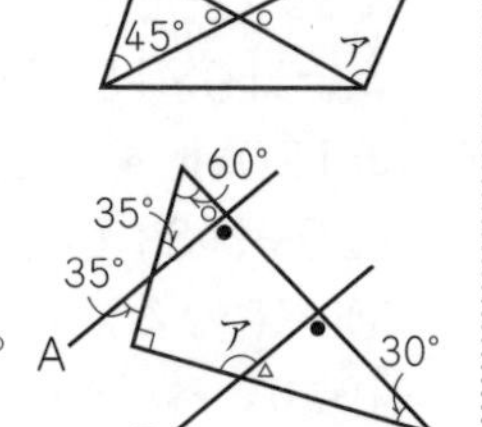

(2)右の図で，BA=BC=BE なので，三角形BAEは二等辺三角形（にとうへんさんかくけい）になる。図より，180°−30°=150° で，角BEA=角BAE なので，角BEA=75° になる。同じように，三角形CEDも二等辺三角形なので，角CED=75° になる。
これから，アは，360°−75°−75°−60°=150° になる。

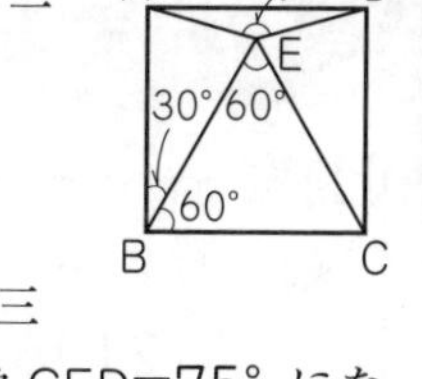

❸ (1)右の図で，AとBは平行なので，○=73° である。これから，アは，180°−50°−73°=57° である。

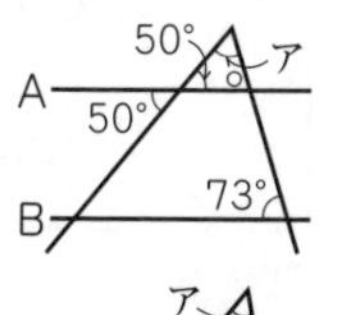

(2)右の図で，AとBとCは平行なので，○=50° である。また，●=180°−100°=80° なので，アは，180°−50°−80°=50° になる。

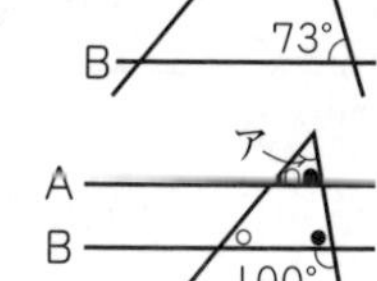

(3)右の図で，○=30° である。また，折り曲げたことから，30°+ア=60° になる。これから，アは，60°−30°=30° になる。

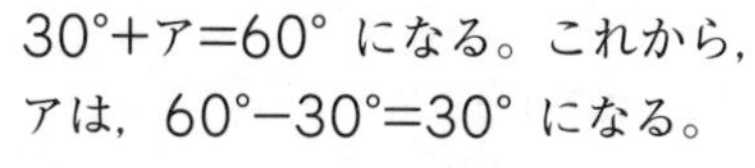

(4)右の図で，BDを折り目として折り曲げたので，○=28° である。ADとBCは平行だから，ア=○+28° なので，28°+28°=56° になる。

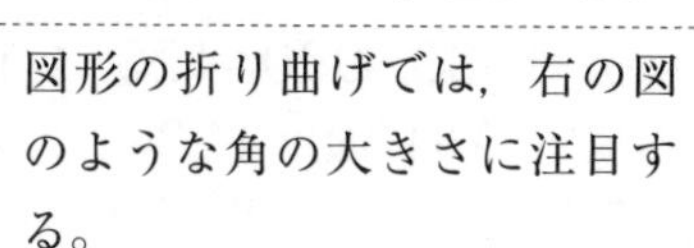

図形の折り曲げでは，右の図のような角の大きさに注目する。

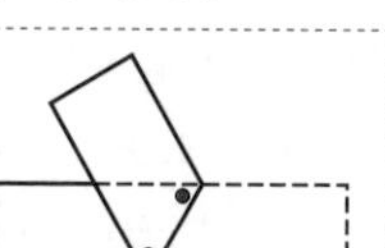

標準レベル 47 式と計算 (1)

解答

❶ (1) 125　(2) 165　(3) 306　(4) 20
(5) 2196　(6) 16　(7) 6149　(8) 6
(9) 5160　(10) 43

❷ (1) 1000−(750+130)=120
(2) 64÷(3+5)=8
(3) 65×(3+4)=455
(4) (95+65)×5=800
(5) (85−65)×5=100

解説

❶ (　) のある式の計算は，(　) の中を先に計算する。
(1) 60+(90−25)=60+65=125
(2) 300−(25+110)=300−135=165
(3) (15+36)×6=51×6=306
(4) (38+62)÷5=100÷5=20
(5) 12×(105+78)=12×183=2196
(6) 96÷(23−17)=96÷6=16
(7) 43×(286−143)=43×143=6149
(8) 312÷(24+28)=312÷52=6
(9) (91+124)×24=215×24=5160
(10) (235+539)÷18=774÷18=43

❷ (1) 750+130=880，1000−880=120 を 1 つの式に表すと，1000−(750+130)=120
(2) 3+5=8，64÷8=8 を 1 つの式に表すと，64÷(3+5)=8
(3) 3+4=7，65×7=455 を 1 つの式に表すと，65×(3+4)=455
(4) 95+65=160，160×5=800 を 1 つの式に表すと，(95+65)×5=800
(5) 85−65=20，20×5=100 を 1 つの式に表すと，(85−65)×5=100

上級レベル 48 式と計算 (1)

解答

❶ (1) 6　(2) 280　(3) 392　(4) 9　(5) 5720
(6) 2835　(7) 5　(8) 2　(9) 40　(10) 2016

❷ (1)(式) (15+28)×2　(答え) 86 cm
(2)(式) (350+160)×15　(答え) 7650 円
(3)(式) 120÷(18+12)　(答え) 4 dL
(4)(式) (295−61)÷18　(答え) 13 ページ

解説

❶ (　) の中を先に計算する。
(1) (58−26+46)÷13=78÷13=6
(2) 1000−(260+580−120)=1000−720=280
(3) (60−24−8)×14=28×14=392
(4) (166+473)÷71=639÷71=9
(5) (239−19)×(98−72)=220×26=5720
(6) (18+27)×(168−105)=45×63=2835
(7) (16+39)÷(87−76)=55÷11=5
(8) (35−19)÷(121−113)=16÷8=2
(9) 1600÷(5×8)=1600÷40=40
(10) 63×(736÷23)=63×32=2016

❷ (1) まわりの長さは，たてと横の長さの和を 2 倍したものになるので，式は，(15+28)×2 である。まわりの長さは，43×2=86(cm) になる。
(2) 1 セットのねだんは，350+160(円) になるので，式は，(350+160)×15 である。15 セット分の代金は，510×15=7650(円) になる。
(3) 120 dL を 18+12=30(人) で分けるので，式は，120÷(18+12) である。1 人分の量(りょう)は，120÷30=4(dL) になる。
(4) 残(のこ)りのページは 295−61(ページ) で，これを 18 日で読み終わるので，式は，(295−61)÷18 である。1 日に読むページは，234÷18=13(ページ) になる。

標準レベル 49 式と計算 (2)

解答

❶ (1) 440　(2) 500　(3) 170　(4) 644
(5) 215　(6) 135　(7) 3　(8) 40
(9) 1　(10) 16

❷ (1)(式) 120×8+250×12　(答え) 3960 円
(2)(式) (1650−150)÷12　(答え) 125 g
(3)(式) (300−132)÷12　(答え) 14 まい
(4)(式) 1920÷15÷4　(答え) 32 人

解説

❶ かけ算・わり算はたし算・ひき算より先に計算する。
(1) 320+24×5=320+120=440
(2) 800−25×12=800−300=500
(3) 3×15+25×5=45+125=170
(4) 640+360÷90=640+4=644
(5) 125÷25+14×15=5+210=215
(6) 72÷8×(68−53)=9×15=135
(7) (62−16)÷2−4×5=46÷2−4×5=23−20=3
(8) (2+6×3)×2=(2+18)×2=20×2=40
(9) 68÷(14×8−44)=68÷(112−44)=68÷68=1
(10) 96÷(60−9×6)=96÷(60−54)=96÷6=16

❷ (1) 120 円の品物 8 この代金は 120×8(円)，250 円の品物 12 この代金は 250×12(円) なので，
120×8+250×12=960+3000=3960(円)
(2) おかし 12 こ分の重さは，1650−150(g) なので，
(1650−150)÷12=1500÷12=125(g)
(3) 金色の色紙は，300−132(まい) なので，
(300−132)÷12=168÷12=14(まい)
(4) 1920 円分の画用紙のまい数は，1920÷15(まい) である。これを 4 まいずつ配るので，
1920÷15÷4=128÷4=32(人)

上級レベル 50 式と計算 (2)

解答

❶ (1) 22　(2) 13　(3) 12　(4) 15　(5) 32
(6) 28　(7) 12　(8) 9　(9) 1　(10) 28

❷ (1)(式)$(45\times20-800)\div20$　(答え) 5円
(2)(式)$(200-15\times9)\div13$　(答え) 5本
(3)(式)$(1500-70\times6-120)\div120$　(答え) 8さつ
(4)(式)$(142-16\times3)\div2$　(答え) 47人

解説

❶ 計算の順番(じゅんばん)に注意して計算する。
(4) $90\div5-4\times6\div3+5=18-24\div3+5$
$=18-8+5=15$
(5) $(24-3\times5)\times5-13=(24-15)\times5-13$
$=45-13=32$
(6) $72\div6-(32-24)+8\times3=12-8+24=28$
(7) $180\div(4\times3+9\div3)=180\div(12+3)$
$=180\div15=12$
(9) $243\div9-2\times(3\times5-2)=27-2\times13=27-26=1$
(10) $35-(7\times13-4\times7)\div9=35-(91-28)\div9$
$=35-63\div9=28$

❷ (1)安くなった代金は，$45\times20-800$(円)なので，
$(45\times20-800)\div20=(900-800)\div20=5$(円)
(2) 15 cmのひもを9本切り取った残(のこ)りは，
$200-15\times9$(cm)なので，
$(200-15\times9)\div13=(200-135)\div13=5$(本)
(3)ノートの代金は，$1500-70\times6-120$(円)なので，
$(1500-70\times6-120)\div120$
$=(1500-420-120)\div120=8$(さつ)
(4)子どもに用意したおにぎりの数は，
$142-16\times3$(こ)なので，$(142-16\times3)\div2$
$=(142-48)\div2=47$(人)

標準レベル 51 式と計算 (3)

解答

❶ (1) 54　(2) 90　(3) 5　(4) 12
❷ (1) 15000　(2) 3　(3) 31400　(4) 300
❸ (1) 5　(2) 3　(3) 13　(4) 4
❹ (1)(式)$(\square+6)\times2=48$　(答え) 18
(2)(式)$(26-\square)\times5+7=42$　(答え) 19
(3)(式)$6\times\square+13=121$　(答え) 18人

解説

❶ 計算のきまりを使って，くふうして計算する。

計算のきまり
・$\bigcirc+\square=\square+\bigcirc$　・$\bigcirc\times\square=\square\times\bigcirc$
・$(\bigcirc+\square)+\triangle=\bigcirc+(\square+\triangle)$
・$(\bigcirc\times\square)\times\triangle=\bigcirc\times(\square\times\triangle)$
・$(\bigcirc+\square)\times\triangle=\bigcirc\times\triangle+\square\times\triangle$
・$(\bigcirc+\square)\div\triangle=\bigcirc\div\triangle+\square\div\triangle$

❷ (1)かける順番を入れかえる。
$25\times75\times8=25\times8\times75=200\times75=15000$
(2) $(45-18)\div9=45\div9-18\div9=5-2=3$
(3) $55\times314+45\times314=(55+45)\times314$
$=100\times314=31400$
(4) $59\times15-39\times15=(59-39)\times15=20\times15=300$

❸ (1) $11+\square=84-68=16$　$\square=16-11=5$
(2) $\square\times8=29-5=24$　$\square=24\div8=3$
(3) $\square-6=28\div4=7$　$\square=7+6=13$
(4) $(10-\square)\times2=24-12=12$　$10-\square=6$　$\square=4$

❹ (1)ある数を□として，$(\square+6)\times2=48$ から，
$\square+6=24$　$\square=18$
(2)ある数を□として，$(26-\square)\times5+7=42$ から，
$(26-\square)\times5=35$　$26-\square=7$　$\square=19$
(3)子どもの人数を□として，$6\times\square+13=121$ から，
$6\times\square=108$　$\square=108\div6=18$

上級レベル 52 式と計算 (3)

解答

❶ (1) 60　(2) 250000　(3) 101　(4) 1420
(5) 480

❷ (1) 39　(2) 3　(3) 44　(4) 10　(5) 9

❸ (1)(式)$60\times\square+140\times5=1000$
(答え) 5こ
(2)(式)$(225-25)\times\square=5000$
(答え) 25ふくろ
(3)(式)$\square\div2=450+65\times7$
(答え) 1810円
(4)(式)$63\div(15-\square)+23=32$　(答え) 8

解説

❶ (1) $(98-78)+(87-67)+(77-57)$
$=20+20+20=60$
(2) $(4\times25)\times(4\times25)\times25=100\times100\times25$
$=250000$
(3) $(98-97)\times101=1\times101=101$
(4) $(16+9-15)\times142=10\times142=1420$
(5) $72\times(6\times8)-62\times(4\times12)=72\times48-62\times48$
$=(72-62)\times48=480$

❷ (2) $24\div\square=56-48=8$　$\square=24\div8=3$
(3) $16+\square=4\times5\times3=60$　$\square=60-16=44$
(4) $15-\square\div2=40\div4=10$　$\square\div2=15-10=5$
$\square=5\times2=10$
(5) $(34-2\times\square)\div4=29-25=4$
$34-2\times\square=4\times4=16$　$2\times\square=34-16=18$
$\square=18\div2=9$

❸ (1)みかんの数を□ことすると，
$60\times\square+140\times5=1000$ という式ができる。
$60\times\square=1000-700=300$　$\square=300\div60=5$

53 最上級レベル 7

解答

1 (1) 451　(2) 6　(3) 9900　(4) 18

2 (1) 105°　(2) 105°　(3) 52°

3 150°

4 (1)(式) (1240×5−4800)÷5
(答え) 280円
(2)(式) 60×□+40×(16−□)=780
(答え) 7本

解説

1 (1) 135−152÷19+12×27=135−8+324
=451
(2) 2214÷(82−73)−15×16=2214÷9−240=6
(3) 99×253−99×59−99×94
=(253−59−94)×99
=100×99=9900
(4) 198÷□×11=100+21=121
198÷□=121÷11=11　□=198÷11=18

2 (1)折り曲げた図形なので，2つのア，2つの○どうしの角の大きさは，それぞれ等しくなる。
○=(180°−30°)÷2=75° になる。
ア+○=180° だから，アは，
180°−75°=105° になる。

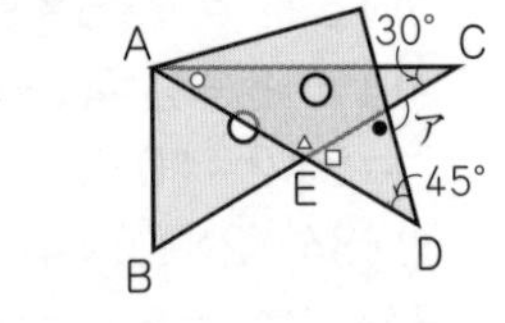

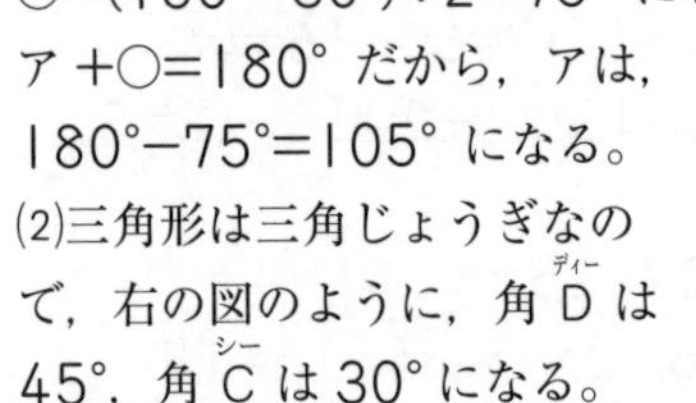

(2)三角形は三角じょうぎなので，右の図のように，角D(ディー)は45°，角C(シー)は30°になる。
また，EA(イーエー)=EC だから，○も30°である。すると，
△=180°−(30°+30°)=120° なので，□=60° になる。
これから，●=180°−(60°+45°)=75° になるので，アは，180°−75°=105° である。

(3) AとCは平行だから，○=34° になる。また，BとCは平行だから，△=18° になる。これから，アは，34°+18°=52° である。

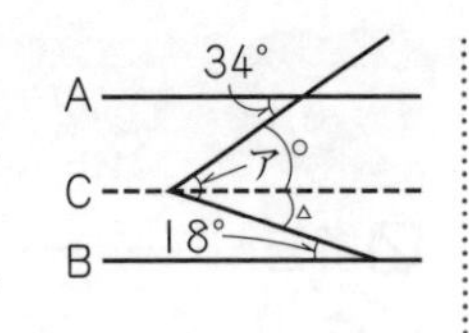

3 8時15分から8時40分までは，25分間である。時計の長いはりは，1分間に6°まわるので，
6×25=150° まわることになる。

4 (1) 1kgが1240円のりんご5kg分の代金は，
1240×5=6200(円)
安くなった金がくは全部で 6200−4800=1400(円) なので，1kgあたり，1400÷5=280(円) 安くなっている。これを1つの式にまとめると，
(1240×5−4800)÷5 で，答えは280円になる。
(2) 40円のえん筆の本数は，16−□(本)なので，式は，
60×□+40×(16−□)=780 になる。
60×□+40×16−40×□=780
(60−40)×□+640=780
20×□=140　□=7

54 最上級レベル 8

解答

1 (1) 6　(2) 80　(3) 8760　(4) 0.81

2 (1) 22.5°　(2) 128°　(3) 34°

3 45°

4 (1)(式) (18×3)÷(24÷4)　(答え) 9倍
(2)(式) 120×□+140×5+60=1000
(答え) 2さつ

解説

1 計算のきまりをうまく使う。
(1) (228+97)÷13−19=325÷13−19
=25−19=6
(2) 29×(76−19)÷19−7=29×57÷19−7
=1653÷19−7=87−7=80
(3) 592×8.76+408×8.76=(592+408)×8.76
=1000×8.76=8760
(4) 5×(□−0.3)=1.7+0.85=2.55
□−0.3=2.55÷5=0.51　□=0.51+0.3=0.81

2 (1)折り曲げた図形なので，○の部分の角の大きさは等しくなる。
△=90°−45°=45° なので，
○=(180°−45°)÷2=67.5° になる。だから，アは，

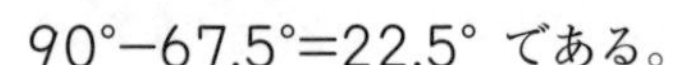

90°−67.5°=22.5° である。
(2)右の図で，角Cは，
180°−(86°+68°)=26° になる。
DB(ビー)=DC なので，○も26°である。
これから，アは，
180°−26°×2=128° となる。

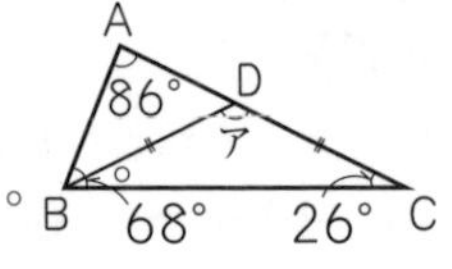

(3)右の図のように，AとBに平行な2本の直線をひく。
○=28° になるので，
△=52°−28°=24° である。すると，□=58°−24°=34° になる。
□とアは等しいので，アも34°となる。

3 1時30分から3時までは，90分間である。時計の短いはりは，1分間に0.5°まわるので，
0.5°×90=45° まわることになる。

4 (1) 1辺(ぺん)が18cmの正三角形のまわりの長さは，
18×3=54(cm)，まわりの長さが24cmの正方形の1辺の長さは，24÷4=6(cm) なので，54÷6=9(倍)
これを1つの式にまとめると，(18×3)÷(24÷4) で，答えは9倍になる。
(2) 120円のノートの代金と，140円のノートの代金とおつりの60円を全部あわせると1000円になるので，式は，120×□+140×5+60=1000 になる。
120×□=1000−60−700=240
□=240÷120=2

標準レベル 55 正方形と長方形の面積 (1)

解答

❶ (1) 196 cm^2　(2) 54 cm^2　(3) 64 cm^2
(4) 13 cm　(5) 25 cm
❷ (1) 17 cm^2　(2) 225 cm^2
❸ 6 cm
❹ (1) 67 cm^2　(2) 95 cm^2

解説

長方形と正方形の面積を求める公式
長方形の面積=たて×横
正方形の面積=1辺×1辺

❶ (1) 1辺×1辺になる。$14\times14=196(cm^2)$
(2) $6\times9=54(cm^2)$
(3)正方形のまわりの長さは，1辺の4倍なので，1辺の長さは，$32\div4=8(cm)$ である。この正方形の面積は，$8\times8=64(cm^2)$ である。
(4)たての長さを□cmとして，公式にあてはめると，□×6=78 となる。これから，
□=78÷6=13(cm) になる。
(5)横の長さを□cmとして，公式にあてはめると，
13×□=325 となる。これから，
□=325÷13=25(cm) になる。

❷ (1)長方形の面積=たて×横 なので，
$3.4\times5=17(cm^2)$ である。
(2)正方形の面積=1辺×1辺 なので，
$15\times15=225(cm^2)$ である。

❸ 正方形の面積は，$9\times9=81(cm^2)$ なので，長方形の面積は，$81+3=84(cm^2)$ になる。横の長さを□cmとして，公式にあてはめると，14×□=84 となる。これから，横の長さは，□=84÷14=6(cm) になる。

❹ ふくざつな形の図形の面積は，長方形や正方形に分けたり，全体からよぶんな部分をひいたりして考える。
(1)右の図のように分けて考える。

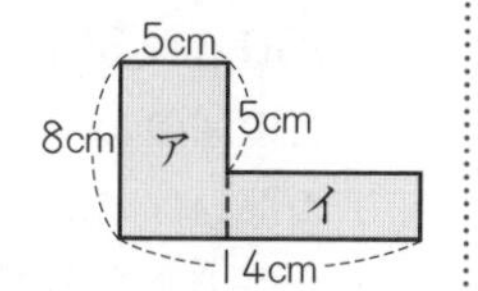

アの部分は，たて8cm，横5cmの長方形なので，その面積は，
$8\times5=40(cm^2)$ である。イの部分は，たてが $8-5=3(cm)$，横が $14-5=9(cm)$ の長方形なので，その面積は，$3\times9=27(cm^2)$　これから，求める面積は，$40+27=67(cm^2)$ になる。
(2)右の図のように分けて考える。

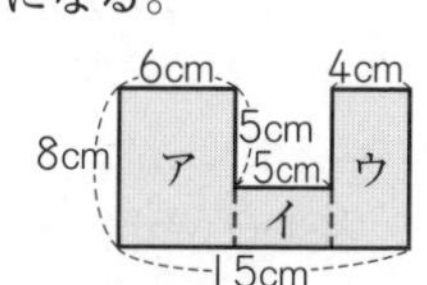

アの部分は，たて8cm，横6cmの長方形なので，その面積は，
$8\times6=48(cm^2)$ になる。イの部分は，たてが $8-5=3(cm)$，横が5cmの長方形なので，その面積は，$3\times5=15(cm^2)$ になる。ウの部分は，たて8cm，横4cmの長方形なので，その面積は，
$8\times4=32(cm^2)$ になる。これから，求める面積は，
$48+15+32=95(cm^2)$ になる。

上級レベル 56 正方形と長方形の面積 (1)

解答

❶ (1) 4倍　(2) 7.28 cm　(3) 77 cm^2
(4) 9 cm　(5) 32 cm
❷ (1) 384 cm^2　(2) 24 cm^2
❸ 300 cm^2
❹ (1) 25 cm^2　(2) 5 cm

解説

❶ (1) 1辺が8cmの正方形の面積は，$8\times8=64(cm^2)$，1辺が4cmの正方形の面積は，$4\times4=16(cm^2)$ なので，$64\div16=4$(倍) になる。
(2)たての長さを□cmとして，公式にあてはめると，
□×9=65.52　□=65.52÷9=7.28(cm)
(3)まわりの長さが36cmなので，
たて+横=36÷2=18(cm) になる。たてが横より4cm長いので，たては11cm，横が7cmの長方形になる。これから，長方形の面積は，$11\times7=77(cm^2)$ になる。
(4)たて3cm，横27cmの長方形の面積は，
$3\times27=81(cm^2)$ である。これから，□×□=81 となるので，$9\times9=81$ から，1辺の長さは9cmになる。
(5) 1辺が24cmの正方形の面積は，
$24\times24=576(cm^2)$ なので，たての長さを□cmとすると，□×18=576 となる。これから，
□=576÷18=32(cm) になる。

❷ (1)右の図のように分けて考える。

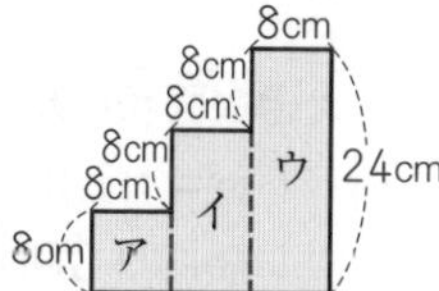

アの部分は，たて8cm，横8cmの正方形なので，その面積は，
$8\times8=64(cm^2)$ である。イの部分は，たてが $8+8=16(cm)$，横が8cmの長方形なので，その面積は，$16\times8=128(cm^2)$ である。ウの部分は，たて24cm，横8cmの長方形なので，その面積は，$24\times8=192(cm^2)$ である。これから，求める面積は，$64+128+192=384(cm^2)$ になる。
(2)長方形全体から，白い部分の長方形の面積をひく。
$5\times6-1.5\times4=30-6=24(cm^2)$ になる。

❸ 右の図のように，白い部分を動かして考えると，色のついた部分の面積は，

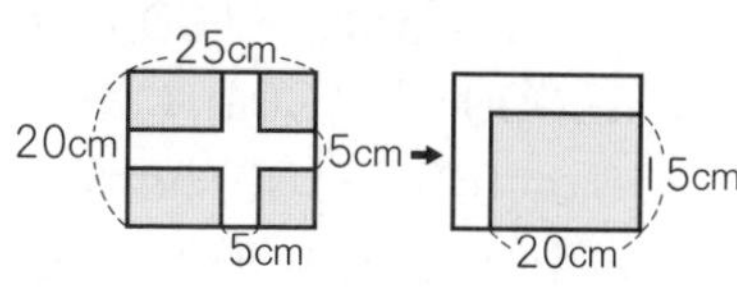

$15\times20=300(cm^2)$ になる。

❹ (1)右の図のように分けてみる。

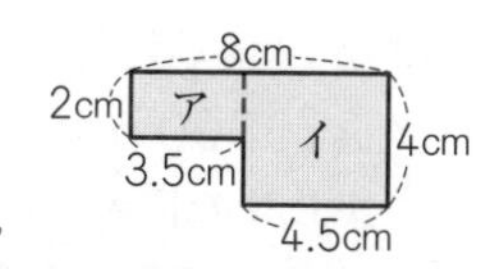

アの部分は，たて2cm，横3.5cmの長方形なので，その面積は，
$2\times3.5=7(cm^2)$ である。イの部分は，たてが4cm，横が4.5cmの長方形なので，その面積は，
$4\times4.5=18(cm^2)$
これから，求める面積は，$7+18=25(cm^2)$ になる。
(2) $5\times5=25$ なので，正方形の1辺の長さは5cmになる。

標準レベル 57 正方形と長方形の面積 (2)

解答

❶ (1) 90000 (2) 60 (3) 4 (4) 200
❷ (1) 27 km^2 (2) 270000 a
(3) 2700 ha (4) 576 km^2
❸ (1) 28 km^2 (2) 80 a (3) 30 ha (4) 28 a
❹ (1) 600 m^2 (2) 3.36 a

解説

大きな面積の単位
$1\ m^2=10000\ cm^2$
$1\ km^2=1000000\ m^2$
$1\ a=100\ m^2$
$1\ ha=100\ a=10000\ m^2$

❶ 大きな面積の単位の関係を正しく覚えておく。
(1) $1\ m^2=10000\ cm^2$ なので，
$9\ m^2=(9\times10000)\ cm^2=90000\ cm^2$ になる。
(2) $1\ a=100\ m^2$ なので，
$6000\ m^2=(6000\div100)a=60\ a$ になる。
(3) $40000\ m^2=400\ a$ になる。$1\ ha=100\ a$ なので，
$400\ a=(400\div100)\ ha=4\ ha$ になる。
(4) $20000\ a=(20000\div100)\ ha=200\ ha$

❷ (1) $3\times9=27(km^2)$
(2) $27\ km^2=27000000\ m^2=270000\ a$
(3) $270000\ a=(270000\div100)\ ha=2700\ ha$
(4)まわりの長さは，$(3+9)\times2=24(km)$ なので，
$24\times24=576(km^2)$ になる。

❸ 単位をなおすときに注意する。
(1) $4\times7=28(km^2)$
(2) $200\times40=8000(m^2)$ なので，
$8000\div100=80(a)$ になる。
(3)面積は，$300\times1000=300000(m^2)$ である。
$300000\ m^2=(300000\div100)\ a=3000\ a$
$3000\ a=(3000\div100)\ ha=30\ ha$
(4)右の図のように分けて考える。
アの部分は，たて 50 m，横 40 m の長方形なので，その面積は，
$50\times40=2000(m^2)$ になる。
イの部分は，たてが 40 m，横が 20 m の長方形なので，その面積は，$40\times20=800(m^2)$ になる。これから，求める面積は，$2000+800=2800(m^2)$ になる。
$2800\ m^2=(2800\div100)\ a=28\ a$

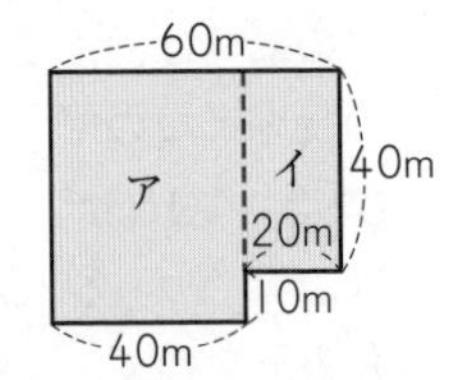

❹ (1) $20\times30=600(m^2)$
(2)右の図のように，道の部分を動かして考える。すると，道をのぞいた色のついた部分の面積は，$14\times24=336(m^2)$ になる。
$336\ m^2=(336\div100)\ a=3.36\ a$

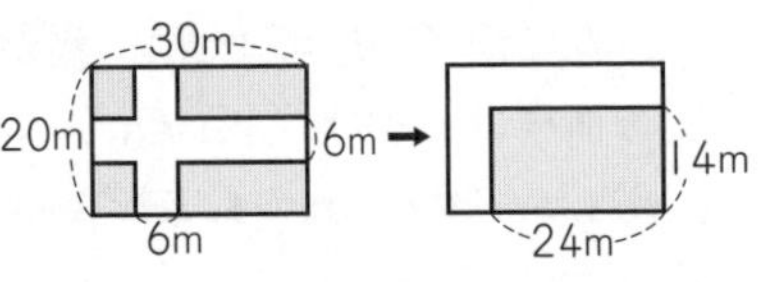

上級レベル 58 正方形と長方形の面積 (2)

解答

❶ (1) 100 倍 (2) 14 m (3) 6.25 ha
(4) 4 倍 (5) 80 m
❷ 42.5 m^2
❸ (1) 36 m^2 (2) 31 m^2
❹ (1) 7 m (2) 130 m^2

解説

❶ (1) 1 辺が 100 m の正方形の面積は，
$100\times100=10000(m^2)$，1 辺が 10 m の正方形の面積は，$10\times10=100(m^2)$ なので，$10000\div100=100$(倍) になる。
(2) $5.6\ a=560\ m^2$ なので，横の長さを□ m として，公式にあてはめると，$40\times□=560$ となる。これから，横の長さは，$□=560\div40=14(m)$ になる。
(3) $250\times250=62500(m^2)$
$62500\ m^2=625\ a=6.25\ ha$
(4)もとの長方形の面積は，$6\times8=48(m^2)$，たて，横の長さを 2 倍した長方形の面積は，
$(6\times2)\times(8\times2)=192(m^2)$ である。だから，面積は，$192\div48=4$(倍) になる。
(5) $0.64\ ha=64\ a=6400\ m^2$ なので，$□\times□=6400$
$80\times80=6400$ なので，1 辺の長さは 80 m になる。

❷ 重なっている部分のたての長さは，
$12-3.5=8.5(m)$，横の長さは，$12-7=5(m)$ なので，重なっている部分の面積は，$8.5\times5=42.5(m^2)$ になる。

❸ (1)アの部分のたての長さは 4.5 m，横の長さは
$15-6-1=8(m)$ になるので，面積は，
$4.5\times8=36(m^2)$ になる。
(2)下の図のように，道の部分を動かして考える。すると，道以外の部分の面積は，$8.5\times14=119(m^2)$ になる。
土地全体の面積は，$10\times15=150(m^2)$ なので，道の部分の面積は，$150-119=31(m^2)$ になる。

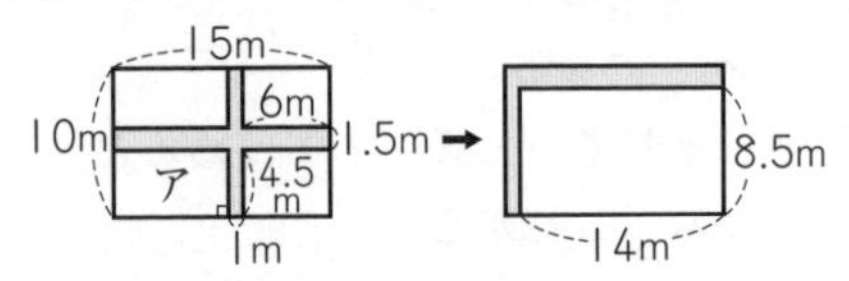

❹ (1)右の図のような長方形をつくる。すると，この図形のまわりの長さと長方形のまわりの長さは等しいことがわかるので，たての長さは 14 m になる。まわりの長さが 50 m なので，
たて+横$=50\div2=25(m)$ になる。すると，横の長さは，$25-14=11(m)$ とわかる。これから，アは，
$11-4=7(m)$ になる。
(2)長方形からイの部分の面積をひく。長方形の面積は，
$14\times11=154(m^2)$ なので，$154-(6\times4)=130(m^2)$

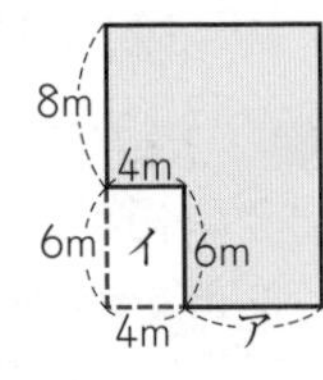

標準レベル 59 正方形と長方形の面積 (3)

解答

❶ (1) 138 cm^2 (2) 100 cm^2
❷ (1) 120 m^2 (2) 76 m^2
❸ (1) 64 cm^2 (2) 161 cm^2 (3) 504 cm^2
❹ 81 cm^2

解説

❶ (1)右の図のように，3つの長方形に分けて考える。

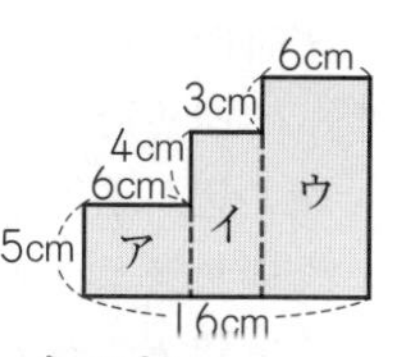

アの部分は，たて5 cm，横6 cmの長方形なので，その面積(めんせき)は，
$5\times6=30$(cm^2) になる。イの部分は，たてが $4+5=9$(cm)，横が $16-6-6=4$(cm) の長方形なので，その面積は，$9\times4=36$(cm^2)になる。ウの部分は，たてが $3+4+5=12$(cm)，横6 cmの長方形なので，その面積は，$12\times6=72$(cm^2) になる。これから，求(もと)める面積は，$30+36+72=138$(cm^2) になる。

(2)右の図のように，3つの長方形に分けて考える。

アの部分は，たて4 cm，横8 cmの長方形なので，その面積は，
$4\times8=32$(cm^2) になる。イの部分は，たてが $6-4=2$(cm)，横が $8+6=14$(cm) の長方形なので，その面積は，$2\times14=28$(cm^2) になる。ウの部分は，たてが $7-2=5$(cm)，横8 cmの長方形なので，その面積は，$5\times8=40$(cm^2) になる。これから，求める面積は，$32+28+40=100$(cm^2)

❷ (1)右の図のように，色のついた部分を動かして考える。すると，色のついた部分をのぞいた面積は，$12\times22=264$(m^2) 色のついた部分の面積は，$16\times24-264=120$(m^2)

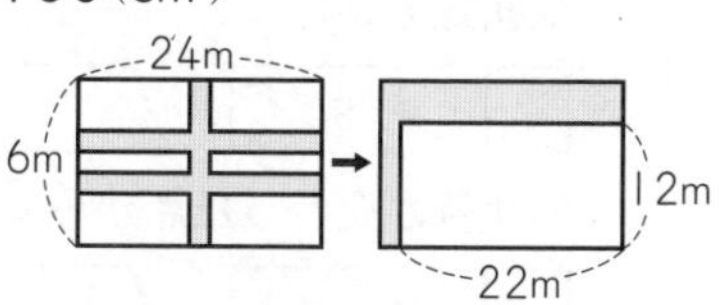

(2)色のついた部分を動かして考えると，右の図のようになる。すると，色のついた部分をのぞいた面積は，$14\times22=308$(m^2) になる。色のついた部分の面積は，$16\times24-308=76$(m^2) になる。

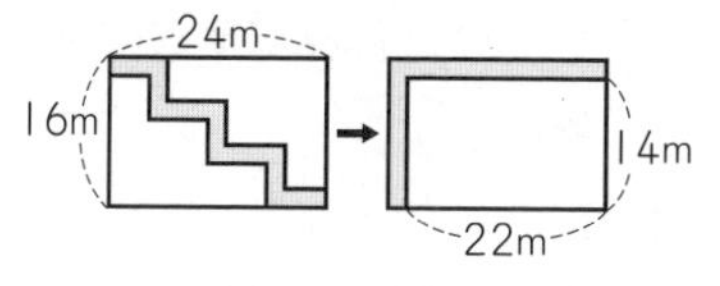

❸ (1)イの面積は，$4\times4=16$(cm^2) なので，アの面積は，$16\times3=48$(cm^2) になる。これから，求める面積は，$16+48=64$(cm^2) になる。
(2)大きいほうの正方形の面積は，$19\times19=361$(cm^2) になる。また，小さいほうの正方形の1辺(へん)の長さは，$19-4.5\times2=10$(cm) なので，その面積は，$10\times10=100$(cm^2) になる。すると，重なっていない部分の面積は，$361-100=261$(cm^2) なので，小さい正方形の面積との差(さ)は，$261-100=161$(cm^2)
(3)つなぎあわせてできた長方形の横の長さは，$16+(16-4)=28$(cm) なので，その面積は，$18\times28=504$(cm^2) になる。

❹ 大きいほうの正方形の1辺の長さは，$256=16\times16$ から，16 cmになる。すると，大きいほうの正方形のまわりの長さは，$16\times4=64$(cm) になる。また，面積が49 cm^2 の正方形の1辺の長さは7 cmなので，小さいほうの正方形のまわりの長さは，$64-7\times4=36$(cm) になる。これから，小さいほうの正方形の1辺の長さは，$36\div4=9$(cm) になるから，面積は，$9\times9=81$(cm^2) になる。

上級レベル 60 正方形と長方形の面積 (3)

解答

❶ (1) 6.8 a (2) 507.5 m^2
❷ (1) 138 m^2 (2) 5 m
❸ 82.5 cm^2
❹ (1) 16 cm (2) 416 cm^2
❺ (1) 28 cm (2) 255 cm^2

解説

❶ (1) $20\times34=680$(m^2)$=680\div100=6.8$(a)
(2)道の部分を動かして考えると，右の図のようになる。

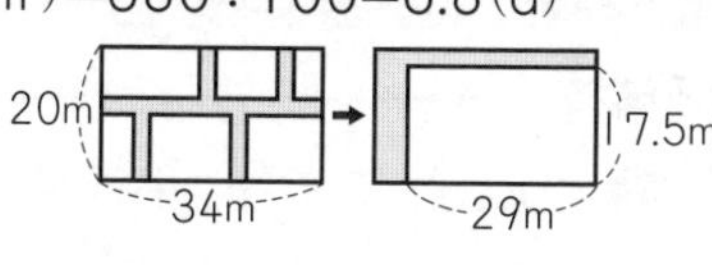

すると，道の部分をのぞいた面積は，
$17.5\times29=507.5$(m^2) になる。

❷ (1)長方形の面積は，$12\times23=276$(m^2) なので，アの面積は，$276\div2=138$(m^2) である。
(2)右の図のように，アの部分をウ，エの2つに分けて考えると，ウの面積は，$12\times8=96$(m^2) なので，エの面積は，$138-96=42$(m^2) になる。また，BCの長さは，
$23-8-9=6$(m) なので，CDの長さは，$42\div6=7$(m) とわかる。これから，ABの長さは，$12-7=5$(m)

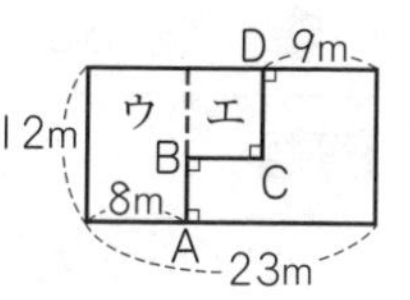

❸ 長方形の面積は，$13\times20=260$(cm^2)，正方形の面積は，$15\times15=225$(cm^2) になる。重なっている部分の面積は，$260+225-402.5=82.5$(cm^2) になる。

❹ (1)オとカの1辺の長さが2 cmなので，エの1辺の長さは4 cmになる。すると，ウの1辺の長さは，$4+2=6$(cm) とわかる。これから，イの1辺の長さは，$6+4=10$(cm) になるので，もとの長方形のたての長さは，$10+6=16$(cm) になる。
(2)(1)から，アの1辺の長さは16 cmなので，もとの長方形の横の長さは，$10+16=26$(cm) とわかる。もとの長方形の面積は，$16\times26=416$(cm^2) になる。

❺ (1)右の図から，もとの長方形の横の長さは，$140\div5=28$(cm) である。
(2)(1)から，もとの長方形のたての長さは，$504\div28=18$(cm) である。するとアの部分のたての長さは，$18+5=23$(cm) になるので，その面積は，$23\times5=115$(cm^2) である。これから，ふえる面積は，$140+115=255$(cm^2) になる。

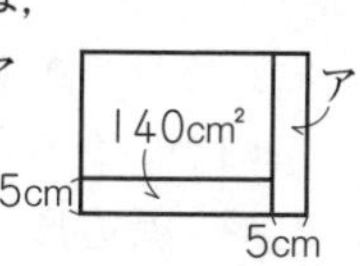

標準レベル 61 いろいろな四角形

解答

❶ ひし形 エ・カ　平行四辺形 ア・オ
台形 イ・キ

❷ ①ウ・エ　②ア・イ・ウ・エ
③イ・エ　④イ・エ

❸ (1)平行四辺形　(2)ひし形　(3)長方形

❹ ア 130°　イ 7 cm

解説

> **いろいろな四角形**
> **台形**…向かい合った 1 組の辺が平行な四角形
> **平行四辺形**…向かい合った 2 組の辺が平行な四角形
> 向かい合った辺の長さは等しくなっていて，向かい合った角の大きさも等しくなっている。
> **長方形**…4 つの角が 90° である四角形
> **ひし形**…4 つの辺の長さが等しい四角形
> 向かい合った辺は平行になっていて，向かい合った角の大きさは等しくなっている。
> **正方形**…4 つの辺の長さが等しく，4 つの角が 90° である四角形

❶ いろいろな四角形のせいしつをしっかり覚えておく。
ひし形…4 つの辺の長さが等しいのはエ・カである。
平行四辺形…向かい合う 2 組の辺が平行なのは，ア・オである。
台形…向かい合う 1 組の辺が平行なのはイ・キである。

❷ ① 4 つの角がすべて 90° になっているのは，長方形と正方形である。
②向かい合う 2 組の辺が平行なのは，平行四辺形，ひし形，長方形，正方形である。
③ 4 つの辺の長さが等しいのは，ひし形と正方形である。
④ 2 本の対角線が垂直に交わるのは，ひし形と正方形である。

❸

> **四角形の対角線の長さや交わり方**
> **平行四辺形**…2 本の対角線はたがいにまん中で交わる。
> **長方形**…2 本の対角線は長さが等しく，たがいにまん中で交わる。
> **ひし形**…2 本の対角線はたがいにまん中で垂直に交わる。
> **正方形**…2 本の対角線は長さが等しく，たがいにまん中で垂直に交わる。

(1) 2 本の対角線がまん中で交わっているので，平行四辺形である。
(2) 2 本の対角線がまん中で垂直に交わっているので，ひし形である。
(3) 2 本の対角線の長さが等しく，まん中で交わっているので，長方形である。

❹ 向かい合う辺は平行なので，アの角の大きさは，180°−50°=130° になる。また，ひし形は，4 つの辺の長さが等しいので，イの長さは 7 cm である。

上級レベル 62 いろいろな四角形

解答

1 (1)平行四辺形　(2)正方形　(3)ひし形

2 ①イ，エ　②ウ，エ　③ア，イ，ウ，エ

3 (1)台形　(2)ひし形　(3) 4 cm
(4) 50°　(5) 130°

解説

1 (1) 2 本の対角線の長さが等しくなく，たがいにまん中で交わっている。また，2 本の対角線は垂直に交わっていないので，平行四辺形ができる。
(2) 2 本の対角線の長さが等しく，たがいにまん中で垂直に交わっているので，正方形ができる。
(3) 2 本の対角線がたがいにまん中で垂直に交わっていて，長さが等しくないので，ひし形ができる。

2 ① 2 本の対角線が垂直に交わるのは，ひし形と正方形である。
②となり合う角の大きさが等しいのは，長方形と正方形である。
③ 1 組の向かい合う辺が平行で，長さも等しいのは，平行四辺形，ひし形，長方形，正方形である。

3 (1)四角形アイウエは，向かい合う辺アエと辺イウの 1 組の辺が平行なので，台形である。
(2)四角形エウオカは，向かい合う辺エカと辺ウオ，辺エウと辺カオが平行なので，平行四辺形であるが，4 つの辺の長さが等しいのでひし形である。
(4)下の図で，あといは平行なので，○の角の大きさは 50° である。また，えとおも平行なので，角 A=角○=50° である。
(5)右の図で，えとおは平行なので，△の角の大きさも 50° である。だから，角 B=180°−50°=130° となる。

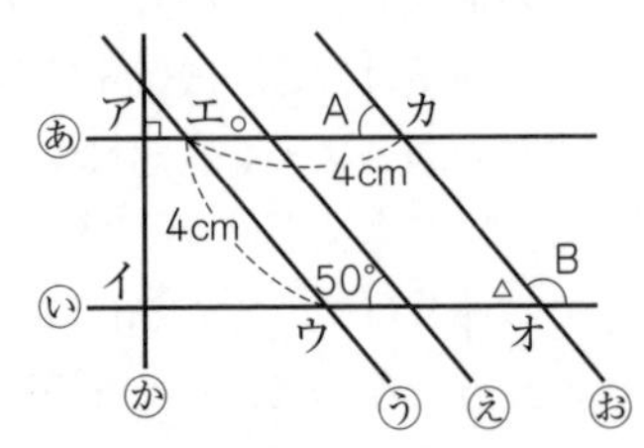

> **いろいろな四角形の対角線**
> ・対角線が交わってできる角の大きさ
>
>  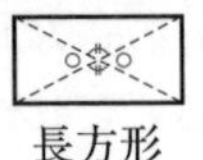 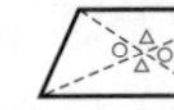  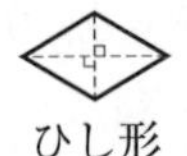
>
> 正方形　長方形　平行四辺形　台形　ひし形
>
> ・対角線の長さ
>
> 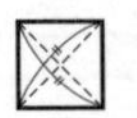  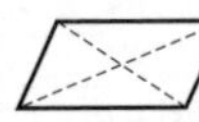 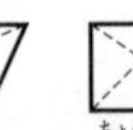 
>
> ・対角線が交わった点から 4 つの頂点までの長さ
>
>  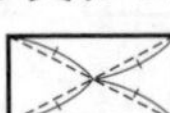 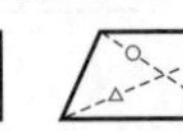  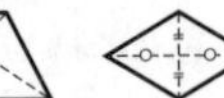

63 最上級レベル 9

解答

- **1** (1) 274.5　(2) 120
- **2** (1) 36 cm　(2) 600 cm^2
- **3** (1) 9 cm　(2) 81 cm^2
- **4** (1)イ，ウ，エ，オ
  (2)ア，イ，ウ，エ，オ

解説

1 (1) 1 ha=100 a，1 a=100 m^2 だから，
2.5 ha=(2.5×100) a=250 a，
2450 m^2=(2450÷100) a=24.5 a になるので，答えは，250+24.5=274.5(a) である。
(2) 1.8 ha=(1.8×100) a=180 a，
180 a=(180×100) m^2=18000 m^2 なので，答えは，18000÷150=120 である。

2 (1)この図形のまわりの長さともとの長方形のまわりの長さは等しくなる。すると，もとの長方形のたて+横=128÷2=64(cm) になるので，横の長さADは，64−28=36(cm) である。
(2)アとイの横の長さは，36÷3=12(cm)，イのたての長さは，28−2=26(cm) になるので，アの面積は，8×12=96(cm^2)，イの面積は，26×12=312(cm^2) である。この図形の面積は，もとの長方形の面積からアとイの面積をひいたものになるので，
28×36−96−312=600(cm^2) になる。

3 (1)右の図で，ウの面積は，3×3=9(cm^2) である。ふえた面積が 63 cm^2 なので，ア+イの面積は，
63−9=54(cm^2) になる。アとイの面積は等しいので，アの面積は，
54÷2=27(cm^2) である。これから，もとの正方形の1辺の長さは，27÷3=9(cm) になる。

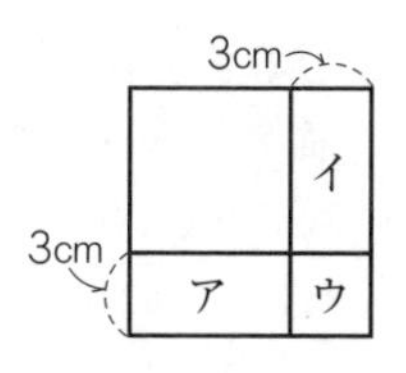

(2) 1辺の長さが 9 cm なので，9×9=81(cm^2) である。

4 (1)台形以外は，全部，1本の対角線で形も大きさも同じ三角形に分けることができる。
(2)直角をはさむ2辺が 2 cm と 4 cm の直角三角形を4まい組み合わせると，次のような図形をつくることができる。

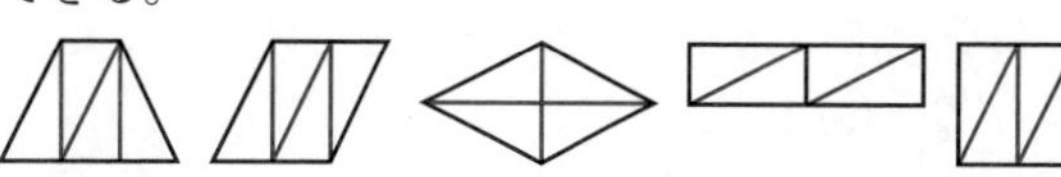

64 最上級レベル 10

解答

- **1** (1) 10　(2) 6.5
- **2** (1) 104 cm　(2) 144 cm^2
- **3** (1) 56 cm　(2) 26 cm^2
- **4** (1)長方形　(2)ア，ウ

解説

1 (1) 1 m^2=10000 cm^2 だから，
4000000 cm^2=(4000000÷10000) m^2=400 m^2，
400 m^2=(400÷100) a=4 a である。
また，600 m^2=6 a なので，答えは，4+6=10(a) である。
(2) 26 a×25=650 a=(650÷100) ha=6.5 ha

2 (1)正方形のまわりの長さは，20×4=80(cm) なので，長方形EBFGのたて+横の長さは 40 cm である。すると，横の長さが 40−8=32(cm) とわかる。また，右の図から，この図形のまわりの長さと長方形ABFIのまわりの長さは等しくなる。だから，この図形のまわりの長さは，(20+32)×2=104(cm) になる。

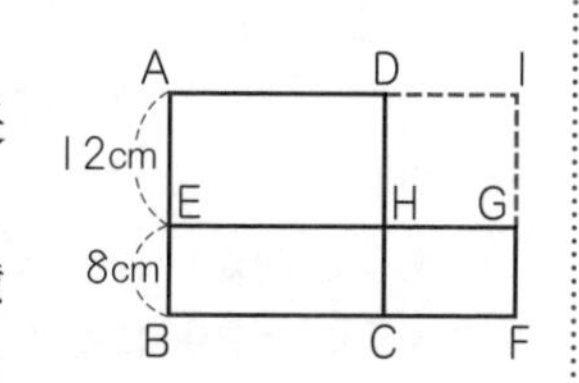

(2)長方形AEHDと長方形HCFGの面積の差は，正方形ABCDと長方形EBFGの差と等しくなる。
したがって，
正方形ABCD=長方形AEHD+長方形EBCH，
長方形EBFG=長方形HCFG+長方形EBCH
だから，20×20−8×32=144(cm^2) になる。

3 (1)右の図で，この図形のまわりの長さは，1辺が 14 cm の正方形のまわりの長さと等しいことがわかる。だから，この図形のまわりの長さは，14×4=56(cm) になる。

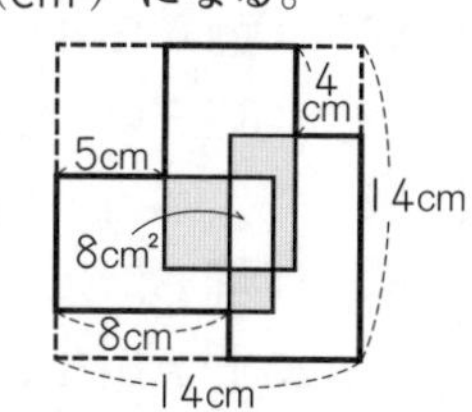

(2)わかっている長さをもとにして，わからない部分の長さを調べていくと右の図のようになる。これから，色のついた部分の面積は，
3×4+(3×6−8)+2×2
=26(cm^2) になる。

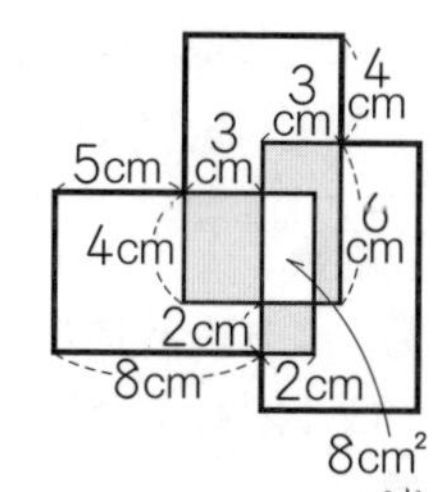

4 (1)向かい合う2組の角の大きさが等しい四角形は平行四辺形である。
そのうち，となり合う辺の長さが等しい(4つの辺が等しくなる)のはひし形，2本の対角線の長さが等しいのは長方形，となり合う辺の長さも2本の対角線の長さも等しいのは正方形である。これから，アはひし形，イは平行四辺形，ウは正方形，エは長方形となる。
(2)次の図のように，ひし形は，形も大きさも同じ4つの直角三角形に分けることができる。また，正方形は，形も大きさも同じ4つの直角二等辺三角形に分けることができる。

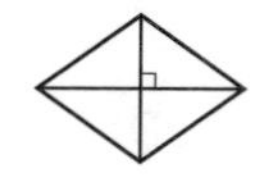
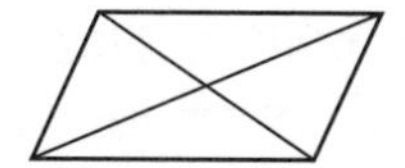
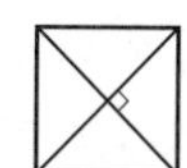

標準レベル 65 直方体と立方体 (1)

解答

❶ ①6 ②12 ③8 ④6 ⑤12 ⑥8

❷ (1)面AEHD (2)4面 (3)面EFGH
(4)辺BC，辺GC (5)4本

❸ ②，④

❹ (1)面BFGC
(2)面AEHD，面ABCD，面BFGC，面EFGH
(3)辺AE，辺DH，辺EF，辺GH
(4)辺DC，辺HG，辺DH，辺CG

解説

❶ 直方体と立方体のどちらも，面の数は6面，辺の数は12本，頂点の数は8こになる。

❷

> **直方体と立方体の辺や面の関係**
> ・向かい合う面は平行，となり合う面は垂直。
> ・1つの辺に平行な辺は3つ，垂直な辺は4つ。
> ・1つの面に平行な辺は4つ，垂直な辺は4つ。

(3)面ABCDと平行な面は，面EFGHである。
(4)辺CDと垂直な辺は，辺BC，辺GC，辺DA，辺DHの4つある。
(5)1つの面に垂直な辺は4本ある。

❸ 立方体は6つの面が全部正方形なので，辺の長さは全部等しくなる。

❹ (1)向かい合う面BFGCが平行な面になる。
(2)面DHGCと垂直な面は，面AEHD，面ABCD，面BFGC，面EFGHの4つある。
(3)辺EHと垂直な辺は，辺AE，辺DH，辺EF，辺GHの4つある。
(4)面AEFBと平行な辺は，辺DC，辺HG，辺DH，辺CGの4つある。

上級レベル 66 直方体と立方体 (1)

解答

❶ (1)150 cm^2
(2)辺AE，辺DH，辺CG
(3)辺AB，辺CD，辺EF，辺GH

❷ (1)2 (2)1

❸ (1)12本
(2)172 cm
(3)辺HG，辺DC，辺AB
(4)辺AB，辺AD，辺EF，辺EH
(5)辺EH，辺BC，辺AD

解説

❶ (1)1つの面は正方形なので，その面積は $5\times5=25(cm^2)$ である。6つの面の面積の和は $25\times6=150(cm^2)$ である。
(2)1つの辺に平行な辺は3つある。辺BFと平行な辺は，辺AE，辺DH，辺CGの3つである。
(3)1つの面に垂直な辺は4つある。面BFGCと垂直な辺は，辺AB，辺CD，辺EF，辺GHの4つになる。

❷ さいころの6つの目の合計は，$1+2+3+4+5+6=21$ になることを利用する。
(1)6つの目の合計は21なので，下の見えていない面の目は，$21-16=5$ になる。向かい合う面の目の数の和は7なので，さいころの出た目の数は，$7-5=2$
(2)表に見えている面で，向かい合う面の組が全部で4組ある。向かい合う面の目の数の和は7なので，ア$+7\times4=29$ になる。これから，アの目の数は1

❸ (1)辺の数は12本ある。
(2)8 cmと25 cmと10 cmの長さの竹ひごが4本ずつになるので，$(8+25+10)\times4=172$(cm) である。
(4)1つの面に垂直な辺は4つある。
(5)1つの辺に平行な辺は3つある。

標準レベル 67 直方体と立方体 (2)

解答

❶ (1)エ (2)カ (3)イ，ウ，エ，カ

❷ (1)ア (2)ア，ウ

❸ ウ，エ，オ，カ

❹ (1)ア
(2)ア，ウ，オ，カ (3)6 cm
(4)168 cm

解説

展開図で平行や垂直である面や辺を見つけるときは，見取図をかくとわかりやすくなる。

❶ (1)右の図は，ウの面を下にした見取図である。図からイと平行な面はエになる。

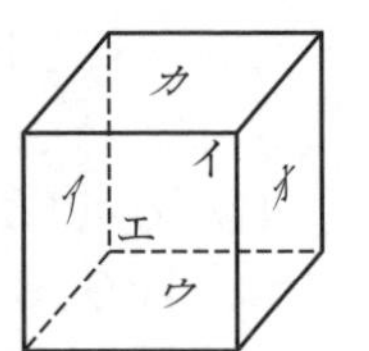

(2)図からウと平行な面はカになる。
(3)オととなり合うイ，ウ，エ，カの4つの面がオと垂直になる。

❷ (1)ウと向かい合う面になるアが平行な面である。
(2)1つの辺に垂直な面は2つある。

❸ アとイは組み立てたときに重なる面があるので，立方体はできない。

❹ (1)オと向かい合う面になるアが平行な面である。
(2)向かい合う面になるイ以外のア，ウ，オ，カの4つの面がエと垂直になる。
(3)展開図を組み立てると，右のような直方体になる。

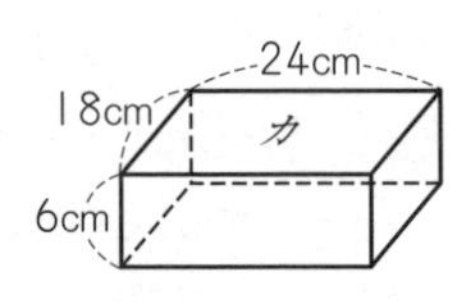

面カと垂直になる辺は6 cmの辺である。
(4)1つのたて方向の長さは，$6+18+6+18=48$(cm)，1つの横方向の長さは $6+24+6=36$(cm) になるので，まわりの長さは，$(48+36)\times2=168$(cm) になる。

立方体の展開図

立方体の展開図は，横に4つの形が6種類，横に3つの形が4種類，横に2つの形が1種類の全部で11種類ある。覚えておくとよい。

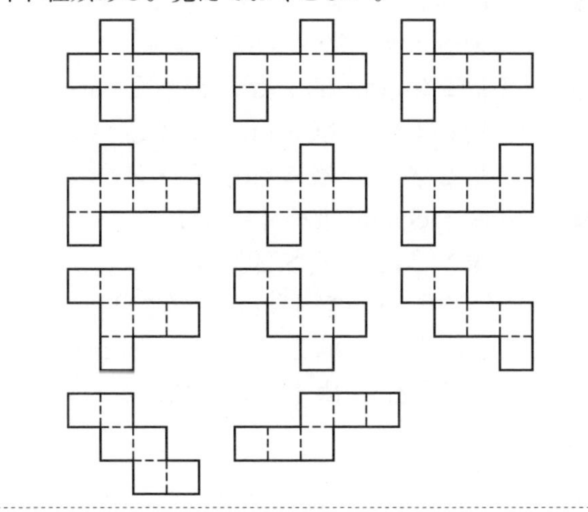

見取図と展開図の頂点の関係

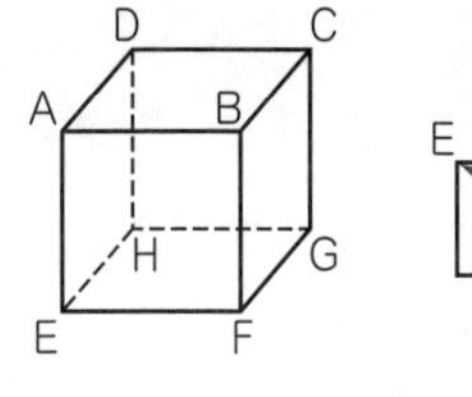

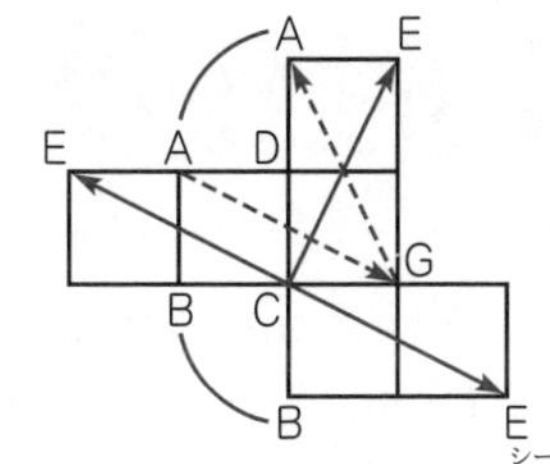

いちばんはなれている2つの頂点(たとえば，CとEなど)は，展開図では，2つの面をあわせた長方形の対角線の両はしの点になる。

たとえば，CとE，AとGは上の図のようになる。

また，展開図で，90°まわして重なる点は同じ頂点になる。

上級レベル 68 直方体と立方体 (2)

解答

1 (1)オ

(2)あ F　い E　う G　え H

2 ア 4　イ 2

3 (1)辺エウ

(2)ⓞ

(3)あ，い，え，か

(4)辺コカ，辺クカ

(5)ア，エ

解説

1 (1)平行な面は，向かい合う面になるのでオになる。

(2)見取図と展開図の頂点の関係から求めていく。

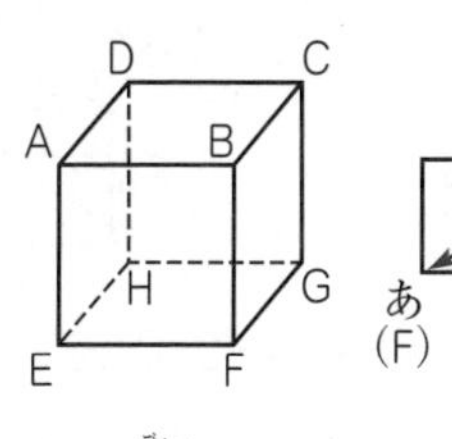

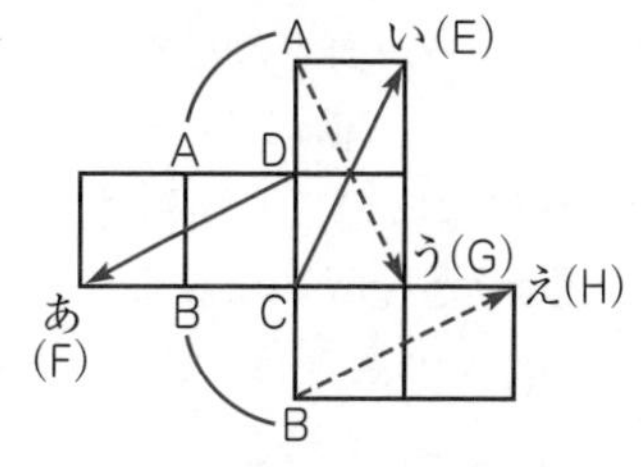

あは，頂点Dからいちばん遠い頂点になるのでFになる。

いは，頂点Cからいちばん遠い頂点になるのでEになる。

うは，頂点Aからいちばん遠い頂点になるのでGになる。

えは，頂点Bからいちばん遠い頂点になるのでHになる。

2 アは，目の数が3の面と向かい合うので，$7-3=4$ になる。イは，目の数が5の面と向かい合うので，$7-5=2$ になる。

3 見取図と展開図の頂点の関係は，直方体も立方体のときと同じことがいえる。まず，展開図のア〜コが見取図のA〜Hのどの頂点になっているかを見つけておく。それから問題を考えるとよい。

頂点の関係をかくにんしておく。

・いちばん遠い2つの頂点は，展開図では長方形の対角線の両はしの点になる。

・展開図で，90°まわして重なる点は同じ頂点になる。

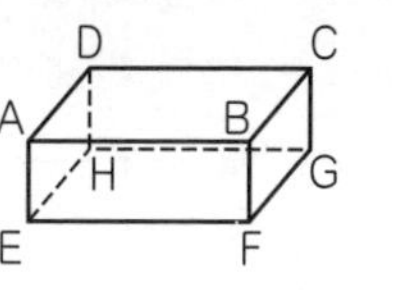

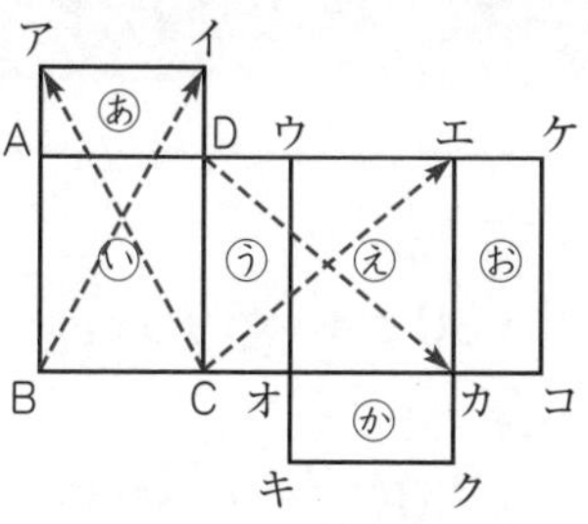

アとエは，頂点Cからいちばん遠い頂点になるのでEになる。

イは，頂点Bからいちばん遠い頂点になるのでHになる。

ウは，イと重なるのでHになる。

オは，頂点Aからいちばん遠い頂点になるのでGになる。

カは，頂点Dからいちばん遠い頂点になるのでFになる。

キは，Cと重なる。

クは，ウ(H)からいちばん遠い頂点になるのでBになる。

ケは，オ(G)からいちばん遠い頂点になるのでAになる。

コは，クと重なるのでBになる。

これらから，展開図の頂点は右の図のようになる。

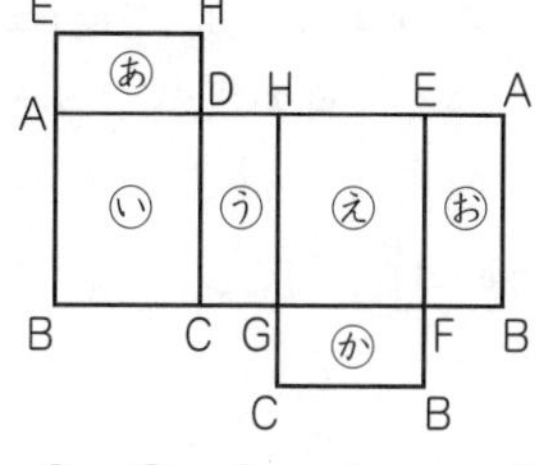

(1)辺アイ(EH)と重なる辺は，辺エウ(EH)になる。

(2)面うと向かい合う面は，おになる。

(3)面おととなり合う面は，あ，い，え，かの4つの面になる。

(4)辺コカ(BF)と辺クカ(BF)の2つになる。

(5)図から，アとエの2つになる。

標準レベル 69 直方体と立方体 (3)

解答

❶ 265 cm
❷ (1) 130 cm (2) 90 cm
❸ (1) 5 (2) 14
❹ (1) 10 cm (2) 100 cm
❺ アE イG ウD

解説

❶ 30 cm の部分が 8 か所と結び目が 25 cm なので，$30\times8+25=265$(cm) になる。

❷ (1) 10 cm と 15 cm と 7.5 cm の辺が 4 つずつあるので，$(10+15+7.5)\times4=130$(cm) になる。
(2) $10\times2+15\times2+7.5\times4+10=90$(cm)

❸ (1)アの面は，目の数が 2 の面と向かい合うので，$7-2=5$ になる。
(2)イの面は目の数が 1 の面と向かい合うので，さいころの目の数は，$7-1=6$ である。イの面と垂直になるのは，目の数が 1 と 6 の面以外の 4 つなので，目の数の和は，$2+3+4+5=14$ になる。

❹ (1)右の図で，○の部分は等しくなる。だから，
○$=(26-3\times2)\div2=10$(cm) になる。

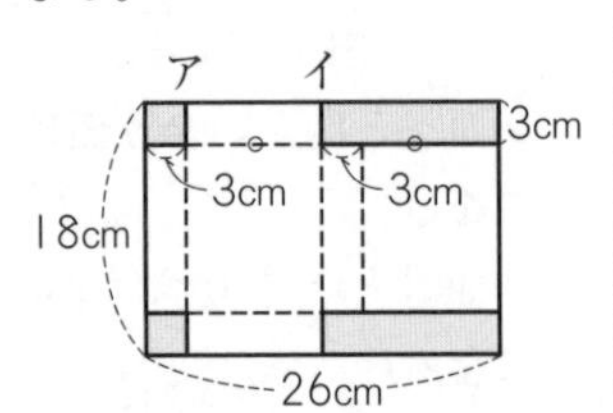

(2)これを組み立ててできる直方体のたての長さは，$18-3\times2=12$(cm)，横の長さは 10 cm，高さは 3 cm になる。それぞれが 4 つずつあるので，辺の長さの和は，
$(12+10+3)\times4=100$(cm) になる。

❺ アは，頂点Cからいちばん遠い頂点になるのでEになる。
イは，頂点Aからいちばん遠い頂点になるのでGになる。
ウは，頂点Fからいちばん遠い頂点になるのでDになる。

上級レベル 70 直方体と立方体 (3)

解答

❶ (1) 44 cm (2) 4832 cm²
❷ (1)ア (2) 7.5 cm² (3) 58 cm
❸ (1)長方形 (2)面 EFGH (3) 60°
❹ (1) 3 (2) 13

解説

❶ (1) $280-16-20\times2-24\times2=176$(cm) が，高さの 4 つ分の長さになるので，直方体の高さは，
$176\div4=44$(cm) になる。
(2) $20\times24\times2+44\times24\times2+44\times20\times2=4832$(cm²)

❷ (1)エと向かい合う面はアになる。
(2)右の図から，面オのたての長さは 3 cm，横の長さは 2.5 cm になるので，面積は，
$3\times2.5=7.5$(cm²) になる。

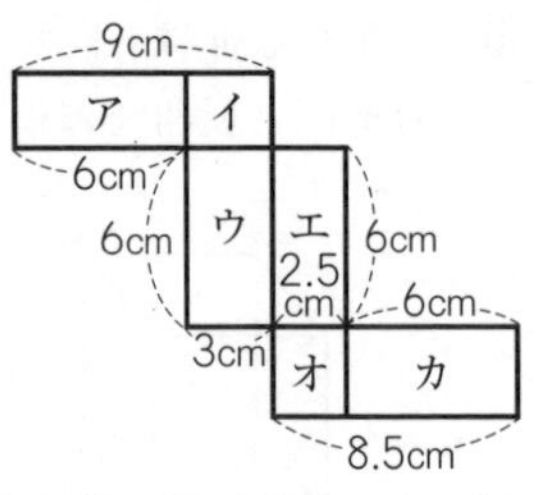

(3)たて向きの長さは，$(2.5+6+3)\times2=23$(cm)，横向きの長さは，$(9+2.5+6)\times2=35$(cm) なので，まわりの長さは，$23+35=58$(cm) になる。

❸ (1) 4 つの角が 90° になるので，長方形になる。
(3)三角形 AFC の 3 つの辺の長さは，同じ正方形の対角線になっているので等しくなる。すると，三角形 AFC は正三角形なので，角アの大きさは 60° になる。

❹ (1)向かい合う面の目の数の和が 7 だから，(1，6)，(2，5)，(3，4) が向かい合う面の目の数の組になる。すると，図 1 の向きをかえて図 2 になるようにすると，A=3 になる。
(2) 2 だん目のさいころの上の面の目の数は 6 になるので，図 1 の向きをかえていくと，C=6，B=4 とわかる。これから，A，B，C の面の目の数の和は，
$3+6+4=13$ になる。

標準レベル 71 位置の表し方

解答

❶ イ（西へ 2 m，南へ 2 m）
ウ（東へ 1 m，北へ 3 m）
❷ イ（たて 2 cm，横 1 cm，高さ 2 cm）
ウ（たて 1 cm，横 3 cm，高さ 2 cm）
エ（たて 2 cm，横 4 cm，高さ 0 cm）
❸ イ（西へ 3 cm，北へ 10 cm）
ウ（東へ 3 cm，北へ 20 cm）
❹ C（たて 8 cm，横 10 cm，高さ 0 cm）
D（たて 8 cm，横 0 cm，高さ 0 cm）
G（たて 8 cm，横 10 cm，高さ 6 cm）

解説

平面にある点の位置は，もとになる点から(たて，横)の長さの組で表す。空間にある点の位置は，もとになる点から(たて，横，高さ)の長さの組で表す。

上級レベル 72 位置の表し方

解答

❶ (1)ア (2.5 m，0 m，4 m)
イ (5 m，5 m，4 m) ウ (0 m，9 m，1 m)
(2)ア (2.5 m，9 m，4 m)
イ (5 m，4 m，4 m)
❷ ア（たて 5 m，横 9 m，高さ 22 m）
イ（たて 27 m，横 12 m，高さ 22 m）
❸ イ（たて 2 m，横 1 m，高さ 3 m）
ウ（たて 1 m，横 3 m，高さ 4 m）
エ（たて 3 m，横 3 m，高さ 2 m）

解説

❷ アの旗は，たてに 5 m，横に $12-3=9$(m)，高さは，$18+4=22$(m) である。

73 最上級レベル ⑪

☑解答

1. エ
2. (1)あ，い，え，お　(2)辺ケク　(3)サ，ケ
3. (1)面ＡＢＣＤ，面ＤＨＧＣ
   (2)面 ABCD，面ＥＦGH
4. 5
5. (1) 4 面　(2) 18 面

解説

1 横に 4 面の展開図は，上下に 1 面ずつくる。

2 (1)面かと平行になる面はうなので，それ以外の，あ，い，え，おの 4 面が垂直になる。
(2)，(3)エからいちばん遠い点はアとサなので，アとサが重なり，サとケも重なる。また，オからいちばん遠い点はイとクなのでイとクは重なる。これから，辺アイと重なる辺は，辺ケクになる。

3 (1)辺 EF と交わらない面は，面 ABCD，面 DHGC の 2 つである。
(2)面 ABCD と面 EFGH は，四角形 AEGC と垂直になる。

4 次のように，それぞれの面を①～⑨とする。

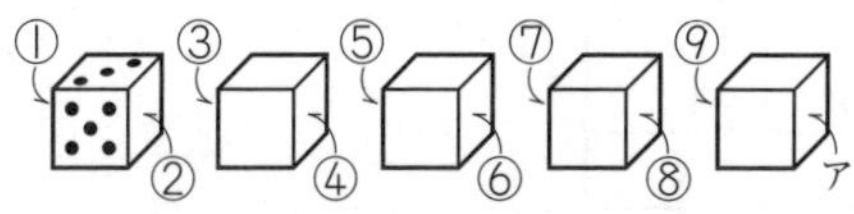

①，②は面の目の数の組が (3，4)，(2，5) 以外なので，(1，6) のどちらかである。くっついている面の目の数の和が 6 なので，②～⑨の面の目の数は 5 以下になる。これから，②=1 とわかる。すると，和が 6 だから，③=5 になる。向かい合う面の和が 7 だから ④=2 である。同じように，⑤=4，⑥=3，⑦=3，⑧=4，⑨=2 になるので，アの面の目の数は 5 になる。

5 (1)アの立方体は，立方体とくっついている上と右の 2 つの面以外の 4 つの面が赤くぬられる。
(2)上のだんの立方体は，アの立方体とくっついている 1 つの面以外の 5 つの面が赤くぬられている。下のだんのまん中の立方体は，左右の面以外の 4 つの面，右の立方体は，となりとくっついている 1 つの面以外の 5 つの面が赤くぬられている。これから，赤くぬられた面は，全部で 5+4+4+5=18(面) になる。

74 最上級レベル ⑫

☑解答

1. (1)面 AEHD　(2)ア A　イ H　(3) 26 cm
2. (1)イ(横 14 cm，たて 3.5 cm，高さ 8 cm)
   ウ(横 18 cm，たて 5 cm，高さ 8 cm)
   (2) 43
3. (1)ア E　イ H　ウ A
   (2)右の図

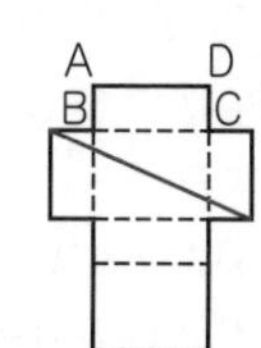

解説

1 (2)右の図から，アと A が重なる点だとわかる。イは，B からいちばん遠い点になるので，H になる。
(3) 10+6+10=26(cm)

2 (1)イは横に 14 cm，たてに 5−1.5=3.5(cm)，高さは 6+2=8(cm) の位置になる。ウは，横に 18 cm，たてに 5 cm，高さ 8 cm の位置になる。
(2)次のように，各面を①から⑩とする。

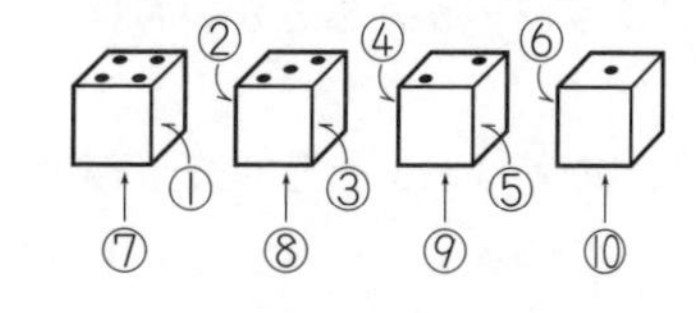

向かい合う面の目の数の和は 7 なので，②+③は 7，④+⑤は 7，⑦+⑧+⑨+⑩=7×4−(4+3+2+1)=28−10=18 になる。
ここで，見えない①～⑩の面の目の数を大きくするには，①，⑥をできるだけ大きくする。①は面の目の数を 6 にできるが，⑥は，(1，6) が使えないので，面の目の数は最大で 5 になる。これから，10 この面の目の数の合計は 7+7+18+6+5=43 になる。

3 (1)展開図の頂点を求めていくと右の図のようになる。これから，アは E，イは H，ウは A となることがわかる。

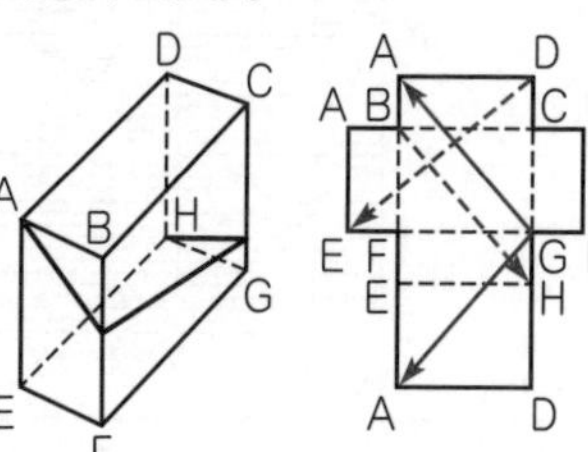

(2)ひもが，辺 BF と辺 CG の上を通って H までいく通り道のうち，最も短くなるのは直線のときである。

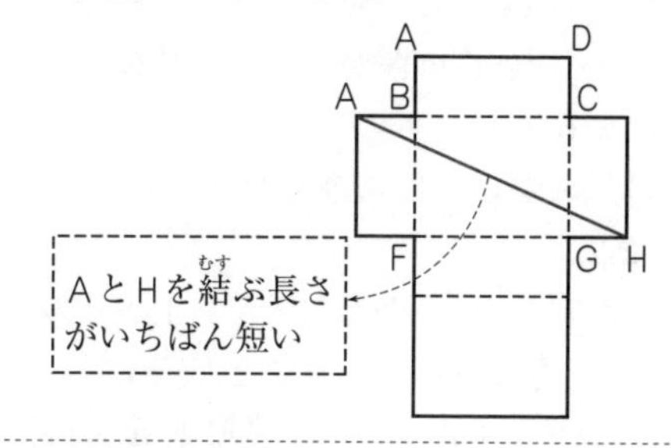

立体の表面の通り道がいちばん短くなるときの求め方

① 立体の展開図をかく。
② 展開図で，通り道の両はしの点を直線で結ぶ。

次の図で，点 A から辺 BF を通って G までの長さがいちばん短くなる通り道は，展開図の A と G を直線で結んだ線になる。

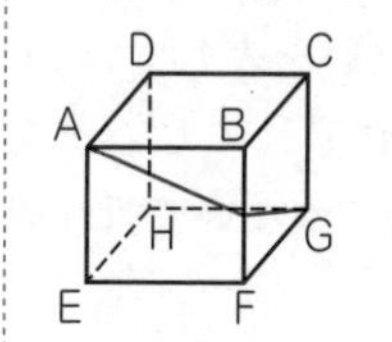

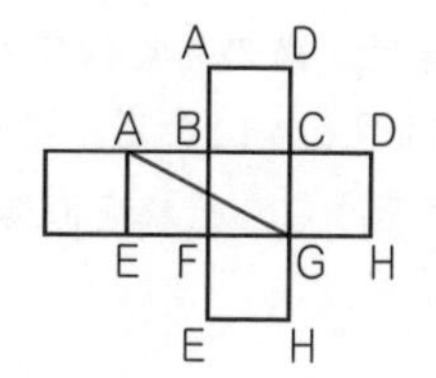

標準レベル 75 折れ線グラフ

解答

❶ (1)月　(2)気温　(3) 1 度　(4) 27 度
(5) 3 月と 4 月(の間)

❷ イ，エ

❸

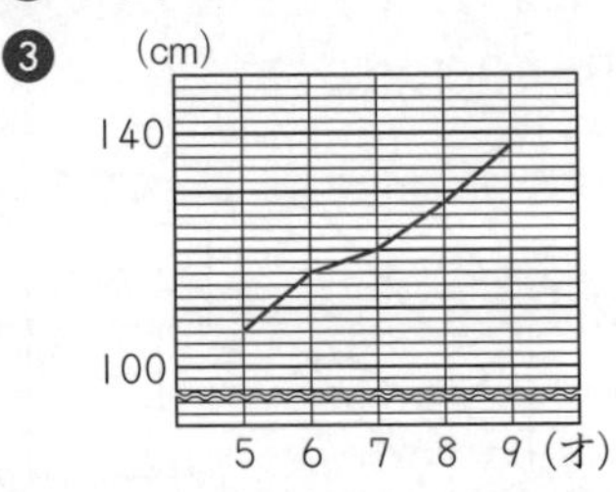

解説

❶ (1) 1 月から 12 月の月を表している。
(2)月ごとの気温を表している。
(3) 10 度から 20 度の間が 10 目もりなので，1 目もりは 1 度になる。
(4) 8 月の気温がいちばん高くなっていて，その気温は 27 度である。
(5)折れ線グラフでは，かたむきが右上がりのときはふえ，右下がりのときはへっていることを表す。
気温がいちばん上がったのは 3 月と 4 月の間で，8 度から 14 度になっているので，6 度上がっている。

❷ 折れ線グラフは，気温や身長などのように，時間がたつにつれて変化していくようすを表すのに便利なグラフである。
ア，ウ，オは，ぼうグラフで表すほうがてきしている。

❸ たてのじくは身長，横のじくは年れいを表している。たての 1 目もりは 2 cm になる。それぞれのじくが交わったところに点をうち，それを直線でつないで折れ線グラフをつくる。

上級レベル 76 折れ線グラフ

解答

❶ (1)右の図
(2) 10 時と 11 時の間

(度)　1 日の気温
30
25
20
15
0
8 9 10 11 0 1 2 3 4 5 (時)
午前　午後

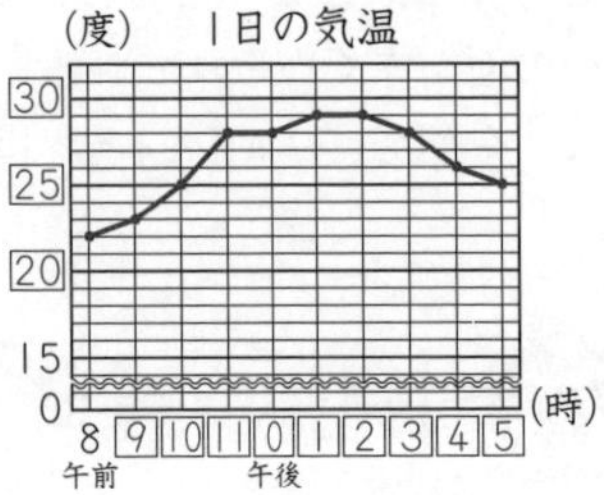

❷ (1)イ　(2)ア

❸ (1) 14 時
(2) 10 時と 11 時の間
(3) 16 時

解説

❶ (2) 10 時と 11 時の間がかたむきがいちばん急で，3 度上がっている。

❷ たてのじくの 1 目もりの大きさがちがうことに注意する。
(1)ふえているのは，**イ**，**エ**，**オ**の 3 つである。横のじくの目もりが 0 ～ 10 の間に，**イ**は (30−10=)20 ふえている。**エ**は (8−0=)8 ふえている。**オ**は (15−0=)15 ふえている。これから，ふえ方がいちばん大きいのは**イ**になる。
(2)へっているのは，**ア**，**ウ**，**カ**の 3 つである。
横のじくの目もりが 0 ～ 10 の間に，**ア**は (12−0=)12 へっている。**ウ**は (20−5=)15 へっている。**カ**は (30−10=)20 へっている。これから，へり方がいちばん小さいのは**ア**になる。

❸ (1)横のじくの 1 目もりは，1 時間で，たてのじくの 1 目もりは 1 度になっている。14 時がいちばん高く，16 度になっている。
(2) 10 時と 11 時の間が，グラフのかたむきがいちばん急になっている。
(3) 16 時の地面の温度と気温の差はおよそ 5 度で，温度の差がいちばん大きくなっている。

標準レベル 77 整理のしかた

解答

❶ (1)ア 3　イ 8　ウ 22　(2)運動場　(3)足

❷ (1) 12 人　(2) 26 人　(3) 42 人

❸ (1) 40 人　(2) 91 人

解説

❶ (1)アは，合計が 6 なので，6−(1+1+1)=3，イは，3+1+2+2=8，ウは，3+2+5+8+4=22 になる。
(2)合計が 8 人の運動場がいちばんけがが多い場所である。
(3)合計が 8 人の足がいちばんけがが多い体の部分である。

❷ (1)国語は好きだが，算数はきらいだという人は，下の図の矢印が交わったところで，12 人である。

算数＼国語	好き	きらい
好き	8	18
きらい	12	4

(2)算数が好きな人は，下の図のように，国語が好きな人ときらいな人をあわせた，8+18=26(人) である。

算数＼国語	好き	きらい
好き	8	18
きらい	12	4

(3)算数がきらいな人の合計は，12+4=16(人) なので，クラス全員の人数は，26+16=42(人) である。

❸ (1)参加した女子の人数は，小学生と中学生をあわせた，26+14=40(人) である。
(2)参加した男子の人数は，小学生と中学生をあわせた，32+19=51(人) なので，参加した全員の人数は，40+51=91(人) である。

上級レベル 78 整理のしかた

解答

1 (1)ア 14　イ 3　ウ 23　(2)えん筆
(3)教室

2 ア 7　イ 21　ウ 17

3 (1)5人　(2)15人

解説

1 (1)アは，3+2+9=14(人)，イは，4−1=3(人)，ウは，4+3+16=23(人) になる。
(2)3人がわすれたえん筆である。
(3)14人がわすれ物をした教室である。

2 合計の人数から，イは，32−11=21(人)，ウは，32−15=17(人) とわかる。すると，兄はいるが弟はいない人が 17−13=4(人) になるので，アは，11−4=7(人) とわかる。
表を完成させると，右のようになる。

弟＼兄	いる	いない	合計
いる	7	8	15
いない	4	13	17
合計	11	21	32

3 (1)第1問と第3問ができた人の点数は，2+4=6(点) で，ほかに6点になる場合はないので，表から5人になる。
(2)第1問ができた人の点数は，次のどれかの場合が考えられる。
第1問だけできた人が2点…1人
第1問と第2問ができた人が5点…6人
第1問と第3問ができた人が6点…5人
第1問と第2問と第3問ができた人が9点…3人
第1問ができずにこれらの点数になることはないので，第1問ができた人の人数は，
1+6+5+3=15(人) になる。

標準レベル 79 変わり方(1)

解答

1 (1)ア 6　イ 10　ウ 6　(2)△=2×□
(3)30 cm²　(4)12 cm

2 (1)1 kg　(2)2.5 kg　(3)12.5 kg
(4)

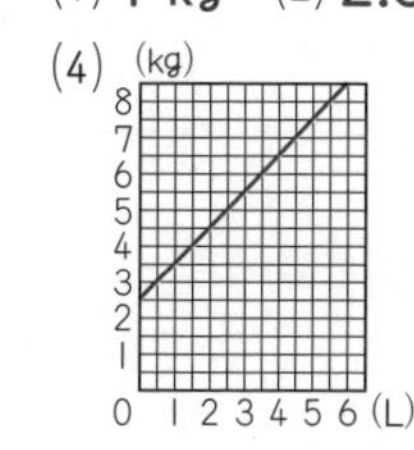

解説

1 (1)たての長さは2 cmで変わらないので，面積は，2×横の長さとなる。これから，アは，2×3=6(cm²)，イは，2×5=10(cm²) になる。また，ウは，たて2 cm，面積が12 cm²なので，横の長さは，12÷2=6(cm) になる。
(2)長方形の面積=たて×横 から，△=2×□ と表される。
(3)(2)の式を利用する。△=2×15=30(cm²)
(4)24=2×□ から，□=24÷2=12(cm) になる。
2つの量の関係を調べるときは，2つの量の和や差が決まった数になっていないか，一方がふえると，もう一方はどのように変わっていくのかを考える。

2 (1)水が1Lふえると，全体の重さが1kgふえているので，水1Lの重さは1kgである。
(2)水1Lのときの全体の重さが3.5kgなので，水を入れていないときの重さは，3.5−1=2.5(kg) になる。これが水そうの重さになる。
(3)水10Lの重さは10kgなので，水そうの重さとあわせて12.5kgになる。
(4)グラフは，水が0Lのとき，2.5kg，6Lのとき，8.5kgになる。

上級レベル 80 変わり方(1)

解答

1 (1)△=20−2×□　(2)4 cm　(3)10分後
(4)

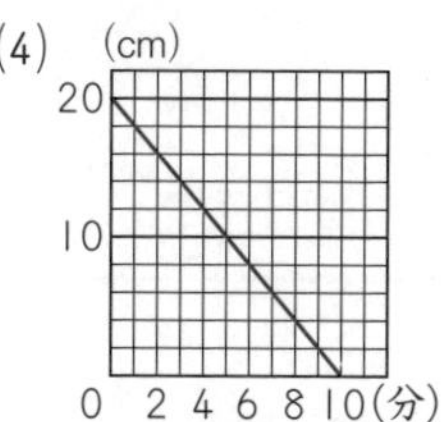

2 (1)△=□×8　(2)72　(3)14

3 (1)△=□×9　(2)14 cm

解説

1 (1)表から，ろうそくは1分間に2 cmずつ短くなっているのがわかる。だから，□分では，2×□(cm) 短くなる。これから，残りの長さは，20−2×□(cm) となるので，式は，△=20−2×□ になる。
(2)(1)の式を利用する。△=20−2×8=4(cm)
(3)1分間に2 cmもえるので，20 cm全部がもえてしまう時間は，20÷2=10(分後) になる。
(4)グラフは0分のとき20 cm，10分のとき0 cmになる。

2 (1)表から，△はいつも□の8倍になっていることがわかる。これから，△と□の関係は，△=□×8 と表すことができる。
(2)(1)の式から，△=9×8=72 である。
(3)(1)の式から，112=□×8 なので，
□=112÷8=14 になる。

3 (1)長方形の面積＝たて×横 なので，△=□×9 と表すことができる。
(2)(1)から，126=□×9 となるから，□=126÷9=14(cm) になる。

標準レベル 81 変わり方 (2)

解答

❶ (1)ア 12　イ 16　(2)△=□×4
(3) 48 cm

❷ (1) 5本　(2)□=△+2
(3) 30こ　(4) 13本　(5) 17こ

解説

❶ だんの数と正方形の１辺の長さが同じになっていることに注目する。

(1)だんの数と正方形の１辺の長さが同じになっているので，まわりの長さは，だんの数×4 になる。表からもこのことがわかる。これから，アは，3×4=12 になる。また，イ×4=64 になるので，イは，64÷4=16 になる。

(2)(1)から，□と△の関係は，△=□×4 と表すことができる。

(3)(2)の式から，△=12×4=48(cm) になる。

❷ 三角形のこ数とまわりのマッチぼうの本数の関係を調べると，次のようになる。

三角形のこ数	1	2	3	4…
まわりのマッチぼうの本数	3	4	5	6…

(1)上から，三角形のこ数が３のとき，まわりのマッチぼうの本数は５本になる。

(2)まわりのマッチぼうの本数は，三角形のこ数より２だけ大きい数になっていることから，□と△の関係は，□=△+2 と表すことができる。

(3)(2)の式から，32=△+2 になるので，30こになる。

(4)マッチぼうは，最初の三角形で３本，あとは，２本ずつ使って１この三角形ができる。三角形のこ数が６このとき，最初の１こで３本，残りの５こで 10本使うので，全部で 13本になる。

(5)最初の３本をひいた 32本で，32÷2=16(こ) できるので，全部で，1+16=17(こ) の三角形ができる。

上級レベル 82 変わり方 (2)

解答

❶ (1) 8 cm　(2) 16 cm
(3)△=□×4　(4) 28 cm^2

❷ (1)ア 9　イ 9　(2)△=□×3
(3) 42こ　(4) 33番目

解説

❶ だんの数とまわりの長さの関係を調べると，次のようになる。

だんの数	1	2	3	4	5…
まわりの長さ	4	8	12	16	20…

(1)上のことから 8 cm である。

(2)上のことから 16 cm である。

(3)上のことから，まわりの長さは，だんの数の４倍になっていることがわかる。これから，△と□の関係は，△=□×4 と表すことができる。

(4) 1辺が 1 cm の正方形のこ数は，いちばん上から，1，2，3，4，…とふえていくので，７だんでは，1+2+3+4+5+6+7=28(こ) の正方形がある。これから，７だんのときの図形の面積は，1×28=28 (cm^2) になる。

❷ ４番目のおはじきのこ数は 12こになる。これと表から，おはじきのこ数は，□の３倍になっていることがわかる。

(1)上のことから，アは，3×3=9，また，イ×3=27 になるので，イは 27÷3=9 になる。

(2)△と□の関係は，△=□×3 と表すことができる。

(3)(2)の式から，△=14×3=42(こ) である。

(4)(2)の式から，99=□×3 なので，□=99÷3=33(番目) になる。

標準レベル 83 分　数 (1)

解答

❶ (1)真分数　(2)仮分数　(3)帯分数
(4) 11　(5) 8

❷ 真分数　ア，オ，キ　仮分数　イ，ウ
帯分数　エ，カ

❸ (1) $3\frac{1}{2}$　(2) $3\frac{3}{4}$　(3) $4\frac{4}{7}$

❹ (1) $\frac{5}{3}$　(2) $\frac{13}{4}$　(3) $\frac{35}{6}$　(4) $\frac{18}{7}$

解説

❶ $\frac{2}{3}$ や $\frac{5}{8}$ などのような１より小さい分数を真分数，$\frac{5}{5}$ や $\frac{5}{3}$ などのような１と等しいか，１より大きい分数を仮分数，$3\frac{3}{4}$ などのような整数と真分数の和で表した分数を帯分数という。

(5) 1は $\frac{5}{5}$ なので，$\frac{1}{5}$ が５こ，$\frac{3}{5}$ は $\frac{1}{5}$ が３こ集まった数なので，あわせて８こである。

❸ 分子を分母でわって，商を整数部分，あまりを分子にする。

(1) 7÷2=3 あまり 1 なので，$3\frac{1}{2}$ になる。

(2) 15÷4=3 あまり 3 なので，$3\frac{3}{4}$ になる。

(3) 32÷7=4 あまり 4 なので，$4\frac{4}{7}$ になる。

❹ 分母×整数部分+分子 を分子にする。

(1) $1\frac{2}{3}=\frac{3\times1+2}{3}=\frac{5}{3}$　(2) $3\frac{1}{4}=\frac{4\times3+1}{4}=\frac{13}{4}$

(3) $5\frac{5}{6}=\frac{6\times5+5}{6}=\frac{35}{6}$　(4) $2\frac{4}{7}=\frac{7\times2+4}{7}=\frac{18}{7}$

上級レベル 84 分　数 (1)

解答

1 (1) $\frac{1}{15}$　(2) 2 dL　(3) $\frac{12}{7}$, $\frac{13}{7}$
(4)① 0.1　② 0.9

2 (1) $\frac{71}{11}$　(2) $1\frac{5}{13}$　(3) $\frac{17}{12}$

3 (1) 6　(2) 6　(3) 750

解説

1 (1)分子が 15 で，1 と同じ大きさの分数は $\frac{15}{15}$ なので，$\frac{1}{15}$ が 15 こ集まると 1 になる。
(2) 1 L は 10 dL なので，10÷5=2(dL) である。
(3) $2=\frac{14}{7}$ なので，$\frac{11}{7}$ と $\frac{14}{7}$ の間にある分数は，$\frac{12}{7}$，$\frac{13}{7}$ の 2 つになる。
(4)① 1 の $\frac{1}{10}$ は 0.1 である。

2 仮分数（かぶんすう）を帯分数（たいぶんすう），帯分数を仮分数になおす方法（ほうほう）を身につける。
(1) $6\frac{5}{11}=\frac{11\times6+5}{11}=\frac{71}{11}$
(2) 18÷13=1 あまり 5 なので，$1\frac{5}{13}$ になる。
(3) $1\frac{5}{12}=\frac{12\times1+5}{12}=\frac{17}{12}$ になる。

3 (1) 1 時間は 60 分なので，60 を 10 等分したうちの 1 つである。60÷10=6(分)
(2) 1 L は 10 dL なので，10 を 5 等分したうちの 3 つである。10÷5×3=6(dL)
(3) 1 km は 1000 m なので，1000 を 4 等分したうちの 3 つである。1000÷4×3=750(m)

標準レベル 85 分　数 (2)

解答

1 (1) 3　(2) 2　(3) 5　(4) 36

2 (1)ア　(2)イ　(3)イ　(4)ア

3 (1) $\frac{9}{3}$, $\frac{7}{3}$, $\frac{1}{3}$　(2) $\frac{2}{11}$, $\frac{2}{7}$, $\frac{2}{5}$

4 (1) $\frac{6}{8}$, $\frac{9}{12}$　(2) $\frac{5}{8}$　(3) $\frac{2}{6}$, $\frac{3}{9}$, $\frac{4}{12}$
(4) $\frac{2}{3}$, $\frac{4}{6}$, $\frac{6}{9}$

解説

1 (1)分母が 2 の 3 倍になっているので，分子も 3 倍して，1×3=3 である。
(2)分母が 9 の $\frac{1}{3}$ になっているので，分子も $\frac{1}{3}$ にして，6÷3=2 である。

2
> 分数の大小
> ・分母が同じ分数では，分子が小さい数ほど分数は小さくなる。
> ・分子が同じ分数では，分母が小さい数ほど分数は大きくなる。

(1)分母が同じなので，アの方が大きい分数である。
(2)分子が同じなので，イの方が大きい分数である。
※帯分数は仮分数になおしてくらべるとよい。

3 (1)分母が同じなので，分子が 9，7，1 の順（じゅん）に大きい分数となる。
(2)分子が同じなので，分母が 11，7，5 の順に小さい分数となる。

4 (2) $\frac{5}{6}$，$\frac{5}{7}$，$\frac{5}{8}$，$\frac{5}{9}$ から $\frac{15}{24}=\frac{5}{8}$ になる。
(3) $\frac{1}{3}$ の分母と分子を 2 倍，3 倍，4 倍にする。

上級レベル 86 分　数 (2)

解答

1 (1)① 15　② 8　(2)① 4　② 18

2 (1) $\frac{9}{2}$　(2) $2\frac{3}{5}$　(3) $3\frac{3}{11}$　(4) $1\frac{2}{3}$

3 (1) $1\frac{3}{15}$, $1\frac{3}{13}$, $1\frac{3}{11}$, $1\frac{3}{7}$
(2) $1\frac{5}{8}$, $\frac{11}{8}$, $1\frac{3}{16}$, $\frac{9}{8}$

4 (1) $\frac{2}{8}$, $\frac{3}{12}$, $\frac{4}{16}$　(2) $\frac{9}{10}$　(3) $1\frac{5}{18}$

解説

1 (2)①は，16÷4=4　②は，6×3=18 になる。

2 (1) $3\frac{1}{2}=\frac{7}{2}$ なので，$\frac{9}{2}$ である。
(2)分子が同じなので，分母がいちばん小さい $2\frac{3}{5}$ である。
(3) $3\frac{3}{11}=\frac{36}{11}=\frac{72}{22}$ なので，$3\frac{3}{11}$ がいちばん大きい分数である。
(4) $1\frac{2}{3}=1\frac{6}{9}=1\frac{8}{12}$ なので，$1\frac{2}{3}$ がいちばん大きい分数である。

3 (2)分母を 16 の仮分数にすると，$\frac{22}{16}$，$\frac{26}{16}$，$\frac{18}{16}$，$\frac{19}{16}$ になるので，大きい順に $1\frac{5}{8}$，$\frac{11}{8}$，$1\frac{3}{16}$，$\frac{9}{8}$

4 (2) $\frac{4}{5}=\frac{8}{10}$，$1=\frac{10}{10}$ なので，この間にある分母が 10 の分数は，$\frac{9}{10}$ である。
(3) $1\frac{2}{9}=1\frac{4}{18}$，$1\frac{3}{9}=1\frac{6}{18}$ なので，この間にある分母が 18 の分数は，$1\frac{5}{18}$ である。

標準レベル 87 分数のたし算

解答

❶ (1) $\frac{4}{5}$ (2) $\frac{8}{9}$ (3) $2\frac{1}{3}\left(\frac{7}{3}\right)$ (4) $1\frac{2}{8}\left(\frac{10}{8}\right)$

(5) $3\frac{5}{7}$ (6) $3\frac{7}{9}$ (7) $7\frac{1}{5}$ (8) $6\frac{2}{10}$

(9) $1\frac{2}{7}\left(\frac{9}{7}\right)$ (10) $5\frac{3}{9}$

❷ (1) $1\frac{2}{8}\left(\frac{10}{8}\right)$ kg (2) $1\frac{4}{5}\left(\frac{9}{5}\right)$ m

(3) $8\frac{1}{9}$ m (4) $4\frac{4}{5}$ m

解説

❶ 分母が同じ分数のたし算は，分母はそのままで，分子だけをたす。

(1) $\frac{1}{5}+\frac{3}{5}=\frac{1+3}{5}=\frac{4}{5}$

(2) $\frac{3}{9}+\frac{5}{9}=\frac{3+5}{9}=\frac{8}{9}$

(3) $\frac{5}{3}+\frac{2}{3}=\frac{5+2}{3}=\frac{7}{3}=2\frac{1}{3}$

(4) $\frac{3}{8}+\frac{7}{8}=\frac{3+7}{8}=\frac{10}{8}=1\frac{2}{8}$

(5) $3\frac{4}{7}+\frac{1}{7}=3\frac{4+1}{7}=3\frac{5}{7}$

(6) $1\frac{2}{9}+2\frac{5}{9}=3\frac{2+5}{9}=3\frac{7}{9}$

(7) $4\frac{2}{5}+2\frac{4}{5}=6\frac{6}{5}=7\frac{1}{5}$

(8) $2\frac{3}{10}+3\frac{9}{10}=5\frac{12}{10}=6\frac{2}{10}$

(9) $\frac{1}{7}+\frac{3}{7}+\frac{5}{7}=\frac{9}{7}=1\frac{2}{7}$

(10) $1\frac{1}{9}+\frac{4}{9}+3\frac{7}{9}=4\frac{12}{9}=5\frac{3}{9}$

※ 帯分数の分数部分は，かならず真分数の形になおしておくことに注意する。

❷ (1) $\frac{3}{8}+\frac{7}{8}=\frac{10}{8}=1\frac{2}{8}$ (kg)

(2)はじめのはり金の長さは，使った長さと残りの長さの和なので，$\frac{6}{5}+\frac{3}{5}=\frac{9}{5}=1\frac{4}{5}$ (m)

(3) $4\frac{2}{9}+3\frac{8}{9}=7\frac{10}{9}=8\frac{1}{9}$ (m)

(4) $1\frac{2}{5}+\frac{4}{5}+2\frac{3}{5}=3\frac{9}{5}=4\frac{4}{5}$ (m)

上級レベル 88 分数のたし算

解答

1 (1) $1\frac{8}{13}\left(\frac{21}{13}\right)$ (2) 3 (3) $5\frac{5}{6}$ (4) $10\frac{5}{8}$

(5) $5\frac{4}{11}$ (6) $6\frac{1}{7}$ (7) 9 (8) $11\frac{4}{17}$

2 (1) $\frac{5}{6}$ (2) $\frac{7}{10}$

3 (1) $4\frac{4}{8}$ m (2) $4\frac{2}{9}$ kg (3) $4\frac{4}{5}$ L

解説

1 計算の答えが仮分数になるときは，ふつう帯分数になおしておく。仮分数のままでもまちがいではない。ただし，帯分数の分数部分は必ず真分数にしておく。

(1) $\frac{3}{13}+\frac{7}{13}+\frac{11}{13}=\frac{21}{13}=1\frac{8}{13}$

(2) $\frac{4}{5}+\frac{8}{5}+\frac{3}{5}=\frac{15}{5}=3$

(3) $1\frac{1}{6}+2\frac{5}{6}+\frac{11}{6}=3\frac{17}{6}=5\frac{5}{6}$

(4) $3\frac{1}{8}+1\frac{7}{8}+5\frac{5}{8}=9\frac{13}{8}=10\frac{5}{8}$

(5) $1\frac{1}{11}+\frac{9}{11}+3\frac{5}{11}=4\frac{15}{11}=5\frac{4}{11}$

(6) $1\frac{1}{7}+\frac{9}{7}+3\frac{5}{7}=4\frac{15}{7}=6\frac{1}{7}$

(7) $1\frac{6}{13}+3\frac{7}{13}+2\frac{1}{13}+1\frac{12}{13}=7\frac{26}{13}=9$

(8) $3\frac{9}{17}+2\frac{5}{17}+4\frac{1}{17}+1\frac{6}{17}=10\frac{21}{17}=11\frac{4}{17}$

2 (1) 1時間は60分で，10分は$\frac{1}{6}$時間である。よって，40分は$\frac{4}{6}$時間なので，$\frac{1}{6}+\frac{4}{6}=\frac{5}{6}$(時間)

(2) 1 m は 100 cm で，10 cm は$\frac{1}{10}$ m である。よって，40 cm は$\frac{4}{10}$ m なので，$\frac{4}{10}+\frac{3}{10}=\frac{7}{10}$(m)

3 (1) $2\frac{5}{8}+1\frac{7}{8}=3\frac{12}{8}=4\frac{4}{8}$ (m)

(2) $2\frac{2}{9}+1\frac{4}{9}+\frac{5}{9}=3\frac{11}{9}=4\frac{2}{9}$ (kg)

(3) $1\frac{4}{5}$ L入りのびん2本の牛にゅうの重さは，$1\frac{4}{5}+1\frac{4}{5}=2\frac{8}{5}=3\frac{3}{5}$ (L) なので，$3\frac{3}{5}+1\frac{1}{5}=4\frac{4}{5}$ (L) になる。

標準レベル 89 分数のひき算

解答

❶ (1) $\frac{2}{7}$ (2) $\frac{2}{11}$ (3) $1\frac{2}{3}\left(\frac{5}{3}\right)$ (4) $1\frac{2}{9}\left(\frac{11}{9}\right)$

(5) $2\frac{1}{7}$ (6) $2\frac{3}{5}$ (7) $2\frac{2}{4}$ (8) $2\frac{10}{12}$

(9) $\frac{2}{7}$ (10) $\frac{4}{9}$

❷ (1) $2\frac{5}{8}\left(\frac{21}{8}\right)$ m (2) $\frac{4}{5}$ L

(3) $2\frac{2}{5}$ L (4) $1\frac{1}{8}$ m

解説

❶ 分母が同じ分数のひき算は，分母はそのままで，分子だけのひき算をする。

(1) $\frac{3}{7}-\frac{1}{7}=\frac{3-1}{7}=\frac{2}{7}$

(2) $\frac{8}{11}-\frac{6}{11}=\frac{8-6}{11}=\frac{2}{11}$

(3) $\frac{7}{3}-\frac{2}{3}=\frac{7-2}{3}=\frac{5}{3}=1\frac{2}{3}$

(4) $\frac{14}{9}-\frac{3}{9}=\frac{14-3}{9}=\frac{11}{9}=1\frac{2}{9}$

(5) $2\frac{4}{7}-\frac{3}{7}=2\frac{4-3}{7}=2\frac{1}{7}$

(6) $3\frac{2}{5}-\frac{4}{5}=2\frac{7}{5}-\frac{4}{5}=2\frac{3}{5}$

※ 分数部分のひき算ができないときは，帯分数を $3\frac{2}{5}=2\frac{7}{5}$ というふうに考えてひき算をする。

(7) $6\frac{1}{4}-3\frac{3}{4}=5\frac{5}{4}-3\frac{3}{4}=2\frac{2}{4}$

(8) $4\frac{5}{12}-1\frac{7}{12}=3\frac{17}{12}-1\frac{7}{12}=2\frac{10}{12}$

(9) $\frac{25}{7}-\frac{5}{7}-2\frac{4}{7}=\frac{20}{7}-2\frac{4}{7}=2\frac{6}{7}-2\frac{4}{7}=\frac{2}{7}$

(10) $6\frac{4}{9}-2\frac{2}{9}-3\frac{7}{9}=4\frac{2}{9}-3\frac{7}{9}=3\frac{11}{9}-3\frac{7}{9}=\frac{4}{9}$

❷ (1) $3-\frac{3}{8}=\frac{24}{8}-\frac{3}{8}=\frac{21}{8}=2\frac{5}{8}$ (m)

(2) $\frac{7}{5}-\frac{3}{5}=\frac{4}{5}$ (L)

(3) $4\frac{3}{5}-2\frac{1}{5}=2\frac{2}{5}$ (L)

(4) $3\frac{1}{8}-\frac{3}{8}-1\frac{5}{8}=2\frac{9}{8}-\frac{3}{8}-1\frac{5}{8}=1\frac{1}{8}$ (m)

上級レベル 90 分数のひき算

解答

1 (1) $\frac{3}{11}$ (2) $\frac{4}{15}$ (3) $\frac{1}{6}$ (4) $4\frac{7}{8}$

(5) $1\frac{4}{5}\left(\frac{9}{5}\right)$ (6) 2 (7) $2\frac{6}{8}$ (8) $3\frac{4}{9}$

2 (1) $1\frac{2}{3}$ (2) $\frac{1}{10}$

3 (1) $2\frac{2}{8}$ km (2) $1\frac{4}{5}$ m (3) $\frac{3}{4}$ L

解説

1 (1) $\frac{10}{11}-\frac{2}{11}-\frac{5}{11}=\frac{10-2-5}{11}=\frac{3}{11}$

(2) $\frac{13}{15}-\frac{1}{15}-\frac{8}{15}=\frac{13-1-8}{15}=\frac{4}{15}$

(3) $4\frac{1}{6}-2\frac{5}{6}-\frac{7}{6}=3\frac{7}{6}-2\frac{5}{6}-\frac{7}{6}=1\frac{2}{6}-1\frac{1}{6}=\frac{1}{6}$

(4) $9\frac{7}{8}-3\frac{3}{8}-1\frac{5}{8}=6\frac{4}{8}-1\frac{5}{8}=5\frac{12}{8}-1\frac{5}{8}=4\frac{7}{8}$

(5) $7-\frac{9}{5}-3\frac{2}{5}=7-1\frac{4}{5}-3\frac{2}{5}=5\frac{10}{5}-1\frac{4}{5}-3\frac{2}{5}$

$=1\frac{4}{5}$

$7-\frac{9}{5}-3\frac{2}{5}=\frac{35}{5}-\frac{9}{5}-\frac{17}{5}=\frac{35-9-17}{5}=\frac{9}{5}=1\frac{4}{5}$

のように，帯分数を仮分数になおして計算する方法もある。

(6) $3\frac{6}{7}-\frac{1}{7}-1\frac{5}{7}=3\frac{5}{7}-1\frac{5}{7}=2$

(7) $11\frac{3}{8}-2\frac{5}{8}-1\frac{7}{8}-4\frac{1}{8}=10\frac{11}{8}-2\frac{5}{8}-1\frac{7}{8}-4\frac{1}{8}$

$=7\frac{14}{8}-1\frac{7}{8}-4\frac{1}{8}=6\frac{7}{8}-4\frac{1}{8}=2\frac{6}{8}$

(8) $12-3\frac{1}{9}-1\frac{5}{9}-3\frac{8}{9}=11\frac{9}{9}-3\frac{1}{9}-1\frac{5}{9}-3\frac{8}{9}$

$=7\frac{3}{9}-3\frac{8}{9}=6\frac{12}{9}-3\frac{8}{9}=3\frac{4}{9}$

2 (1) 1時間は60分なので，10分は $\frac{1}{6}$ 時間である。

すると，40分は $\frac{4}{6}$ 時間 $=\frac{2}{3}$ 時間 なので，

$2\frac{1}{3}-\frac{2}{3}=1\frac{2}{3}$（時間）である。

(2) 1 km は 1000 m なので，100 m は $\frac{1}{10}$ km である。

すると，600 m は $\frac{6}{10}$ km なので，

$\frac{7}{10}-\frac{6}{10}=\frac{1}{10}$（km）である。

3 (1) $2\frac{5}{8}-\frac{3}{8}=2\frac{2}{8}$ (km)

(2)ここでは，仮分数になおして計算してみる。

$8-2\frac{2}{5}-3\frac{4}{5}=\frac{40}{5}-\frac{12}{5}-\frac{19}{5}=\frac{9}{5}=1\frac{4}{5}$ (m)

(3) $\frac{3}{4}$ L入りのコップ2はい分のかさは，

$\frac{3}{4}+\frac{3}{4}=\frac{6}{4}=1\frac{2}{4}$（L）なので，$2\frac{1}{4}-1\frac{2}{4}=\frac{3}{4}$（L）になる。

91 最上級レベル 13

☑解答

1 (1)$4\frac{3}{11}$ (2)2 (3)6 (4)$\frac{4}{9}$
2 (1)4回 (2)14点
3 (1)68人 (2)25人
4 (1)□+△=17 (2)72 cm²

解説

1 (1)$5\frac{6}{11}-2\frac{8}{11}+1\frac{5}{11}=4\frac{17}{11}-2\frac{8}{11}+1\frac{5}{11}=3\frac{14}{11}$
$=4\frac{3}{11}$
(2)$3\frac{4}{5}+2\frac{3}{5}-4\frac{2}{5}=5\frac{7}{5}-4\frac{2}{5}=1\frac{5}{5}=2$
(3)$5\frac{2}{7}+\left(3\frac{3}{7}-2\frac{5}{7}\right)=5\frac{2}{7}+\left(2\frac{10}{7}-2\frac{5}{7}\right)=5\frac{2}{7}+\frac{5}{7}$
$=5\frac{7}{7}=6$
(4)$4\frac{2}{9}-\left(1\frac{2}{9}+2\frac{5}{9}\right)=4\frac{2}{9}-3\frac{7}{9}=3\frac{11}{9}-3\frac{7}{9}=\frac{4}{9}$

2 グラフの1目もりは2点になっている。
(1)4回のテストが22点差(てんさ)で，その差がいちばん大きくなっている。
(2)国語の最高点(さいこう)は2回の82点，算数の最低点(さいてい)は3回の68点である。その差は，82−68=14(点) となる。

3 右のような図をベン図といい，集まり全体を長方形で表し，あるせいしつを持った集まりを円で表したものである。

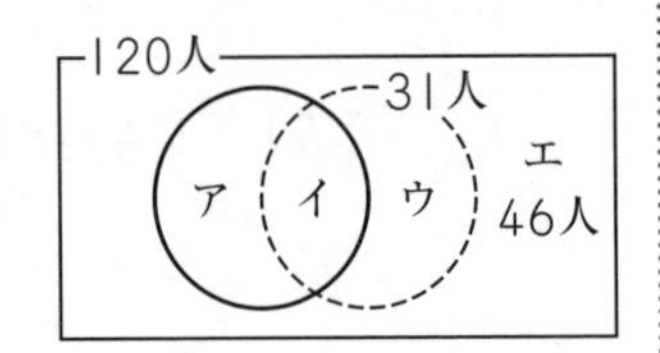

この問題では，アの部分がピーマンだけが好(す)きな人，イが両方好きな人，ウがきゅうりだけが好きな人，エが両方きらいな人を表している。
(1)ピーマンがきらいな人が52人なので，ピーマンが好きな人は，120−52=68(人) になる。
(2)ピーマンかきゅうりが好きな人と両方とも好きな人は，あわせて 120−46=74(人) なので，きゅうりだけが好きな人は，74−68=6(人) となる。すると，きゅうりが好きな人が31人なので，両方とも好きな人は，31−6=25(人) になる。

4 (1)長さ34 cmのはり金で長方形を作るので，たてと横の長さの和は 34÷2=17(cm) になる。
これから，□と△の関係(かんけい)は，□+△=17 と表される。
(2) 8+△=17 から，△=17−8=9(cm) になるので，面積(めんせき)は, 8×9=72(cm²)

92 最上級レベル 14

☑解答

1 (1)$3\frac{3}{5}$ (2)$2\frac{2}{4}$ (3)$4\frac{4}{7}$ (4)$\frac{3}{9}$
2 (1)12人 (2)18人
3 (1)5人 (2)14人
4 (1)15こ (2)黒が8こ多い

解説

1 (1)$1\frac{4}{5}+2\frac{2}{5}-1\frac{1}{5}+\frac{3}{5}=3\frac{6}{5}-1\frac{1}{5}+\frac{3}{5}=3\frac{3}{5}$
(2)$3\frac{1}{4}-\frac{3}{4}-1\frac{1}{4}+\frac{5}{4}=2\frac{2}{4}-1\frac{1}{4}+\frac{5}{4}=1\frac{1}{4}+1\frac{1}{4}$
$=2\frac{2}{4}$
(3)$\left(2\frac{5}{7}-\frac{6}{7}\right)+\left(5\frac{1}{7}-2\frac{3}{7}\right)=1\frac{6}{7}+2\frac{5}{7}=3\frac{11}{7}=4\frac{4}{7}$
(4)$\left(6\frac{1}{9}-1\frac{5}{9}\right)-\left(1\frac{7}{9}+2\frac{4}{9}\right)=4\frac{5}{9}-4\frac{2}{9}=\frac{3}{9}$

2 (1)子ども26人のうち，男の子どもが14人なので，女の子どもは，26−14=12(人) である。
(2)参加(さんか)した全員の人数は，男24人と女20人をあわせた44人である。そのうち子どもが26人なので，参加した大人は，44−26=18(人) になる。

3 (1)3番ができた人の点数は，
3番だけできた人が5点，
1番と3番ができた人が7点，
2番と3番ができた人が8点，
1番と2番と3番ができた人が10点
のどれかになる。3番ができた人は全部で22人なので，3番だけできた人の人数は，
22−(7+6+4)=5(人) になる。
(2) 1番ができた人の点数は，
1番だけできた人が2点，
1番と2番ができた人が5点，
1番と3番ができた人が7点，
1番と2番と3番ができた人が10点
のどれかになる。また，点数が5点の6人のうち，3番だけできた人が5人なので，1番と2番ができた人は，6−5=1(人) である。これから，1番ができた人の人数は，2+1+7+4=14(人) になる。

4 (1) 1辺(へん)が5のときの正方形は，右の図のようになる。図から，白いご石の数は，1+5+9=15(こ) である。

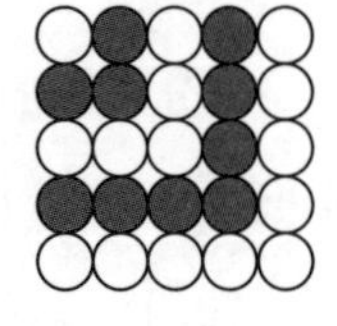

(2) 1辺のこ数と白と黒のご石の数の関係を調べると，次のようになる。

1辺のこ数	1	2	3	4	5	6	7	8
白のご石	1	1	6	6	15	15	28	28
黒のご石	0	3	3	10	10	21	21	36

これから，黒が 36−28=8(こ) 多いことがわかる。

標準レベル 93 文章題特訓 (1)（和差算）

解答

❶ (1) 130 (2) 18 人 (3) 2400 円
(4) 11 才 (5) 85 m

❷ (1) 16 dL (2) 700 円 (3) 16 人
(4) 13 時間 40 分 (5) 90 円

解説

大小２つの数量(すうりょう)の和と差(さ)から，それぞれの大きさを求(もと)める問題を和差算という。和差算は，数量の関係(かんけい)を線分図で表してとく。右の図から，次のことがいえる。

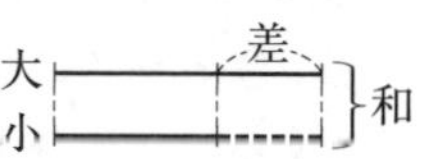

・大きいほうの数量=(和+差)÷2　　和＋差＝㊝2つ分
・小さいほうの数量=(和−差)÷2　　和−差＝㊩2つ分

❶ (1)和が 230，差が 30 なので，大きいほうの数は，(230+30)÷2=130 である。
(2)和が 40 人，差が 4 人なので，女子の人数は，(40−4)÷2=18(人) である。
(3)和が 3900 円，差が 900 円なので，A(エー)さんが持っているお金は，(3900+900)÷2=2400(円) である。
(4)和が 47 才，差が 25 才なので，たろう君の年れいは，(47−25)÷2=11(才) である。
(5)長方形のたてと横の長さの和は，420÷2=210 (m) である。差が 40 m なので，たての長さは，(210−40)÷2=85(m) となる。

❷ (1) 2 L 5 dL=25 dL から，和が 25 dL，差が 7 dL なので，B(ビー)さんが飲んだ牛にゅうは，(25+7)÷2=16 (dL) である。
(2)和が 1600 円，差が 200 円なので，はなこさんの貯金(ちょきん)は，(1600−200)÷2=700(円) である。
(3)和が 38 人，差が 6 人なので，男子の人数は，(38−6)÷2=16(人) である。
(4) 1 日は 24 時間なので，和が 24 時間，差が 3 時間 20 分である。昼の長さは，
(24 時間+3 時間 20 分)÷2=13.5 時間 10 分
13.5 時間=13 時間 30 分 なので，昼の長さは，13 時間 40 分になる。
(5)和が 150 円，差が 30 円なので，ノートのねだんは，(150+30)÷2=90(円) である。

上級レベル 94 文章題特訓 (1)（和差算）

解答

1 (1) 950 円 (2)① 29 kg ② 61 kg
(3) 336 cm

2 (1) 38 人 (2)① 1 ② 72
(3) 41 (4) 18 cm

解説

３つ以上の数量である場合，３つの大小関係を正しく線分図で表す。

1 (1)和が 2500 円，差が 600 円なので，妹が出したお金は，(2500−600)÷2=950(円) である。
(2) 3 人の体重の関係を線分図で表すと次の図のようになる。

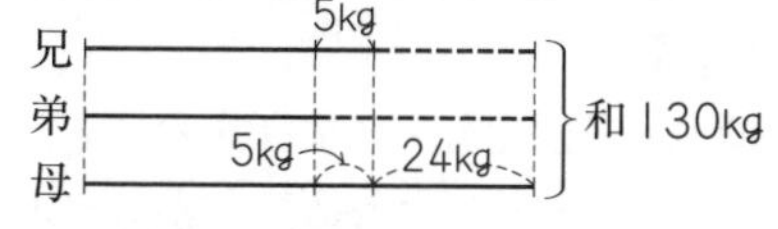

①図から，母は弟より，24+5=29(kg) 重いことがわかる。
② 3 人の合計 130 kg に，24 kg と 29 kg を加(くわ)えた和は，母の体重の３つ分になるので，母の体重は，(130+24+29)÷3=61(kg) になる。
(3) A，B，C(シー)の３つの長さの関係を線分図で表すと次の図のようになる。

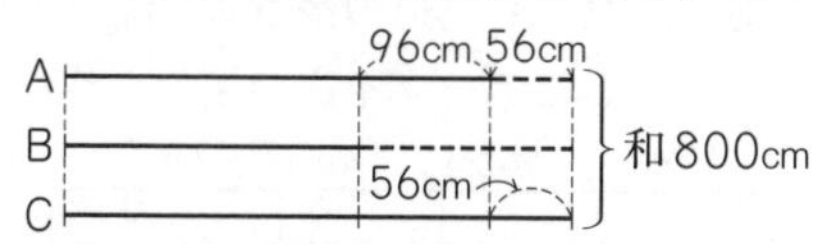

３つの合計 800 cm に，56 cm と 96+56=152(cm) を加えた和は，C の長さの３つ分になるので，C の長さは，(800+56+152)÷3=336(cm) となる。

2 (1) A，B，C の３つの組の人数の関係を線分図で表すと次の図のようになる。
３つの合計 122 人から，3 人と 3+2=5(人) をひいた差は，A の人数の３つ分になるので，A の人数は，(122−3−5)÷3=38(人) となる。
(2) A，B，C の３つの関係を線分図で表すと次の図のようになる。
①図から，B と C の差は 23−22=1 とわかる。
② B と C の和は 99，差が 1 なので，B は，(99+1)÷2=50 である。これから，A は，50+22=72 になる。
(3) A，B，C の３つの関係を線分図で表すと次の図のようになる。

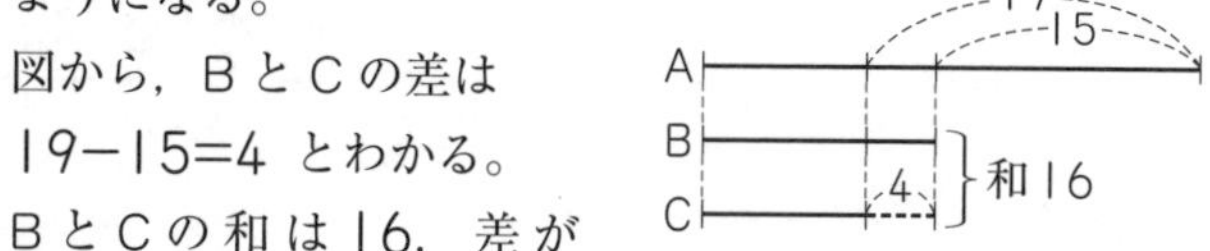

図から，B と C の差は 19−15=4 とわかる。
B と C の和は 16，差が 4 なので，B は，(16+4)÷2=10 である。これから，A は，10+15=25，C は，10−4=6 になるので，３つの和は，25+10+6=41 になる。
(4) 4 本のひもの長さの関係を線分図で表すと次の図のようになる。
4 本の合計 60 cm に，2 cm，4 cm，6 cm を加えた和は，いちばん長いひもの 4 つ分になるので，いちばん長いひもの長さは，(60+2+4+6)÷4=18(cm) になる。

標準レベル 95 文章題特訓 (2)（植木算）

解答

❶ (1) 21本 (2) 7本 (3) 15本
(4) 14本 (5) 55 m

❷ (1) 170 m (2) 16 m (3) 14 m
(4)① 20 m ② 4 m

解説

植えた木の本数と間の数の関係（かんけい）は次のようになる。

・両はしも入れてまっすぐ植えたとき
木の本数＝間の数＋1

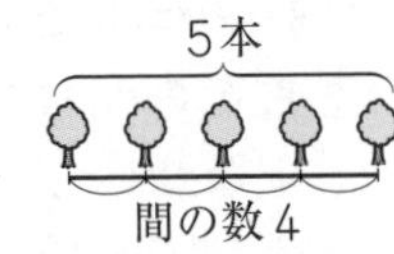

・両はしには植えず，まっすぐ植えたとき
木の本数＝間の数－1

・まるく植えるとき
木の本数＝間の数

木の本数＝間の数

❶ (1)間の数は，100÷5=20 である。両はしにも植えるので，木は，20+1=21(本) いる。

(2)間の数は，40÷5=8 になる。両はしには植えないので，つつじの数は，8−1=7(本) いる。

(3)間の数は，60÷4=15 で，まるく植えるので木の数も間の数と同じで 15 本いる。

(4)道のかた側（がわ）の間の数は，300÷50=6 である。両はしにも植えるので，木は，6+1=7(本) いる。また，道の両側に植えるので全部で 7×2=14(本) となる。

(5)つつじは両はしに植えないので，間の数は 10+1=11 である。2本の木は，5×11=55(m) はなれている。

❷ (1)両はしに植えているので，間の数は 18−1=17 になる。道の長さは，10×17=170(m) になる。

(2)まるく植えるので，間の数は 15 になる。だから，木の間かくは，240÷15=16(m) になる。

(3)両はしには植えないので，間の数は 10+1=11 になる。だから，木の間かくは，154÷11=14(m) になる。

(4)①まるく植えるので，間の数は 12 になる。だから，木の間かくは，240÷12=20(m) になる。
②両はしは松（まつ）の木なので，つつじの間の数は 4+1=5 になる。だから，つつじの間かくは，20÷5=4(m) になる。

上級レベル 96 文章題特訓 (2)（植木算）

解答

❶ (1) 15 m (2) 104 m (3) 270 m
(4) 14本 (5) 42 cm

❷ (1)① 31本 ② 21 m (2) 24こ
(3) 75本

解説

❶ (1)両はしも入れて 13 本植えたので，間の数は，13−1=12 になる。だから，木の間かくは，180÷12=15(m) となる。

(2)まるく植えたので，間の数は 13 である。だから，池のまわりは，8×13=104(m) になる。

(3)両はしには植えないので，間の数は 17+1=18 である。だから，道の長さは，15×18=270(m) になる。

(4)つないだテープを次の図のように区切って考える。

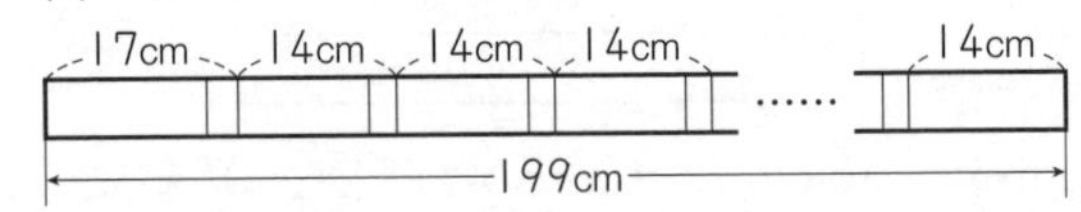

図から，199−17=182(cm) を 14 cm ずつ区切っていることがわかる。だから 14 cm の長さが 182÷14=13 ある。これから，テープは，13+1=14(本) になる。

(5)つないだリングを右の図のように区切ると，8 cm が 5 つとはしの 1 cm が 2 つだから，全体の長さは，8×5+1×2=42(cm) となる。

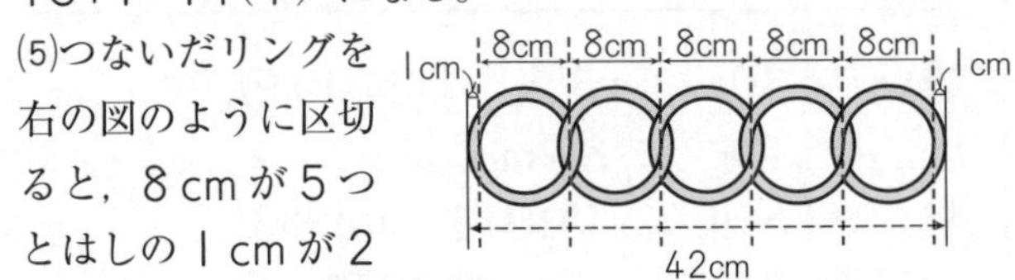

❷ (1)①右の図から，630−30=600(m) の間に，両はしを入れて 20 m おきに植えたので，間の数は，600÷20=30 である。はしの 1 本とあわせて，木の本数は 30+1=31(本) になる。

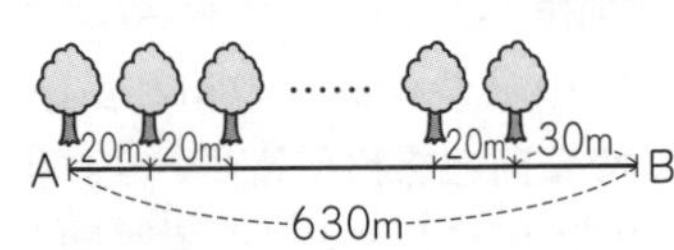

② 630 m の長さに，木を 31 本植えるので，間の数は，31−1=30 になる。だから，木の間かくは，630÷30=21(m) になる。

(2)まわりの長さは，24×4=96(cm) である。だから，点の数は，96÷4=24(こ) になる。

(3) 8 m の長さに，くいを 2 m おきに打つので，間の数は 8÷2=4 である。すると，くいの本数は，両はしに植えないので，4−1=3(本) になる。
また，さくらとさくらの間の数は，200÷8=25 になる。その 1 つにくいを 3 本ずつ打っていくので，くいは，全部で 3×25=75(本) いる。

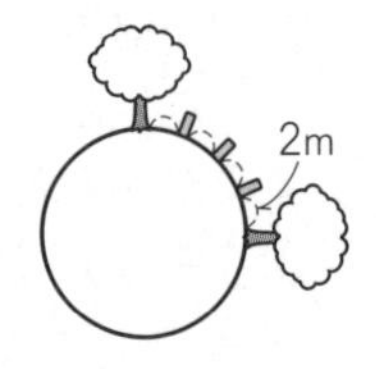

標準レベル 97 文章題特訓 (3)（周期算）

解答

❶ (1)①白 ②20こ (2)16こ (3)2
❷ (1)黒 (2)3 (3)8こ
❸ (1)25本 (2)61本

解説

まず，何がくり返しているのかを，見つけ出す。

❶ (1)①○●●○○の5つがくり返すので，
50÷5=10 から，ちょうど10回くり返す。だから，最後は白になる。
②5つの中に黒が2こあるので，2×10=20(こ) である。
(2) AABBBの5つがくり返すので，40÷5=8 から8回くり返す。5つの中にAが2こあるので，
2×8=16(こ) である。
(3) 1223の4つがくり返す。26÷4=6 あまり 2 から，あまりの2つは，1，2なので，26番目は，2になる。

❷ (1)●○○●●○の6つがくり返すので，
35÷6=5 あまり 5 から，35こ目は黒になる。
(2)2，3，1，1，3の5つがくり返すので，
77÷5=15 あまり 2 から，77番目は3になる。
(3)●○○●○●●の7つがくり返すので，
60÷7=8 あまり 4 から，7つが8回くり返して，残りの4つは●○○●である。7つの中では，黒が1こ多く，残りの4つでは同じであるから，黒は
1×8=8(こ) 多くなる。

❸ (1)最初の1こで4本，あとは3本ずつで1こできるので，使ったマッチぼうは，4+3×7=25(本) である。
(2)4+3×19=61(本)

上級レベル 98 文章題特訓 (3)（周期算）

解答

❶ (1)× (2)× (3)49こ
❷ (1)C (2)65こ
❸ (1)96 (2)63番目
❹ (1)38こ (2)108 cm

解説

❶ (1)○×△×△△の6つがくり返すので，
32÷6=5 あまり 2 から，×になる。
(2) 100÷6=16 あまり 4 から，×になる。
(3)(2)から，100番目までに，6つのしるしが16回くり返して，残りの4つは，○×△×となる。6つの中に△は3こあるので，全部で，3×16+1=49(こ)

❷ (1) ABCBの4つがくり返すので，
119÷4=29 あまり 3 から，Cになる。
(2) 130÷4=32 あまり 2 から，ABCBの4つが32回くり返して，残りの2つは，ABとなる。4つの中にBは2こあるので，全部で，2×32+1=65(こ)

❸ (1)231342の6つがくり返すので，
39÷6=6 あまり 3 から，231342の6つが6回くり返して，残りの3つは，231となる。これから，39番目までの合計は，
(2+3+1+3+4+2)×6+(2+3+1)=15×6+6=96
(2) 15×10+(2+3+1)=156 なので，231342の6つが10回くり返して，残りが231の3つのときになる。これから，6×10+3=63(番目) まで加えたときである。

❹ (1)右の図から，最初の5本で正三角形が2こできる。そのあとは，7本で4こずつできていく。

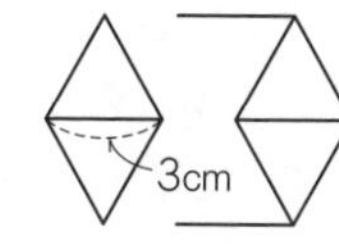

(30−3)÷3=9 から，正三角形は，全部で
2+4×9=38(こ) できる。
(2) (250−5)÷7=35 から，3+3×35=108(cm)

標準レベル 99 文章題特訓 (4)（方陣算）

解答

❶ (1)① 49こ ② 24こ (2) 11こ
(3) 28こ (4) 29こ
❷ (1) 100こ (2) 36こ
(3) 21こ (4) 44こ
❸ 309こ

解説

❶ (1)②右の図のように分けると，まわりのご石の数は，(1辺のご石の数−1)×4 と表せるので，(7−1)×4=24(こ) である。
(2)右の図から，もとの1辺のこ数が2組と角にくる1こがいるので，あと11こいる。

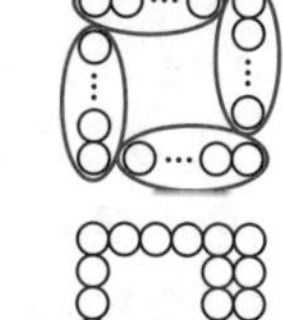

(3)外側にもう1列ふやすには，もとの1辺のこ数が4組と4つの角にくる4こがいる。これから，
6×4+4=28(こ) になる。
(4)たてと横を1列ふやすのに 4+7=11(こ) いるので，角の1こをのぞいた10こが1辺の2つ分である。すると，もとの正方形の1辺は5こになるので，100円こう貨は全部で，5×5+4=29(こ) ある。

❷ (1) 10×10=100(こ)
(2) (10−1)×4=36(こ)
(3)もとの1辺のこ数が2組と角にくる1こがいるので，あと 10×2+1=21(こ) いる。
(4)外側にもう1列ふやすには，もとの1辺のこ数が4組と4つの角にくる4こがいる。これから，
10×4+4=44(こ) になる。

❸ たてと横を1列ふやすのに 20+15=35(こ) いるので，角の1こをのぞいた34こが1辺の2つ分である。すると，もとの正方形の1辺は17こになるので，おはじきは全部で，17×17+20=309(こ) ある。

上級レベル 100 文章題特訓 (4)（方陣算）

解答

1 (1)55こ (2)45こ
2 (1)36こ (2)21こ
3 (1)白色で，52こ (2)112こ
4 (1)84こ (2)34こ (3)42こ

解説

1 (1)いちばん上から，1こ，2こ，3こ，……とならんでいくので，1+2+3+……+10=55(こ) になる。
(2)まわりのおはじきの数は，
(1辺のご石の数−1)×3 と表せるので，
24÷3=8 8+1=9 から，いちばん下のだんは9こになる。おはじきの数は，
1+2+……+9=45(こ) である。

2 (1)いちばん上から，1こ，2こ，3こ，……とならんでいくので，1+2+3+……+8=36(こ) になる。
(2) 15÷3+1=6 から，いちばん下のだんは6こになる。おはじきの数は，1+2+……+6=21(こ) である。

3 使ったご石の色と1辺のこ数の関係を調べると，次のようになる。

(1辺のこ数)	2	4	6	8	10	12	14
(色)	白	黒	白	黒	白	黒	白
(ご石の数)	4	12	20	28	36	44	52

(1)上のことから，白色で，52こである。
(2) 4+20+36+52=112(こ)

4 (1) 7×12=84(こ)
(2)右の図から，
10×2+7×2=34(こ) である。
(3)外側にもう1列ふやすには，
7こが2組と12こが2組と，
4つの角にくる4こがいる。
これから，7×2+12×2+4=42(こ) となる。

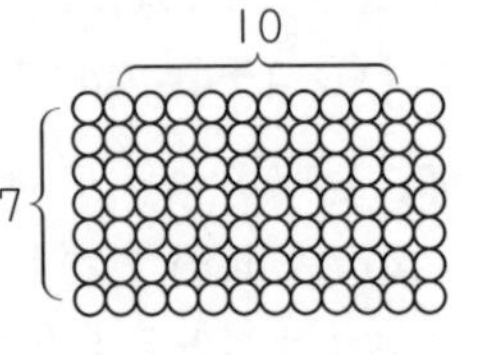

標準レベル 101 文章題特訓 (5)（日暦算）

解答

1 (1)123日 (2)①火曜日 ②7日
(3)エ (4)水曜日
2 (1)15日 (2)月曜日 (3)火曜日
3 (1)367日 (2)木曜日

解説

1 (1)3月は31日，4月は30日，5月は31日，6月は30日までなので，31+30+31+30+1=123(日) になる。
(2)① 4月1日から8月5日までの日数は，4月は30日，5月は31日，6月は30日，7月は31日までなので，30+31+30+31+5=127(日) になる。曜日は，火曜〜月曜までの7日がくり返すので，
127÷7=18 あまり 1 から，火曜日である。
② 8月3日が日曜日なので，このあとの日曜日は，8月10日，17日，24日，31日，9月7日になる。
(3)うるう年は，原そくとして4の倍数になる。
(4)よく年の同じ日の曜日は，うるう年でなければ，1つずれる。うるう年なら2つずれる。

2 (1)4月21日から30日までは10日間なので，
10+5=15(日) ある。
(2) 15÷7=2 あまり 1 から，月曜日になる。
(3) 2015年はうるう年ではないので，1つずれて火曜日になる。

3 (1)2016年はうるう年なので，2015年7月7日から2016年7月6日までは，365+1=366(日) になる。だから，7月7日までは367日ある。
(2) 367÷7=52 あまり 3 から，木曜日になる。

上級レベル 102 文章題特訓 (5)（日暦算）

解答

1 (1)火曜日 (2)5回 (3)9月19日 日曜日
(4)金曜日
2 火曜日
3 (1)6月8日 (2)水曜日
4 (1)火曜日 (2)30日

解説

1 (1)土曜日は，7，14，21，28日なので，最後の31日は，3日後の火曜日になる。
(3) 8月は31日までなので，50日目は，9月19日になる。日曜から土曜までの7日間がくり返すので，
50÷7=7 あまり 1 から，日曜日になる。
(4) 8月は31日，9月は30日，10月は31日，11月は30日，12月は31日までなので，31×3+30×2=153(日) ある。日曜から土曜までの7日間がくり返すので，
153÷7=21 あまり 6 から，金曜日になる。

2 5月5日から31日までは27日，6月は30日，7月は31日，8月は31日，9月は30日，10月は31日，11月は30日，12月は31日，1月1日から15日までは15日なので，
27+30×3+31×4+15=256(日) ある。土曜から日曜までの7日間がくり返すので，
256÷7=36 あまり 4 から，火曜日になる。

3 (1)4月は2日，5月は31日の33日間なので，41日目は6月8日になる。
(2) 41日間に，金曜から木曜までの7日間がくり返すので，41÷7=5 あまり 6 から，水曜日になる。

4 (1)うるう年なので，曜日は2つずれて，火曜日になる。
(2)次の年の1月1日が火曜日なので，生まれた年の12月31日は月曜日である。これから，最後の日曜日は，12月30日になる。

標準レベル 103 文章題特訓 (6)（年れい算）

解答

❶ (1) 18 年後　(2) 5 年後　(3) 17 年前
　(4) 9 才　(5) 35 才　(6) 14 才

❷ (1) 3 こ　(2) 5 こ

解説

年れいの問題では，毎年 1 才ずつふえるので，何年後でも差は変わらないということに注目して考える。

❶ (1)右の図から，何年後かの年れいの差は 38−10=28(才) になる。①=28 なので，お母さんの年れいがたろう君の 2 倍になるのは，たろう君が 28 才のときになる。よって，28−10=18(年後) となる。

(2)右の図から，何年後かの年れいの差は 43−7=36(才) になる。③=36 なので，①=12 になる。お父さんの年れいがやすお君の 4 倍になるのは，やすお君が 12 才のときとなり，12−7=5(年後) となる。

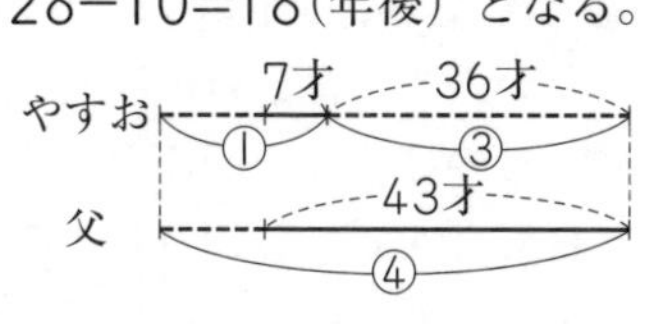

(3)右の図から，何年か前の年れいの差は 65−29=36(才) になる。③=36 なので，①=12 になる。お父さんの年れいが子どもの 4 倍だったのは，子どもが 12 才のときだったので，29−12=17(年前) になる。

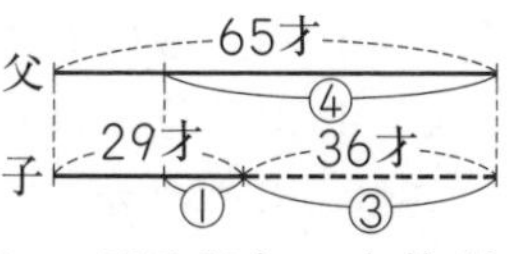

(4)右の図から，②=14 になるので，①=7 になる。これから，たろう君の今の年れいは，7+2=9(才) となる。

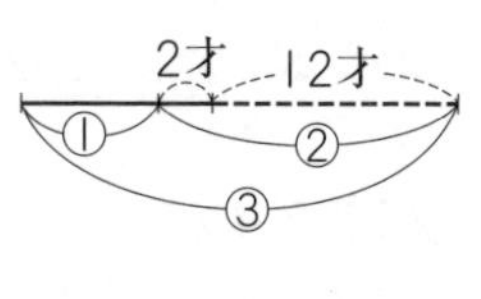

(5) 17 年後のはるこさんは 28 才，弟は 24 才になるので，そのときのお母さんの年れいは，28+24=52(才) になる。だから，お母さんの今の年れいは，52−17=35(才) となる。

(6)今の年れいの和は，42−2×10=22(才) である。姉と妹の年れいの差は 6 才なので，和差算を使って，姉の今の年れいは，(22+6)÷2=14(才) になる。

❷ (1)右の図から，①が 8 こなので，買ったあめのこ数は 8−5=3(こ) ずつになる。

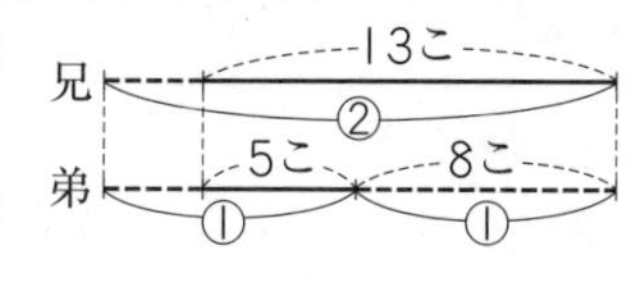

(2)右の図から，②=30 なので，①=15 である。だから，弟にあげたこ数は，20−15=5(こ) になる。

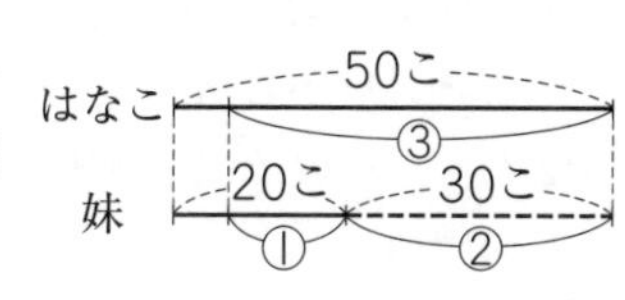

上級レベル 104 文章題特訓 (6)（年れい算）

解答

❶ (1) 12 才　(2) 39 才　(3) 2 年後
　(4) 11 才　(5) 25 年後

❷ (1) 360 円　(2) 1000 円

❸ (1) 20 年後　(2) 15 才

解説

❶ (1) 4 年前の 2 人の年れいの和は，48−2×4=40(才) になる。すると，右の図から，⑤=40 になるので，①=8 になる。だから，子どもの今の年れいは，8+4=12(才) になる。

(2) 3 年後の 2 人の年れいの和は，2 人とも 3 才ずつふえるので，50+2×3=56(才) になる。すると，右の図から，④=56 になるので，①=14 になる。だから，お父さんの今の年れいは，56−14−3=39(才) になる。

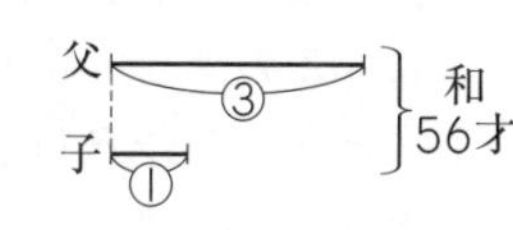

(3) 3 年前の 2 人の年れいの和は，56−2×3=50(才) になる。すると，右の図から，⑤=50 になるので，①=10 になる。だから，はなこさんの今の年れいは，10+3=13(才)，お父さんは，43 才になる。すると，右の図から，②=30 になるので，①=15 だから，15−13=2(年後) となる。

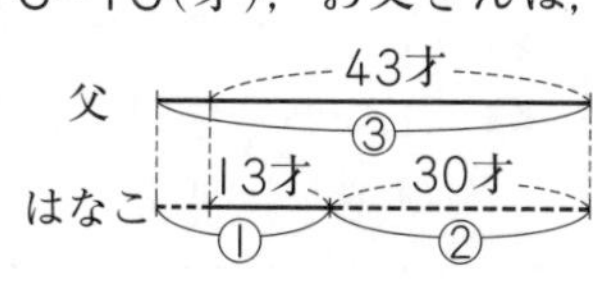

(4) 4 年後の差も 30 才なので，右の図から，②=30 である。①=15 なので，はるこさんの今の年れいは，15−4=11(才) である。

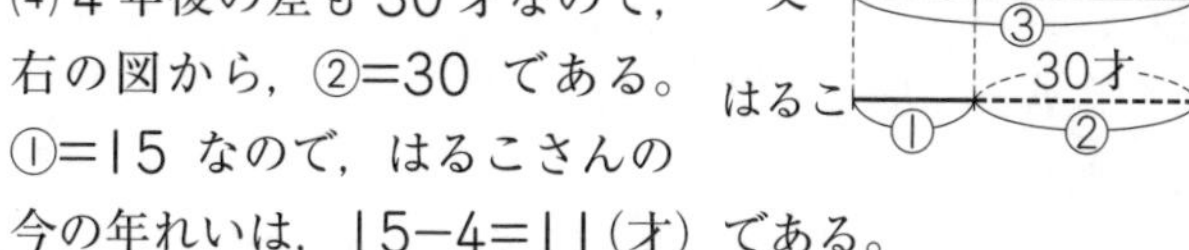

(5) 1 年にお父さんは 1 才，子ども 2 人は，あわせて 2 才ずつふえていく。すると，右の図から，②と①の差は 41−16=25 で，①=25 だから，25 年後になる。

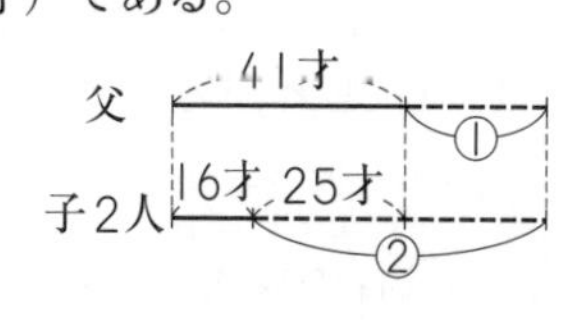

❷ (1)右の図から，180+180=360(円) の差があったことがわかる。

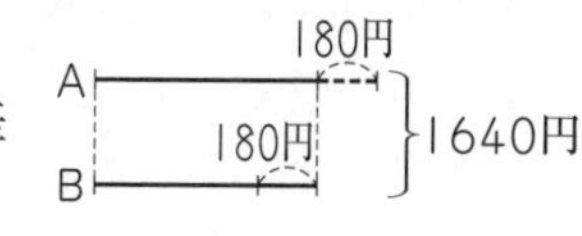

(2)和差算を使うと，A さんが持っていたお金は，(1640+360)÷2=1000(円) になる。
※ 1640÷2+180=1000(円) としても求められる。

❸ (1) 2 人の年れいの和が，65−25=40 ふえているので，40÷2=20(年後) になる。

(2)右の図から，③−①=20 なので，①=10 である。弟の今の年れいは 10 才とわかるから，兄の今の年れいは，25−10=15(才) になる。

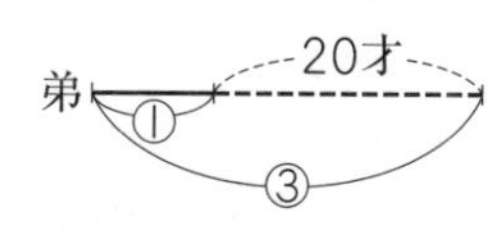

標準レベル 105 文章題特訓 (7)（条件整理）

解答

❶ (1) B　(2) C 0　E 1
❷ (1) 8　(2) 3
❸ (1) A 5　B 7　(2) A 7　B 1
(3) B　(4) 12

解説

❶ (1) 長い ←――――→ 短い
A　D　C　B
の順になる。
(2) B×B=A から，B=2，A=4 になる。D+C=D から，C=0 とわかるので，D−E=2 から，D=3，E=1 になる。

❷ (1) 右の図で，2+6+ウ=ア+イ+ウ なので，ア+イ=8 である。

2	ウ	6
	ア	
エ	イ	

(2) 1+2+……+9=45 から，たて，横，ななめの3つの和は，45÷3=15 になるので，ウは7である。すると，アとイは，3か5になる。アが3だと，エが6となるので，アが5，イが3である。

❸ (1) B×4の1の位が8なので，Bは2か7である。また，B×Cの1の位が1なので，B=7，C=3 とわかる。これから，20298÷34=597 なので，A=5 である。
(2) 右の図から，イ=1 なので，A=7 となる。7×ア の1の位が4なので，ア=2 である。これから，B=1 になる。

```
    4 ア イ
 ×    1 7
 ────────
  2 9 4 A
  4 ア イ
 ────────
  □ B 5 □
```

(3) 重い ←――――→ 軽い
B　C　D　A
の順になる。
(4) 6+20+ウ=14+イ+ウ なので，6+20=14+イ になる。これから，イ=12 とわかる。

上級レベル 106 文章題特訓 (7)（条件整理）

解答

❶ (1) 5　(2) ア 11　イ 6　(3) 8
❷ (1) 6　(2) 0　(3) A 9　B 6　(4) 11

解説

❶ (1) アから E=1，エから D=4，G=2
イは B×2=C なので，B=3，C=6
すると，ウから F=7 とわかるので，A=5
(2) たて，横の4つの和は，4+14+15+1=34 なので，右の図のように，ア，イ，ウ，エ以外の部分がわかる。

4	9	5	16
14	ウ	ア	2
15	イ	エ	3
1	12	8	13

ウ+ア=34−16=18，
ウ+イ=34−21=13 よって，
ア−イ=5 で，これにあてはまるアとイは，ア=11，イ=6 になる。

❷ (1) エが 2×2=4 のとき，イは B+D=2 で，BもDも1になるのであてはまらない。よって，E=3，F=9 である。また，イから B+D=3 なので，ウは 2×4=8 になる。すると，B=2，C=4，G=8，D=1 がわかるので，アから A=6 になる。
(2) 一の位の計算は 7+9+6+9=31 右の図で，3+C+E+0+G は大きくても30で，このとき百の位に3くり上がる。3+7+0+0=10 で，このとき千の位に1くり上がる。

```
   A B 7 C 7
   D 1 0 E 9
     F 0 0 6
 +       G 9
 ───────────
 2 ア □ □ □ 1
```

1+B+1+F は大きくても20で，このとき一万の位に2くり上がる。2+A+D=2ア より，A=9，D=9，ア=0
(3) 同じ数をかけて，積の一の位がかける数の一の位と同じになるのは，一の位が1，5，6のときである。Bが1のとき，AB×Bは2けたになるので，合わない。Bが5のとき，AB×Aの一の位は0か5になるので，これも合わない。したがって，B=6 のときを考える。
(4) 1+3+5+……+15=64 になる。7この数の和を□，ひいた数を○とすると，□+○=64，□−○=42 なので，和差算を利用して，○=(64−42)÷2=11

標準レベル 107 文章題特訓 (8)（推理）

解答

❶ A赤　B黄　C青
❷ B
❸ E，C，A，D，B
❹ 1位B　2位D　3位A　4位C
❺ C

解説

❶ Aは黄でも青でもないので，赤に決まる。Cは黄ではないので，青とわかる。これから，Bが黄になる。
❷ Bのぼうしをかぶり，Aのかばんを持っている人は，BでもAでもないので，Cになる。すると，Bのかばんを持つ人は，BでもCでもないので，Aになる。
❸ Aが3位なので，ウから，CとDは2位と4位しかあてはまらない。すると，イから，Bは5位になる。残りのEが1位である。
❹ アから，Bは4位ではなく，Dは1位ではないことがわかり，ウから，Cは1位でも2位でもないことがわかる。これらを表にすると，右のようになり，1位はBとわかる。アから，2位はD，3位はA，4位はCと決まる。

	A	B	C	D
1位	×	○	×	×
2位			×	
3位				
4位	×	×		

❺ アとイから，A，B，Eの3人は，E，A，Bの順にならぶことがわかる。さらに，ウとエから，CはAとBの間，Dがいちばん右とわかり，E，A，C，B，Dの順にならんでいる。

上級レベル 108 文章題特訓 (8) (推理)

解答

1 D
2 A，C，B，D
3 D
4 B

解説

2 BもCも正しいとすると，Bの発言よりA→B→D，Cの発言より○→○→C→○なので，4人のせの順は，A→B→C→Dとなる。これでは，AもDも正しくなり，うそを言っている人がいなくなる。だから，うそを言っているのはBかCである。
もし，A，C，Dが正しいとすると，4人のせの順は，A→B→C→Dとなり，Bも正しくなるので，うそを言っている人はCとわかる。これから，A，C，B，Dの順になる。

3 Bの発言から，Bの正面はCとわかり，6人の席順は右のようになる。Cの発言から，AとCはとなりどうしとわかり，Aはイかエである。また，Dの発言から，Dはアかウ，Aの発言から，Aがイなら，Dはウ，AがエならばDはアになり，Aの正面はDになる。

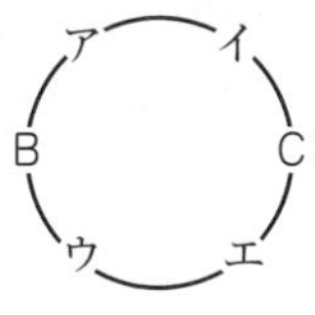

4 Aだけが正しいとすると，Aは女，Bも女になるのであわない。
Bだけが正しいとすると，Aは男，Bは女，Cは男になる。
Cだけが正しいとすると，Aは男，Aは女になるのであわない。
これから，女の子はBになる。

標準レベル 109 文章題特訓 (9) (ならべ方)

解答

1 (1)① 321　② 9こ
(2) 4こ
(3) 3通り
2 (1) 120　(2) 12こ
3 (1) 2通り　(2) 6通り

解説

1 (1)①大きい数字からならべて，321になる。
②十の位が1の数は，10，12，13の3こ。
十の位が2の数は，20，21，23の3こ。
十の位が3の数は，30，31，32の3こ。
全部で9こできる。
(2) 100，101，110，111の4こできる。
(3)●○○，○●○，○○●の3通りできる。

2 百の位が1の数は，
102，103，120，123，130，132の6こ。
百の位が2の数は，
201，203，210，213，230，231の6こ。
百の位が3の数は，
301，302，310，312，320，321の6こ。
全部で18この3けたの整数ができる。
(1)上のことから，小さいほうから3番目の整数は，120である。
(2)百の位が2と百の位が3の整数で12こある。

3 (1)左から，たろう・父・母，父・たろう・母の2通りのならび方がある。
(2)左から，たろう・父・母，たろう・母・父，
父・たろう・母，父・母・たろう，
母・父・たろう，母・たろう・父
3人のならび方は，全部で上の6通りある。

上級レベル 110 文章題特訓 (9) (ならべ方)

解答

1 (1) 2通り　(2) 6通り
2 (1) 4こ　(2) 122　(3) 6こ
3 (1) 4通り　(2) 10通り
4 (1) 3通り
(2) 26こ

解説

1 (1)Aが両はしにならぶのは，ABCA，ACBAの2通りである。
(2)Aがとなりあってならぶのは，AABC，AACB，BAAC，CAAB，BCAA，CBAAの6通りである。

2 (1) 11，12，21，22の4こできる。
(2) 3けたの整数は，
112，121，122，211，212，221の6こできる。これから，小さいほうから3番目の整数は122である。

3 (1)白2こがとなりあってならぶならべ方は，
○○●●●，●○○●●，●●○○●，●●●○○の4通りある。
(2)いちばん左が白のとき，
○○●●●，○●○●●，○●●○●，○●●●○の4通りできる。
いちばん左が黒のとき，
●○○●●，●○●○●，●○●●○，
●●○○●，●●○●○，●●●○○，の6通りできる。これをあわせて10通りになる。

4 (1)右の図のような，3通りのならべ方がある。
(2) 1辺が1cmの正方形が15こ，1辺が2cmの正方形が8こ，1辺が3cmの正方形が3この全部で，15+8+3=26(こ)ある。

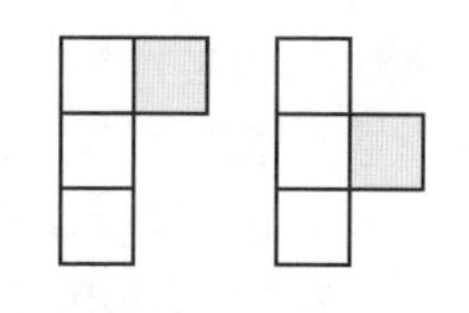

111 最上級レベル 15

解答

1 (1) 16.5 m　(2) 2020年
2 (1) B(ビー)　(2) 74番目
3 (1) 11年後　(2) 4
4 (1) 4こ　(2) 5こ

解説

1 (1) 21本の木を植えたので，間の数は 21−1=20 である。だから，木の間かくは，330÷20=16.5(m) となる。
(2) ふつうの年のよく年の1月1日は，曜日が1つずれるが，うるう年のよく年の1月1日は2つずれることに注意する。
年数と曜日を書きあげていくと，
2015年1/1…木曜，
2016年1/1…金曜，
2017年1/1…2016年がうるう年なので，日曜，
2018年1/1…月曜，
2019年1/1…火曜，
2020年1/1…水曜となる。

2 (1) BCAAB(シーエー)の5つがくり返す。50÷5=10 から，BCAABの5つがちょうど10回くり返すので，50番目はBになる。
(2) BCAABの5つの中にAは2こある。
30÷2=15 から，BCAABの5つが14回くり返して，次のBCAAまでならべたときが，30番目のAになる。
だから，最後(さいご)のAは 5×14+4=74(番目) になる。

3 (1) 1年にお父さんは1才，子ども3人は，あわせて3才ずつふえていく。すると，右の図から，

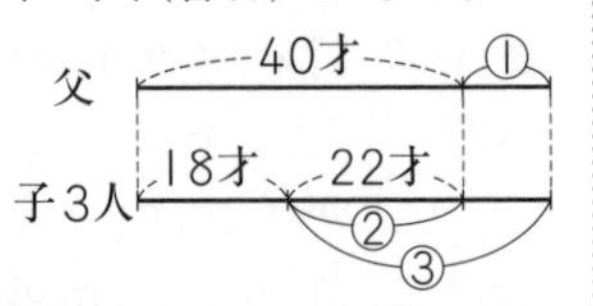

②=22 なので，①=11 である。これから，11年後になる。

(2) 右の図で，1+イ+ウ=5+エ+ウ なので，イはエより4大きいことがわかる。これから，イは6になる。
また，1+6+ウ=1+ア+5 なので，アはウより1大きいことがわかる。
これから，アは4になる。

4 (1) 1辺(へん)が2cmの正方形が4こある。
(2) たて1cm，横4cmの長方形が3こ，たて3cm，横2cmの長方形が2このあわせて5こある。

112 最上級レベル 16

解答

1 35 cm
2 (1) 13こ　(2) 120こ
3 8年後
4 (1) 13こ　(2) 9こ
5 (1) ⑤，⑥，⑦，⑧　(2) ⑪

解説

1 横に5まいはっているので，紙と紙の間と紙とかべのはしの間はあわせて6か所ある。これから，紙と紙の間かくは，(155−25×5)÷6=5(cm) になる。また，たてに8まいはっているので，紙と紙の間と紙とかべのはしの間はあわせて9か所ある。紙のたての長さの合計は，325−5×9=280(cm)
になるから，紙のたての長さは，280÷8=35(cm) になる。

2 (1) 48÷4+1=13(こ) である。
(2) (1辺のご石の数−1)×4 が外側(そとがわ)のまわりのご石の数になるので，右の図のように4つに分けると，1つ分には，10×3=30(こ) あるので，ご石は全部で，30×4=120

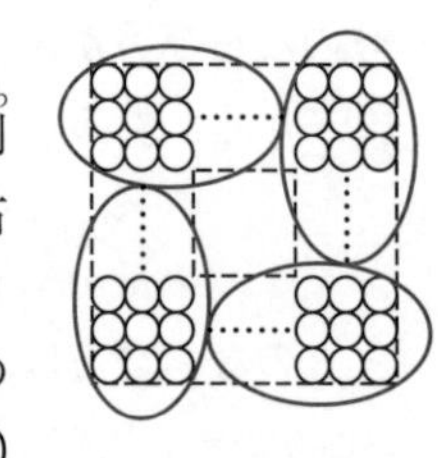

(こ) ある。

3 1年に父と母2人は，あわせて2才，子ども3人は，あわせて3才ずつふえていくので，右の図1のように表せる。このままでは，わかりにくいので，子どもの線分図を2倍して，図2のようになおすと，④=32 なので，①=8 になり，8年後になる。

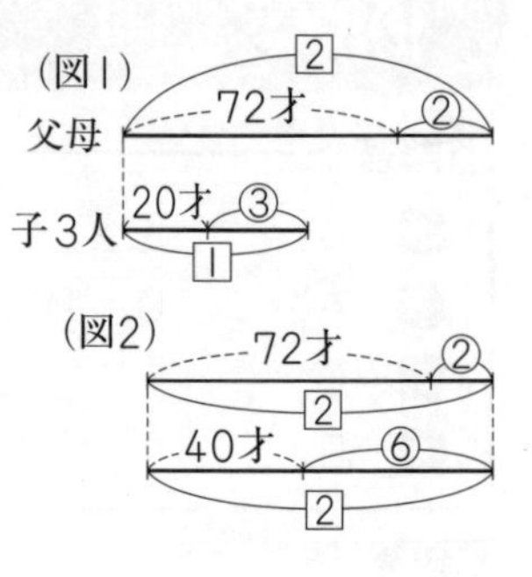

4 (1) 1つの正三角形の1辺の長さを1とすると，1辺が1の正三角形が9こ，1辺が2の正三角形が3こ，1辺が3の正三角形が1このあわせて13この正三角形がある。
(2) ◇の向きのひし形が3こ，▱の向きのひし形が3こ，▽の向きのひし形が3このあわせて9このひし形がある。

5 (1) アとイから，(①②③④)，(⑤⑥⑦⑧)，(⑨⑩⑪⑫)の順(じゅん)に重いことがわかるので，
①②③④の中には，1gが1こあって他は全部2gになる。また，⑨⑩⑪⑫の中には，3gが1こあって他は全部2gとなる。これ以上(いじょう)はまだはっきりしないので，かくじつに2gのものは⑤，⑥，⑦，⑧になる。
(2) (1)とウから，1gは③か④，(1)とエから，3gは⑪か⑫になる。また，オの4こは1g，2g，2g，3gのいずれかになるが，オの図のようになるのは，左側が1gと2g，右側が2gと3gしかないので，3gは⑪になる。

113 仕上げテスト ①

解答

★1 (1) 5　(2) $\frac{5}{9}$　(3) 66.6　(4) 125.6

★2 (1) 4950 から 5049 まで　(2) 54 人
(3) 1.2 cm

★3 (1)ア 25°　イ 40°
(2)① 1400 cm²　② 7 cm

★4 (1) 14　(2)イ 1　ウ 3　エ 5

解説

★1 (1) (3+5×7−8)÷6=(3+35−8)÷6=30÷6=5

(2) $4+2\frac{4}{9}-5\frac{8}{9}=5\frac{13}{9}-5\frac{8}{9}=\frac{5}{9}$

(3) (200−0.2)÷(15÷5)=199.8÷3=66.6

(4) 3.14×13+3.14×27=(13+27)×3.14
=40×3.14=125.6

★2 (1)上から 3 けた目を四捨五入するので，いちばん小さい整数は 4950，いちばん大きい整数は 5049 である。

(2)大型バス 2 台分に小型バスより多く乗る人数は，16×2=32(人) なので，32 人をのぞいた残りの人数は 5 台のバスに同じ人数ずつ乗ることになる。小型バスに乗る人数は，(222−32)÷5=38(人) になるので，大型バスには，38+16=54(人) 乗ることになる。

(3) 12 cm のテープ 11 本分の長さは，12×11=132 (cm) なので，のりしろの長さは，132−120=12 (cm) である。のりしろは 10 か所できるので，1 つののりしろは，12÷10=1.2 (cm) になる。

★3 (1)右の図から，アは，
(180°−130°)÷2=25° である。
ウ=50° なので，イは，
180°−50°−90°=40° になる。

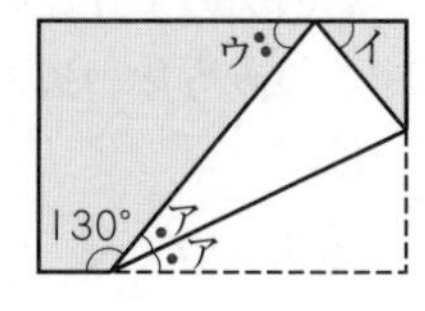

(2)①長方形の面積は，35×60=2100(cm²) で，アがイの 2 倍になっているので，アの面積は
2100÷3×2=1400(cm²) になる。

②右の図で，ウの部分の面積は，35×37=1295(cm²) なので，エの部分の面積は，1400−1295=105(cm²) になる。エのたての長さは 15 cm なので，横の長さは，105÷15=7(cm) である。

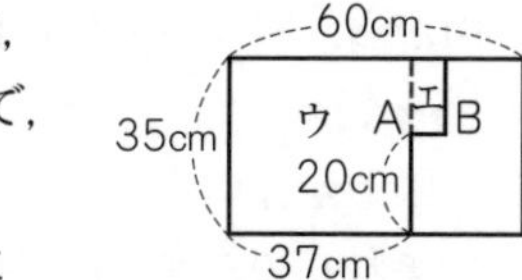

★4 さいころの向かい合う面の目の数の和は 7 になっている。

(1) 6 の向かい側の面の 1 をのぞいた 4 つの面がアと垂直な面になる。これから，2+3+4+5=14 である。

(2)イは 6 の目の向かい側なので 1，ウは 4 の目の向かい側なので 3，エは 2 の目の向かい側なので 5 になる。

114 仕上げテスト ②

解答

★1 (1) 165410　(2) 3　(3) $4\frac{10}{11}$　(4) 3

★2 (1) 20049　(2) 125 円
(3) 177 cm

★3 (1)ア 120°　イ 15°
(2)① 520 m²　② 78 m

★4 (1) 4 本　(2) 200 cm

解説

★1 (2) (15−14÷7+2)÷5=(15−2+2)÷5=15÷5=3

(3) $6-3\frac{8}{11}+2\frac{7}{11}=2\frac{3}{11}+2\frac{7}{11}=4\frac{10}{11}$

(4) 5÷3+4÷3=(5+4)÷3=9÷3=3

★2 (1)上から 4 けた目を四捨五入するので，いちばん大きい整数は 20049 である。

(2)りんご 1 このねだんと（バナナ 1 本のねだん +100 円）が同じなので，バナナ 3 本とりんご 1 このねだん 200 円は，バナナ 3 本 +(バナナ 1 本 +100 円）のねだんと同じになる。バナナ 4 本 +100 円 =200 (円) から，バナナ 4 本のねだんは 100 円だから，バナナ 1 本のねだんは，100÷4=25(円) である。だから，りんご 1 このねだんは，25+100=125(円) になる。

(3) 15 cm のテープ 13 本分の長さは，15×13=195 (cm) である。のりしろは 12 か所できるので，のりしろの長さは，1.5×12=18(cm) である。これから，全体の長さは，195−18=177(cm) になる。

★3 (1)右の図から，アは，
180°−60°=120°，イは，
180°−(135°+30°)=15° になる。

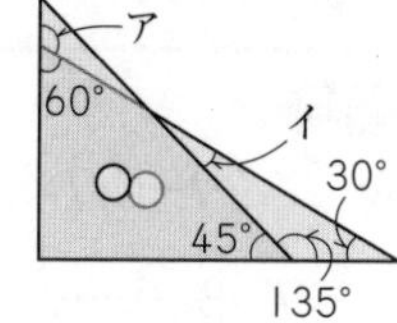

(2)① 2 つに分けて求めると，
20×10+8×40=520(m²) になる。

②しき地全体の面積は，520×12=6240(m²) になるので，たての長さは，6240÷80=78(m) である。

★4 (1)直方体の 1 つの面に垂直な辺は 4 本ある。

(2) 15 cm の部分が，15×4=60(cm)，10 cm の部分が，10×6=60(cm)，25 cm の部分が，25×2=50 (cm)，結び目が 15×2=30(cm) あるので，使ったひもの長さは全部で，60+60+50+30=200(cm) になる。

115 仕上げテスト ③

解答

★1 (1) 400013　(2) 8　(3) $2\frac{12}{13}$　(4) 31.8

★2 (1) 200円
(2) 990 cm　(3) 40こ

★3 (1) 120°　(2)① 18 cm　② 48 cm

★4 (1) ス　(2) ⑤

解説

★1 (2) $29-0.7\times30=29-21=8$

(3) $7-3\frac{5}{13}-\frac{9}{13}=3\frac{8}{13}-\frac{9}{13}=2\frac{12}{13}$

(4) $5.3\times24-18\times5.3=(24-18)\times5.3=6\times5.3=31.8$

★2 (1) $2000-(85\times9+115\times9)=2000-1800$
$=200$(円)

(2) 0.75 m=75 cm なので，はじめにあったテープの長さは，$75\times13+15=990$(cm) になる。

(3)正方形にならべたご石を右の図のように分けると，まわりのご石の数は，
(1辺のご石の数−1)×4 と表せる。
これから，使ったご石が156こなので，
(1辺のご石の数−1)×4=156 になる。
1辺のご石の数−1=156÷4=39 なので，1辺のご石の数は 39+1=40(こ) である。

★3 (1)時計の長いはりは，1時間に360°まわるので，$360°\div60=6°$ より，1分間に6°回るので，20分間では，$6°\times20=120°$ 回ることになる。

(2)①面積が56 cm² の長方形のたての長さは，
$56\div8=7$(cm)，面積が72 cm² の長方形の横の長さは，

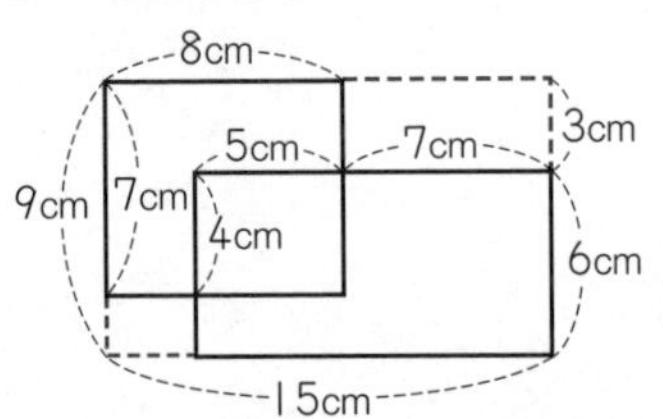

$72\div6=12$(cm) になる。また，重なっている部分のたての長さは，左下の図より，$20\div5=4$(cm) である。
図から，重なっている部分のまわりの長さは，
$(5+4)\times2=18$(cm) である。
②図形全体のまわりの長さは，図の外側の大きい長方形のまわりの長さと同じになるので，
$(9+15)\times2=48$(cm) である。

★4 (1)組み立てたとき，頂点カと頂点シが重なるので，★と重なる点はスになる。
(2)向かい合う面は平行となる。組み立てたとき，①と向かい合う面は⑤である。

116 仕上げテスト ④

解答

★1 (1) 9　(2) 3.3　(3) 62.8　(4) $3\frac{6}{11}$

★2 (1) 100
(2) 70円　(3) 13人

★3 (1) 105°　(2)① 132 m²　② 16.5 m

★4 (1) 直方体　(2) 36 cm

解説

★1 (1) $(6-12\div4)\times3=(6-3)\times3=3\times3=9$

(2) $4.2+1.8\div3-1.5=4.2+0.6-1.5=3.3$

(3) $3.14\times9+3.14\times11=(9+11)\times3.14=62.8$

(4) $5+3\frac{2}{11}-4\frac{7}{11}=8\frac{2}{11}-4\frac{7}{11}=3\frac{6}{11}$

★2 (1)一の位を四捨五入するので，Aは595から604までの整数，Bは495から504までの整数である。
これから，AとBが最も大きいときの差は，
604−504=100 である。
(2)安くしてくれる前の代金は1060円なので，えん筆8本分の代金は，1060−80×3−260=560(円) である。これから，1本分のねだんは，560÷8=70(円) になる。

(3) 1番か2番ができた人は，40−2=38(人) なので，1番と2番の両方ができた人は，28+25−38=15(人) いる。これから，1番だけができた人は，28−15=13(人) である。

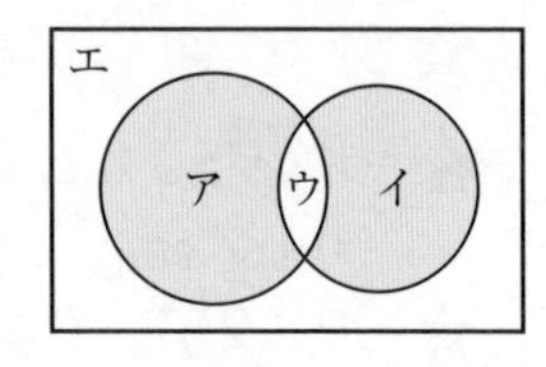

右の図で，アは1番だけできた人，イは2番だけできた人，ウは1番と2番の両方ができた人，エは1番と2番の両方ともできなかった人を表している。
ア+ウ=28，イ+ウ=25，エ=2，ア+イ+ウ=38 となる。

★3 (1)右の図で，AとBは平行なので，アは，60°+45°=105° である。

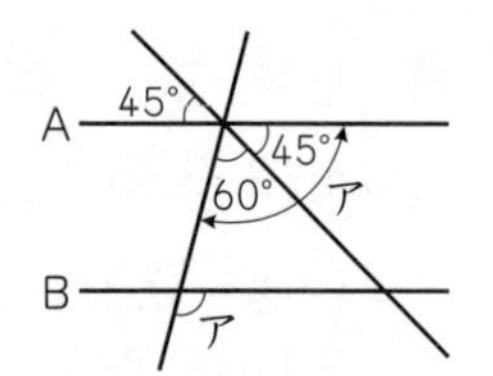

(2)①右の図のように3つに分ける。アの部分の面積は，5×3=15(m²)，イの部分のたての長さは9 m，横の長さは12 mなので，その面積は，9×12=108(m²)，ウの部分の横の長さは3 mなので，その面積は，3×3=9(m²) である。これから，この図形の面積は，15+108+9=132(m²) になる。

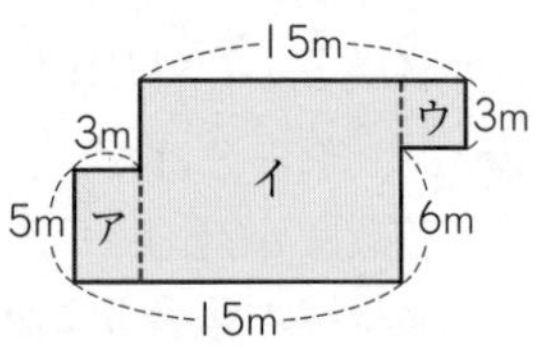

②たての長さが8 m，面積が132 m² の長方形なので，横の長さは，132÷8=16.5(m) である。

★4 (1)各面が長方形なので，できる立体は直方体になる。
(2)組み立ててできる立体は，右の図のような直方体になる。
この直方体の辺の長さの合計は，
(4+3+2)×4=36(cm) になる。

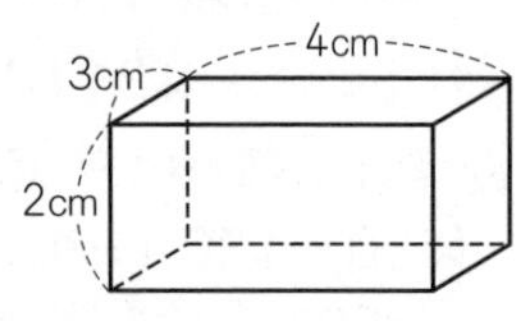

117 仕上げテスト ⑤

解答

★1 (1) 37038149　(2) 142837　(3) 0.2

(4) $3\frac{2}{7}$

★2 (1) 3.5 km　(2) 320 cm

(3) A（エー）

★3 (1) 15°　(2) 600 cm²　(3) 10 cm

★4 (1) 12 本　(2) 24 cm

解説

★1 (2) $284\times503-405\div27=142852-15$
$=142837$

(3) $17.6\div55-0.12=0.32-0.12=0.2$

(4) $6\frac{1}{7}-4\frac{6}{7}+0.25\times8=1\frac{2}{7}+2=3\frac{2}{7}$

★2 (1) 3500000(mm)=350000(cm)=3500(m)
=3.5(km)

(2)右の図から③が 240 cm になるので， 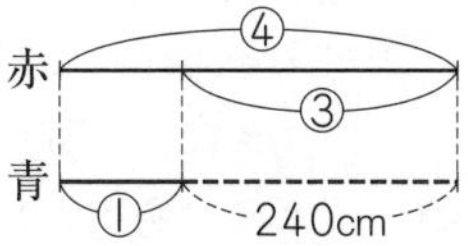
①=240÷3=80(cm) になる。
赤は 80×4=320(cm) になる。

(3)ACBBA（シービー）の 5 つがくり返してならんでいる。
46÷5=9 あまり 1 から，46 番目は，ACBBA が 9 回くり返した次の文字になるので，A になる。

★3 (1)右の図から，
角 ACF（エフ）=30° になるので，
角 BCF=90° になる。すると，
三角形 BCF は直角二等辺（にとうへん）三角形になるので，角 FBC=45° になる。
角 ABC は 60° なので，アは，60°−45°=15° になる。

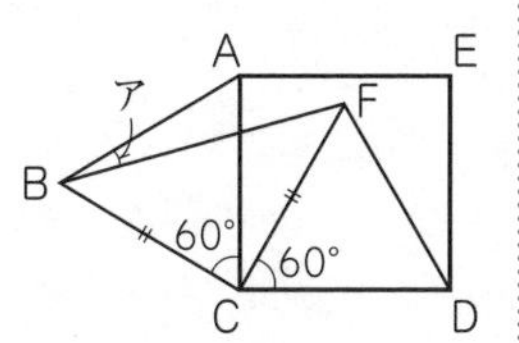

(2)色のついた部分の面積（めんせき）は，30×30−20×15=600 (cm²) になる。

(3)右の図のように 2 つに分ける。アの部分の面積は，
4×7=28(cm²)，イの部分の面積は，8×9=72 (cm²) になるので，全体の面積は，28+72=100(cm²) である。面積が 100 cm² の正方形の 1 辺（へん）の長さは，10×10=100 から，10 cm になる。

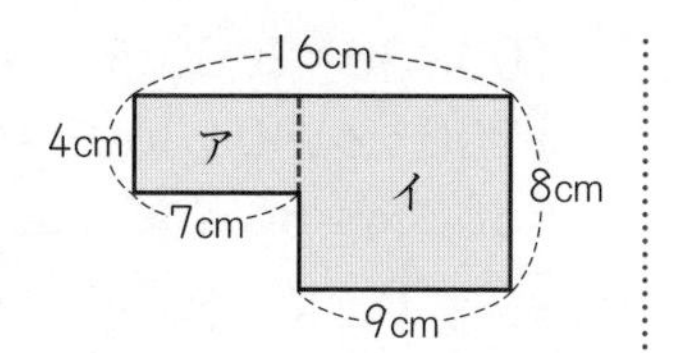

★4 (1)辺の数は 12 本なので，竹ひごも 12 本に分けたことになる。

(2) 16 cm の竹ひごを 4 本，20 cm の竹ひごも 4 本使っているので，残（のこ）りは，240−16×4−20×4=96(cm) である。これが，AB の 4 本分になるので，AB の長さは，96÷4=24(cm) である。

118 仕上げテスト ⑥

解答

★1 (1) 4914959　(2) 67.82　(3) 31

(4) $2\frac{1}{2}$ $\left(2\frac{2}{4}\right)$

★2 (1) 10000 倍　(2) 8 か月後

(3) 6 m

★3 (1) 90°

(2)① 2160 cm²　② 40 cm

★4 (1) 4 本　(2) 12 こ

解説

★1 (3) $12+(7\times9-6)\div3=12+57\div3=12+19=31$

(4) $0.125\times8+2\frac{1}{4}-\frac{3}{4}=1+2\frac{1}{4}-\frac{3}{4}=2\frac{1}{2}$

★2 (1)左の 7 は右の 7 から位（くらい）が 4 つ上がっているので，10000 倍になる。

(2)げんざいの差（さ）が 6000 円で，毎月，弟が 1500−750=750(円) 差をちぢめていくので，貯金（ちょきん）のがくが同じになるのは，6000÷750=8(か月後) になる。

(3)両側（りょうがわ）に 12 本植えたので，かた側には 6 本植えたことになる。はしからはしまで植えたので間の数は，6−1=5 になる。だから，木と木の間かくは，30÷5=6(m) である。

★3 (1)右の図で，
○=180°−158°=22° である。
だから，アは，112°−22°=90° になる。

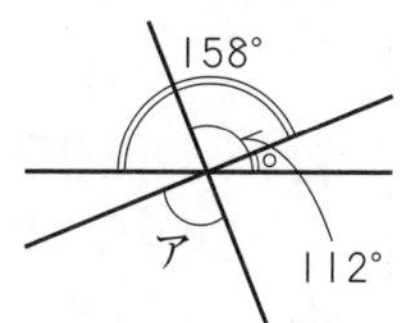

(2)① 90×24=2160(cm²)

②横の長さは，2160÷54=40(cm) になる。

★4 (1)立方体の 1 つの面に垂直（すいちょく）な辺は 4 本になる。

(2)見えないところの立方体に注意する。

2 つの面に色がついている立方体は右の図のようになる。1 だん目に 4 こ，2 だん目も 4 こ，3 だん目にも 4 こあるので，全部で 12 こある。

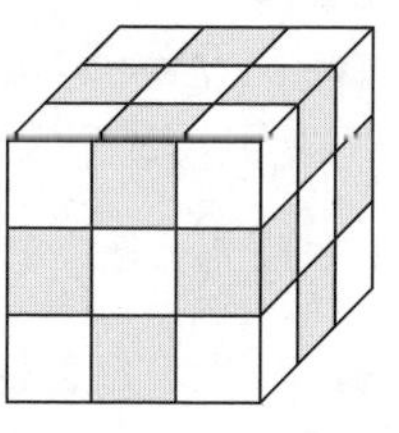

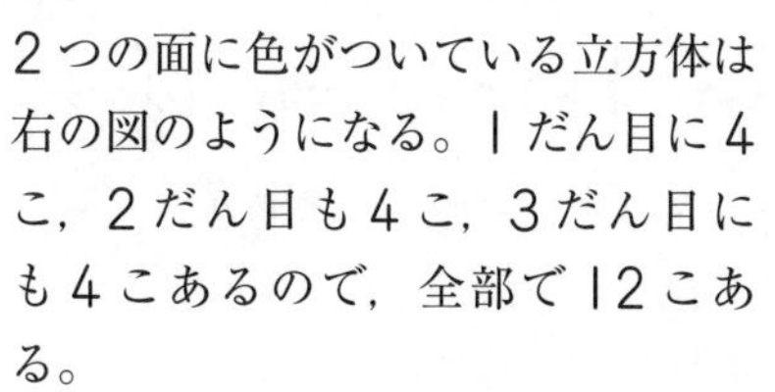

119 仕上げテスト 7

解答

★1 (1) 1413720 (2) 991.5 (3) 131

(4) $2\frac{1}{8}$

★2 (1) 4600000円 (2) 200円

(3) 900円

★3 (1) 148° (2)① 66 a ② 82.5 m

★4 (1) 4 (2) 32

解説

★1 (2) 99.15×4×2.5=99.15×10=991.5

(3) 5×25+72÷12=125+6=131

(4) $2\frac{5}{8}-3\frac{7}{8}+3\frac{3}{8}=2\frac{5}{8}+3\frac{3}{8}-3\frac{7}{8}=6-3\frac{7}{8}=2\frac{1}{8}$

★2 (1)上から2けたのがい数にしてから計算する。
940×4900=4606000 なので，上から2けたのがい数にすると，4600000(円)である。

(2)持っていたお金は 180+70=250(円) なので，買ったボールのねだんは，
250−50=200(円) である。

(3)右の図より，兄の金がくは，
1350÷3×2=900(円) になる。

★3 (1)右の図で，
○=360°−60°−107°−90°
=103° なので，
●=180°−45°−103°=32°
になる。

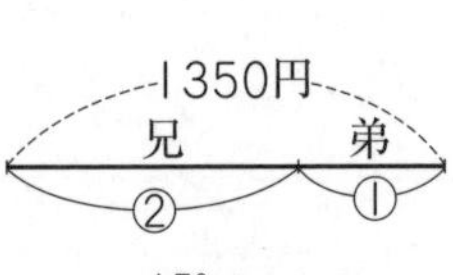

これから，アは，180°−32°=148° である。

(2)①右の図のように3つに分けて求める。アの部分の面積は，
30×40=1200(m²)，イの部分の面積は，40×60=2400(m²)，ウの部分の面積は，

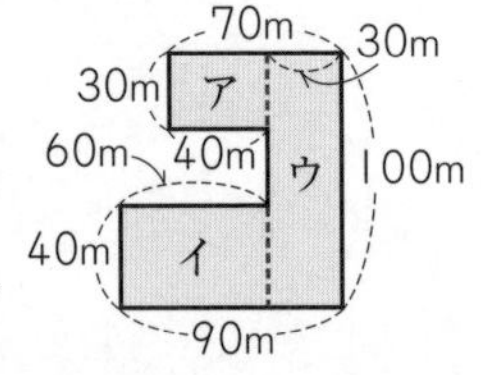

100×30=3000(m²) なので，
1200+2400+3000=6600(m²) になる。
6600 m²=66 a である。

②①から，横の長さは，6600÷80=82.5(m) になる。

★4 さいころの向かい合う面の目の数の和は7になることを利用する。

(1)和が7になるので，4である。

(2)上のさいころでは，向かい合う面が2組と4の目が表に見えている。だから，その目の合計は，
7×2+4=18 である。下のさいころは，向かい合う面の2組が表に見えているので，その和は，
7×2=14 である。これから，表に見えている目の数の合計は，18+14=32 になる。

120 仕上げテスト 8

解答

★1 (1) 4.2 (2) 6.42 (3) 50 (4) $\frac{8}{13}$

★2 (1) 1203456789 (2) 36 g

(3) 15年後

★3 (1) 142° (2)① 300 cm² ② 7.5 cm

★4 (1)(横 0，たて 6，高さ 0)

(2)(横 20，たて 6，高さ 10)

解説

★1 (1) 16.8÷(0.08+3.92)=16.8÷4=4.2

(2) 3.21×1.7+3.21×0.3=(1.7+0.3)×3.21
=2×3.21=6.42

(3) 525÷6−225÷6=(525−225)÷6=300÷6=50

(4) $1-\frac{12}{13}+\frac{7}{13}=\frac{13-12+7}{13}=\frac{8}{13}$

★2 (1) 12億より小さい数で12億にいちばん近い数は1098765432，12億より大きい数で12億にいちばん近い数は1203456789である。12億に近いのは1203456789のほうである。

(2)えん筆12本とえん筆7本の重さのちがいは，
180−120=60(g) になるので，えん筆5本の重さは60gである。だから，えん筆1本の重さは，
60÷5=12(g) だから，えん筆7本の重さは
12×7=84(g) になるので，筆箱の重さは，120−84=36(g) になる。

(3)右の図から，②と①の差①が 39−12=27 になることがわかる。だから，母の年れいが子どもの年れいの2倍になるのは，子どもが27才のときになる。だから，27−12=15(年後) である。

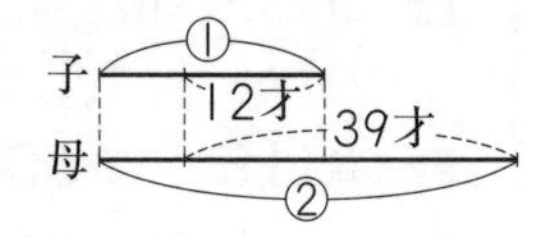

★3 (1)右の図で，
○=180°−90°−37°=53°
である。すると，
●=180°−45°−53°=82°
とわかる。だから，
△=180°−60°−82°=38° になる。これから，アは，180°−38°=142° である。

(2)① 12.5×24=300(cm²)

②アの面積は，300÷2=150(cm²) になるので，たての長さは，150÷20=7.5(cm) である。

★4 (1)エはアをもとにして，たてが6，高さは0，横も0になるので，(横 0，たて 6，高さ 0)と表される。

(2)キは，アをもとにして，たてが6，高さが10，横が20になるので，(横 20，たて 6，高さ 10)と表される。